浙江省高职院校“十四五”重点立项建设教材

激光设备装调与加工技术

主　编　钟正根　华学兵　杨　鹏

副主编　徐　侠　李俊霖　孙智娟

参　编　杨　斐　叶　翰　盛苗苗

王德胜　张耀清

主　审　吴让大

机械工业出版社

本书结合 2022 年最新发布的激光设备安装调试员职业工种内容，并与 1+X 激光加工技术应用职业技能等级证书制度相结合编写而成，实现课证融通，为浙江省高职院校“十四五”重点立项建设教材。

本书主要内容包含激光设备与加工技术基础、激光光路安装与调试、激光打标设备装调技术、非金属激光雕切设备装调技术、激光焊接设备装调技术、金属激光切割设备装调技术 6 个项目。本书以激光设备机械装调、电气装调、总装及工艺制造流程对应的知识、技能、素养要求为主线，按项目引领、任务驱动方式进行内容编排，围绕典型主流激光设备进行任务分解，构建核心知识体系，将我国当前新激光装备、新激光制造工艺等内容引入教材，介绍了我国激光技术的发展历程。本书融合了培养学生传承埋头苦干、担当作为、艰苦奋斗的精神，坚定“四个自信”等内容。

本书既可作为高等职业教育本科、专科层次及中职院校智能光电制造技术、智能光电应用技术、智能制造技术等相关专业的教材，又可作为激光设备安装调试员职业技能培训教材，也可作为 1+X 激光加工技术应用职业技能等级证书培训教材，还可供激光装备制造及应用相关从业者和社会人士阅读参考。

为方便教学，本书配有课件、习题、虚拟仿真等数字资源，凡购买本书作为授课教材的教师可登录机械工业出版社教育服务网 www.cmpedu.com，注册后免费下载。

图书在版编目（CIP）数据

激光设备装调与加工技术 / 钟正根，华学兵，杨鹏主编. -- 北京 : 机械工业出版社，2024. 7. -- ISBN 978-7-111-76296-6

Ⅰ. TG665

中国国家版本馆CIP数据核字第2024YF6032号

机械工业出版社（北京市百万庄大街22号　邮政编码100037）

策划编辑：赵红梅　　　责任编辑：赵红梅　苑文环

责任校对：潘　蕊　宋　安　　封面设计：马若濛

责任印制：常天培

固安县铭成印刷有限公司印刷

2024年9月第1版第1次印刷

210mm×285mm・14.75印张・411千字

标准书号：ISBN 978-7-111-76296-6

定价：47.00 元

电话服务	网络服务
客服电话：010-88361066	机　工　官　网：www.cmpbook.com
010-88379833	机　工　官　博：weibo.com/cmp1952
010-68326294	金　　书　　网：www.golden-book.com
封底无防伪标均为盗版	机工教育服务网：www.cmpedu.com

前　言

《国家职业教育改革实施方案》提出，鼓励职业院校学员在获得学历证书的同时，积极取得多类职业技能等级证书，即实施“学历证书＋若干职业技能等级证书”制度试点，拓展就业创业本领，缓解结构性就业矛盾，真正培养社会所需的复合型技术技能人才。

随着科技的快速发展，激光技术已成为工业生产、医疗健康、信息技术等多个领域的重要支柱技术。为满足激光装备制造及应用行业对专业技术人才的不断需求，我们编写了本书。本书旨在为学习者提供全面、系统的激光设备安装调试及加工技术知识，帮助学习者了解和掌握激光设备的基本结构、安装调试、加工工艺及实际应用。

本书内容丰富，涵盖了当前主流激光设备的多方面内容，包括激光设备与加工技术基础、激光光路安装与调试、激光打标设备装调技术、非金属激光雕切设备装调技术、激光焊接设备装调技术、金属激光切割设备装调技术。通过本书的学习，学习者可以了解激光设备的整体结构、安装调试过程，以及激光制造工艺、方法及应用。此外，本书采用项目引领、任务驱动编写体例，引导学习者带着任务进行学习，能更好地理解和掌握相关知识及技能。希望本书的出版能够为学习者提供有益的参考和帮助，推动激光装备制造及加工技术的发展。

本书编写团队由国家“双高”专业浙江工贸职业技术学院智能光电制造技术专业核心教学团队成员、激光装备制造行业龙头企业奔腾激光（浙江）股份有限公司轮值CEO徐侠高工、1+X激光加工技术应用职业技能等级证书考评单位武汉天之逸科技有限公司李俊霖经理、激光设备安装调试员职业工种发起单位深圳技师学院孙智娟主任等组成。本书由钟正根、华学兵、杨鹏担任主编，徐侠、李俊霖、孙智娟担任副主编，杨斐、叶翰、盛苗苗、王德胜、张耀清参与编写。具体分工如下：项目一由钟正根负责编写；项目二由孙智娟和张耀清负责编写；项目三由杨斐和李俊霖负责编写；项目四由盛苗苗和华学兵负责编写；项目五由叶翰和杨鹏负责编写；项目六由王德胜和徐侠负责编写。全书由钟正根进行统稿，吴让大对全书进行了审稿。本书在编写过程中得到了许多专家、学者、企业技术人员和同行的支持与帮助，在此我们表示衷心的感谢。

期望本书能够获得广大读者的喜爱和支持，为推动激光装备制造及加工技术的发展做出贡献。

限于编者水平，书中疏漏之处在所难免，敬请广大读者批评指正。

编　者

二维码索引

页码	名称	图形	页码	名称	图形
13	激光切割		51	连接电路 1	
13	玻璃切割		56	光路模块	
13	亚克力雕切福字		58	激光打标设备结构	
37	激光打标的概念		61	安装光路 1——振镜安装	
37	激光打标行业应用——激光刻章		62	软件调试	
49	安装固定电源与控制卡		71	文本标刻	
50	安装固定控制开关		71	矢量图标刻	

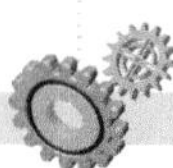

（续）

页码	名称	图形	页码	名称	图形
71	激光打标基本操作流程		198	导轨、齿条安装调试	
85	非金属激光雕切 1		207	切割速度对切割质量的影响	
86	非金属激光雕切 2		208	焦点位置对切割质量的影响	
160	影响激光焊接效果的因素——不同功率焊接过程		212	不加引线切割碳钢零件	
172	激光切割机切割钢管		213	加引线切割碳钢零件	
173	金属激光切割原理		215	激光切割不同厚度碳钢	
174	切割应用实例（碳钢）——20mm 碳钢亮面		217	不锈钢挂渣分析	

目 录

项目一 激光设备与加工技术基础

项目导入

激光技术作为20世纪能够与原子能、半导体及计算机齐名的四项重大发明之一，走过了60多年的快速发展历程，其对人类社会的发展产生了重要的影响。激光已成为当今世界的先进制造工具。

激光制造作为当今的一种先进制造工具，已经广泛应用于各个领域。在芯片制造、医药包装、新能源动力电池制造、汽车动车制造、工程机械、航空航天等领域都能看到激光制造技术的身影，如图1-0-1所示。我们不仅要掌握激光的应用，还要学会如何进行维护，以便于更好地服务于生产，实现更大价值。

图1-0-1 激光制造技术在行业中的应用

激光制造技术是利用聚焦的高功率密度激光束照射材料，使材料吸收激光能量，从而发生相应的变化，达到加工的效果。根据对材料加工方式不同，激光制造技术主要有激光打标、激光切割、激光焊接、激光热处理、激光蚀刻等。随着现代制造技术的快速发展，智能化、数字化、集成化已成为发展趋势。越来越多的企业在打造智能工厂、数字化车间，各个生产工序之间实现了高度集成化。很多激光制造也只是产品生产过程中的某一道工序，这对工程技术人员提出了更高的要求，不仅要求其掌握激光制造相关的知识、技术，还要对整个生产工序、整套制造装备有所了解。

本项目主要通过一些典型案例进行介绍，使学生对整个智能制造生产线有个大体的了解，对激光设备与加工技术有一个初步认识。智能制造生产线如图 1-0-2 所示。

图 1-0-2 智能制造生产线

为更好地完成本项目内容的学习，特将本项目分解成以下三个任务。

任务一　熟悉激光基础知识

任务二　了解激光加工技术概况

任务三　了解激光装备制造产业情况

通过完成上述三个任务，学习者将对激光与激光加工设备及结构有一个更清晰的认识，为后续学习不同激光设备及加工技术打下良好基础。图 1-0-3 为本项目思维导图。

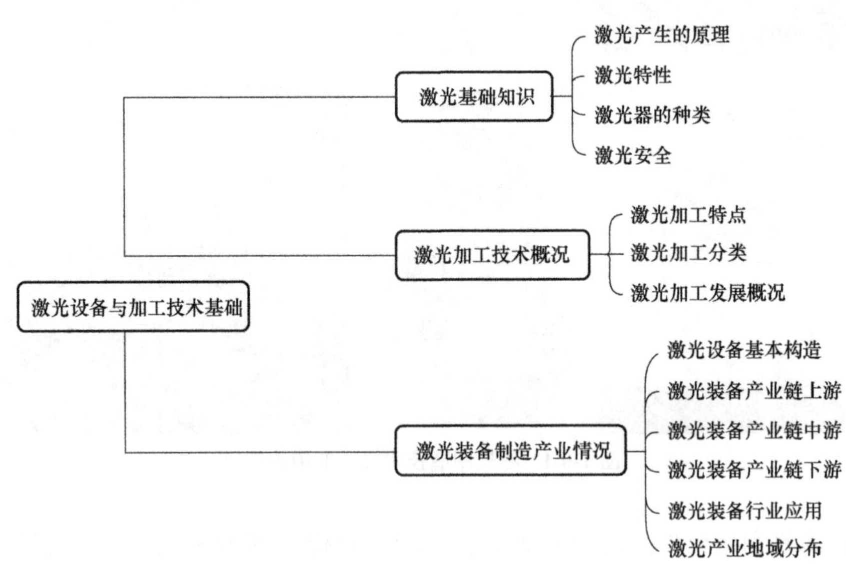

图 1-0-3 思维导图

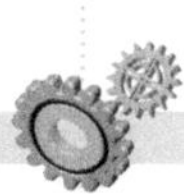

任务一 熟悉激光基础知识

知识储备

一、激光产生的原理

1960 年，美国人梅曼首次利用红宝石产生了激光，从而开启了激光技术研究和应用的时代，如图 1-1-1 所示。1961 年，中国科学院长春光机所王之江等人研发出我国第一台红宝石激光器，如图 1-1-2 所示。

图 1-1-1 梅曼和他的激光器

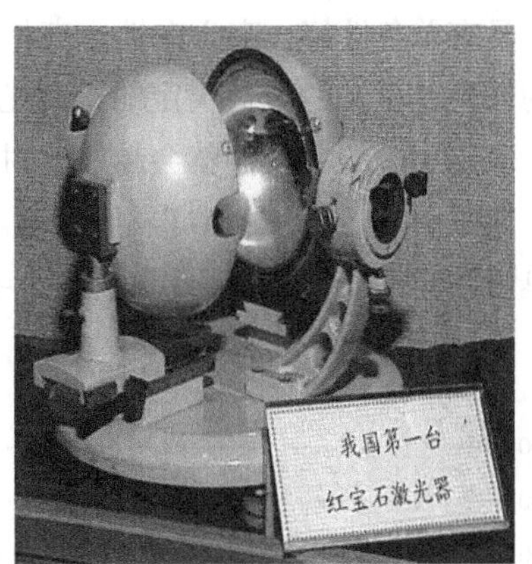

图 1-1-2 我国第一台红宝石激光器

激光的产生必须具备泵浦源、增益工作介质和光学谐振腔这三个要素，激光器结构如图 1-1-3 所示。激光又名镭射（Laser），是一种受激辐射光放大产生的光。在激光产生的过程中，经历了自发辐射、受激吸收和受激辐射三个阶段。激光的产生是能量转换的过程，必然要遵循能量守恒定律。产生激光必然有能量的来源，泵浦源是激光输出能量的来源，用于对激活粒子的泵浦，以实现粒子数反转。常见的泵浦源主要有高频电源、闪光灯、半导体激光器等。

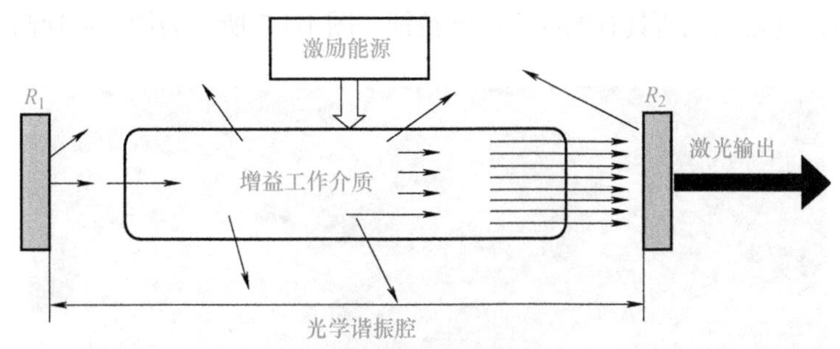

图 1-1-3 激光器的结构

增益工作介质是指用来实现粒子数反转并产生光的受激辐射放大作用的物质体系，有时也称为激光增益媒质，它们可以是固体（晶体、玻璃）、气体（原子气体、离子气体、分子气体）、半导体和液体等媒质。图 1-1-4 所示为常见的一些固体增益工作介质。

图 1-1-4　固体增益工作介质

光学谐振腔有只由两面镜片构成的简单腔，也有由数十面镜片构成的复杂谐振腔。光纤激光器的谐振腔是一对光栅，半导体激光器的谐振腔是一对解理面。谐振腔的作用有两个：一是提供正反馈，二是控制腔内振荡光束的特征。利用谐振腔的设计，可以获得单模、多模的激光输出，实现不同的应用。根据稳定条件，可以将谐振腔分为稳定腔、非稳定腔和临界腔三种类型。

二、激光特性

激光具有单色性好、高方向性、高相干性和高亮度的特点。

光的颜色是由光的波长决定的，而光都会有一定的波长范围，我们称其为谱线宽度。其波长范围越窄，表现出来的单色性就会越好。对于普通光源，由于谱线宽度比较宽，表现出来的颜色就会比较杂，如图 1-1-5 所示为氙灯发射光谱。激光器输出的光的波长分布范围非常窄，因此颜色极纯，也就是单色性非常好，如图 1-1-6 所示为半导体激光器发射光谱。

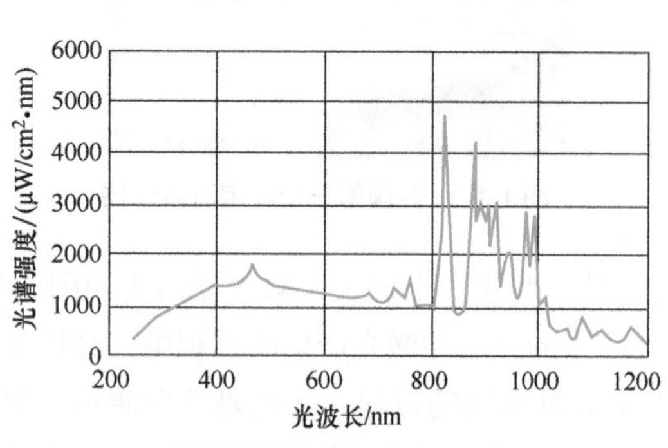

图 1-1-5　氙灯发射光谱

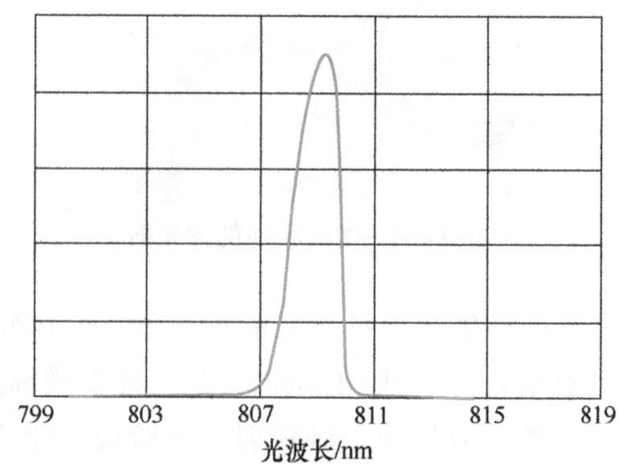

图 1-1-6　半导体激光器发射光谱

激光的发散角极小，它几乎是高度平行准直的光束。激光器发射的激光是朝一个方向射出的，能有效地传递较长距离，这是激光所具有的高方向性特征。图 1-1-7 所示为用于高速防疲劳驾驶的激光。

图 1-1-7　高速防疲劳驾驶激光

光波是由无数光子所组成的，从激光器发射出来的光子在波长、频率、偏振方向上都是一致的。与普通光源相比，激光的相干性要强得多，容易形成干涉现象。图 1-1-8 所示为激光干涉仪。

图 1-1-8　激光干涉仪

激光的高亮度特性也正是其能量高度集中的体现。经过透镜聚焦之后，焦点附近能够形成数千度，甚至上万度的高温，这种特性使其几乎能加工所有材料。图 1-1-9 所示为用激光切割厚金属板。

图 1-1-9　激光切割厚金属板

三、激光器的种类

激光器的种类很多。根据激光器所采用增益工作介质的不同，可分为气体激光器、固体激光器、半导体激光器、光纤激光器、染料激光器等。根据激光持续工作时间的长短，可将激光器的运行方式划分为连续激光和脉冲激光。

工业中常用的激光器有 CO_2 激光器、固体激光器、光纤激光器、准分子激光器、半导体激光器等。

CO_2 激光器是气体激光器，其输出波长为 10600nm，工业中应用较多的主要是封离式 CO_2 激光器和扩散冷却 CO_2 激光器。封离式 CO_2 激光器也称为玻璃管 CO_2 激光器，如图 1-1-10 所示。它输出连续激光，输出功率与放电管长度成正比，主要应用于非金属材料的切割、雕刻等。扩散冷却 CO_2 激光器也称为射频激励 CO_2 激光器，如图 1-1-11 所示，它输出脉冲激光，主要应用于非金属材料的雕刻。

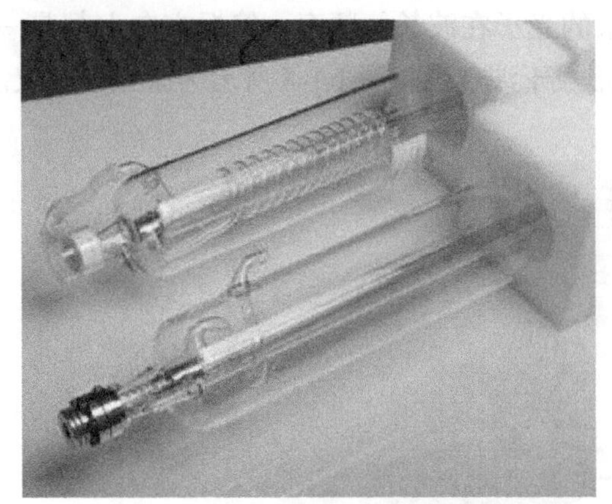

图 1-1-10　封离式 CO_2 激光器

图 1-1-11　扩散冷却 CO_2 激光器

固体激光器常用的泵浦源主要有氙灯、氪灯和半导体激光器。根据泵浦光入射方向的不同，又可以分为侧面泵浦和端面泵浦。当泵浦光从增益工作介质侧面入射时，称为侧面泵浦，如图 1-1-12 所示；当泵浦光从增益工作介质端面入射时，称为端面泵浦，如图 1-1-13 所示。固体激光器常见的输出波长为 1064nm，二倍频可以获得绿光 532nm，三倍频获得紫外光 266nm，合频获得紫外光 355nm 等。

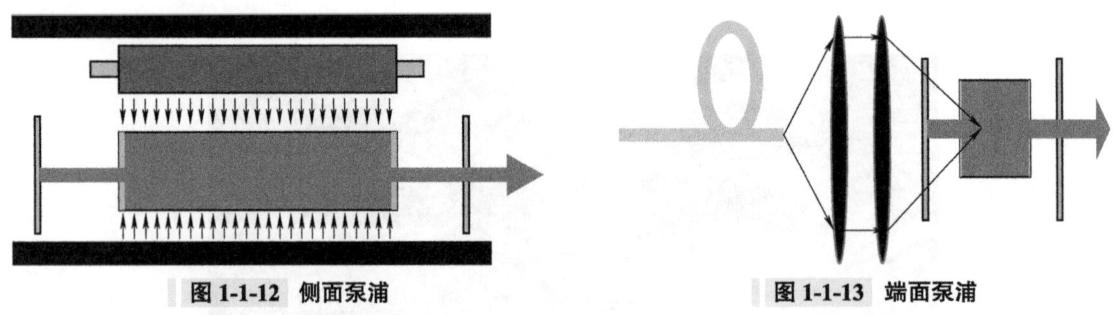

图 1-1-12　侧面泵浦

图 1-1-13　端面泵浦

光纤激光器是近几年发展快、应用广的一种激光器。光纤激光器在光束质量、可靠性和体积大小等方面都具有极大优势。目前，高功率光纤激光器广泛应用于激光切割、激光焊接、激光打标及其他激光制造领域中。光纤激光器的结构与端面泵浦固体激光器的结构基本相同，如图 1-1-14 所示。

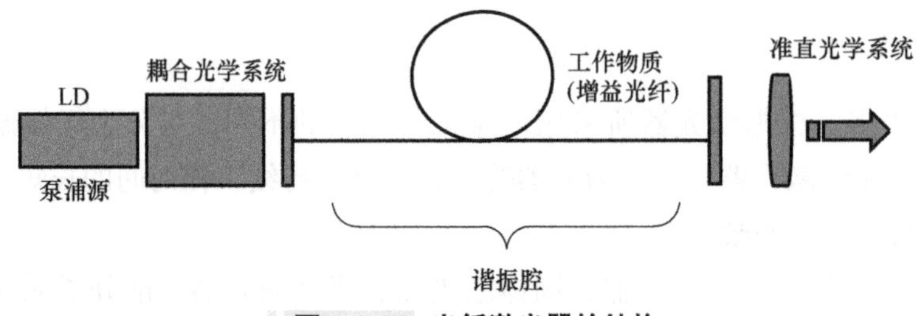

图 1-1-14　光纤激光器的结构

四、激光产品辐射危险分级知识

激光产品辐射危险按照危害程度递增的顺序主要分为：1 类、1M 类、2 类、2M 类、3R 类、3B 类、4 类。

（1）1 类　在使用过程中，包括长时间直接光束内视，甚至在使用光学观察仪器（眼用小型放

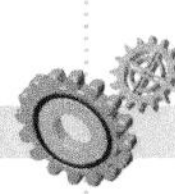

大镜或双筒望远镜）时受到激光照射仍然是安全的激光器，也包括完全被防护罩围封的高功率激光产品，在使用中接触不到潜在的危害辐射（嵌入式激光产品）。

（2）1M 类　在使用中包括裸眼长时间直接光束内视是安全的激光器。在下述条件下使用两种光学观察仪器（眼用小型放大镜或双筒望远镜）之一时，照射量超过最大允许照射量（MPE），将可能造成眼睛损伤：

① 对于发散激光束，如果用户为了聚集（准直）光束将光学组件放置在距光源 100 mm 的距离之内。

② 对于准直激光束，其直径大于规定的测量直径。

1 类激光器的波长范围局限于光学仪器玻璃光学材料透光性特别好的光谱区，即 302.5~4000nm 之间。发射可见辐射能量的 1M 类激光产品光束内视仍可能产生炫目的视觉效果，特别是在光线暗的环境中。

（3）2 类　激光产品发射的波长范围为 400~700nm 的可见辐射，其瞬时照射是安全的，但是有意注视激光束可能是有危害的。时间基准为 0.25s 是本类别定义中所专有的，并假设对于时间稍微长些的瞬时照射，损伤的风险很低。

（4）2M 类　这类激光产品发射可见激光束，仅对裸眼短时照射是安全的。在以下条件中，使用两种光学观察仪器（眼用小型放大镜或双筒望远镜）之一时受到照射，可能受到眼睛损伤。

① 对于发散光束，如果用户为了聚集（准直）光束而将光学组件放置在距光源 100mm 的距离之内。

② 对于准直光束，其直径大于规定的测量直径。

（5）3R 类　这类激光产品的发射辐射在直接光束内视时可能超过 MPE，但是在大多数情况下损伤风险相对较低。因为 3R 类的 AEL（激光器和相关产品的最大辐射极限）仅是 2 类（可见激光束）AEL 或 1 类（不可见激光束）AEL 的 5 倍。损伤的风险性随着照射持续时间的增加而增强，有意的眼部照射是危险的。因为风险较低，其适用的制造要求和用户控制措施较 3B 类少。

（6）3B 类　这类激光产品发生束内眼照射（即在 NOHD 内）时，包括意外的短时照射，通常是有害的。观察漫反射一般是安全的。接近 3B 类 AEL 的 3B 类激光器可引起较轻的皮肤损伤，甚至有点燃易燃材料的危险。然而，只有光束直径很小或被聚焦时才可能发生这种情况。

（7）4 类　这类激光产品发生光束内视和皮肤照射都是危险的，观看漫反射可能是危险的。这类激光器也经常会引起火灾。

学习任务描述

一位未系统学习过激光专业知识的学习者，现在要从事激光相关的工作，为了能快速熟悉工作内容，需要快速学习激光专业知识，对激光基础知识有所了解。

哪些是需要掌握的激光基础知识，激光又具有哪些特性呢？

任务一力求通过循序渐进的讲解让学习者掌握激光基础知识。

学习目标

◆ 知识目标

1. 掌握激光产生的三要素。
2. 掌握激光的特性。
3. 了解激光器的种类。

◆ 技能目标

1. 能够分析泵浦源与工作介质之间的关系。
2. 能够根据激光光斑形状，判断激光模式。
3. 能够分辨激光器的类型。

◆ 素质目标

1. 培养高度的爱国主义精神，树立民族自尊心和民族自信心。
2. 培养进取精神、团队协作精神。

任务书

调研激光的特点及应用场景，分析不同种类激光器的特点及应用领域，要求深入一些应用场景进行调研，获得不同场景中所使用的激光器具体型号等。

任务分组

将班级学员分组，可4~8人为一组，轮值安排组长，使每个人都有培养组织协调能力和管理能力的机会。各组任务可以相同或不同，明确每组的人员和任务分工，注重培养团队协作能力。任务分工表见表1-1-1。

表1-1-1 任务分工表

<table>
<tr><td>班级</td><td></td><td>组号</td><td></td><td>任务</td><td></td></tr>
<tr><td>组长</td><td></td><td>时间段</td><td></td><td>指导教师</td><td></td></tr>
<tr><td>姓名</td><td>学号</td><td colspan="3">任务分工</td><td>备注</td></tr>
<tr><td></td><td></td><td colspan="3"></td><td></td></tr>
<tr><td></td><td></td><td colspan="3"></td><td></td></tr>
<tr><td></td><td></td><td colspan="3"></td><td></td></tr>
<tr><td></td><td></td><td colspan="3"></td><td></td></tr>
<tr><td></td><td></td><td colspan="3"></td><td></td></tr>
<tr><td></td><td></td><td colspan="3"></td><td></td></tr>
<tr><td></td><td></td><td colspan="3"></td><td></td></tr>
</table>

获取信息

引导问题1：激光是如何产生的？

引导问题2：激光具有什么特点？

引导问题3：激光产生的三要素是哪三个？

引导问题4：激光器一般按什么进行分类？

引导问题5：激光有哪些模式？

引导问题6：查阅资料，分析激光打标、激光切割、激光焊接等设备所使用的激光是几类激光。

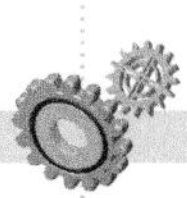

工作计划

按照任务书要求和获取的信息，每位组员根据自己的认知和理解制订激光器认知的工作计划，包含对激光器基本结构的认知，对激光产生认知以及对激光安全等级的认知。激光器认知工作计划见表 1-1-2。

表 1-1-2 激光器认知工作计划

步骤名称	工作内容	负责人

工作决策

对不同组员（或不同组别）的工作计划进行对比、分析、论证，整合完善，形成小组决策，作为任务实施的依据。计划优缺点对比分析见表 1-1-3，小组决策方案见表 1-1-4。

表 1-1-3 计划优缺点对比分析

小组 / 组员	计划中的优点	计划中的缺陷	优化方案

表 1-1-4 决策方案

步骤名称	工作内容	负责人

工作实施

根据学习了解的知识，看图填写表 1-1-5。完成表格后尝试将激光器进行分解，画出模块间衔接的图表，尝试绘制激光产生的流程框图。

表 1-1-5 激光器部件认知

序号	零部件	名称	功能
1			
2			
3			

根据学习了解的知识填写表 1-1-6。

表 1-1-6 激光危险等级认知

序号	激光器类型	危险等级
1	激光笔	
2	20W 光纤激光器	
3	0.5mW 氦氖激光器	
4		
5		

检查验收

激光器认知任务完成后，每组选出一个验收代表，由教师按照验收标准对每组的任务完成情况进行检查验收和评价，包括工作计划的合理性、零部件认知的准确性、激光产生流程图的合理性等，并对验收问题及其整改措施、完成时间进行记录。验收标准及评分表见表 1-1-7，验收过程问题记录见表 1-1-8。

表 1-1-7 验收标准及评分表

序号	验收项目	验收标准	分值	教师评分	备注
1	工作计划	表达清晰，分工明确，时间分配合理，可行性高	30		
2	零部件认知	对零部件名称、功能描述准确	20		

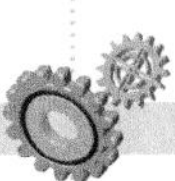

（续）

序号	验收项目	验收标准	分值	教师评分	备注
3	激光产生流程图	对激光产生过程分解符合逻辑	20		
4	实施过程	按计划实施任务，团队成员互助协力，实施过程认真记录有用信息	30		
合计			100		

表 1-1-8 验收过程问题记录

序号	验收问题记录	整改措施	完成时间	备注

评价与反馈

各组介绍任务的完成过程并提交阐述材料，进行学员自评、学员组内互评、教师评价，完成考核评价表（见表 1-1-9）。

引导问题 1：通过本任务，你觉得激光器未来发展趋势如何？

引导问题 2：通过本任务，你觉得激光使用安全方面应该如何保障？

表 1-1-9 考核评价表

评价项目	评价内容	分值	自评 20%	互评 20%	教师评分 60%	合计
职业素养 40 分	爱岗敬业、安全意识、责任意识、服从意识	10				
	积极参加任务活动，按时完成工作页	10				
	团队合作、交流沟通能力、集体主义精神	10				
	劳动纪律，职业道德	5				
	自我学习能力	5				
专业能力 60 分	专业资料检索能力	10				
	制订计划能力，严谨认真	10				
	操作符合规范，精益求精	15				
	工作效率，分工协作	10				
	任务验收质量，质量意识	15				
合计		100				
创新能力加分	创新性思维和行动	20				
总计		120				

习题测评

一、选择题

1. 下列哪个选项不是激光产生的三要素之一？（　　）

A. 工作介质　　B. 谐振腔　　C. 调 Q 开关　　D. 泵浦源

2. 下列哪个腔是临界腔？（　　）

A. 双凹腔　　B. 平平腔　　C. 平凹腔　　D. 平凸腔

二、判断题

1. 受激辐射是一种无序状态。（　　）

2. 粒子由基态跃迁到高能态的过程称为受激辐射。（　　）

三、问答题

光束质量 M^2 因子的表达式是什么？表达式中的每个参数分别代表什么？

任务二　了解激光加工技术概况

知识储备

一、激光加工的特点

激光加工是激光产业应用的主要方向，包括去除与连接、表面工程、增材制造、修复与再制造和微纳制造等五类，产值规模占激光应用产业的 30% 以上。激光被誉为“万能加工工具”“未来制造系统共同的加工手段”，在工业加工领域存在着鲜明的特点，主要包括以下几方面。

① 激光加工属于非接触加工，不产生机械磨损，对被加工的材料不存在机械应力。

② 激光束能量密度高，加工速度快，工件变形小，热影响区小。

③ 激光加工材料种类繁多，可以对多种金属、非金属加工，特别是可以加工高硬度、高脆性及高熔点材料。

④ 激光易于与数控机床、工业机器人、自动化系统集成进行加工，实现高度自动化生产乃至智能化生产。

⑤ 激光多才多艺、天赋异禀，可以实现多种加工方式，如切割、焊接。

⑥ 激光可适应不同几何形状工件的加工要求，且可进行大批量加工。

二、激光加工的分类

激光加工技术类型众多，应用领域广泛，应用潜力巨大，激光加工主要包括激光打标、激光切割、激光焊接、激光热处理和激光熔覆等。

1. 激光打标

激光打标是利用聚焦的高功率密度激光束照射工件表面，使工件表面迅速产生蒸发或发生颜色变化的化学反应，通过光束与工件做相对运动，从而在工件表面刻出任意所需要的文字或图案，形

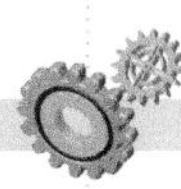

成永久防伪标志。即打标的效应是通过表层物质的蒸发露出深层物质，或者是通过光能作用导致表层物质的化学物理变化而“刻”出痕迹，显示出所需刻蚀的文字、符号和图案等。激光可在各种金属、非金属材料（模具、量具、电子元器件、机械零部件、面板、标牌、钟表、首饰、文具等）上进行文字或图形的标记刻写（见图 1-2-1），与传统工艺相比，具有速度快、精度高、质量好等优点。

图 1-2-1 激光打标样品

激光切割

2. 激光切割

激光切割是利用聚焦的高功率密度激光照射工件，使工件材料迅速发生熔化、气化或控制断裂，在高速同轴辅助气体作用下，将熔融物质吹掉，随着激光与材料沿一定的轨迹做相对运动，从而形成一定形状的切缝。激光切割是以高功率密度的激光使材料熔化或气化的一种材料分离的方法，它可实现各种金属和非金属板材及众多复杂零件的切割，是激光在现代制造行业中最重要的应用技术之一。激光切割与其他切割方法相比，具有高速度、高精度及高适应性的特点，同时还具有割缝窄、热影响区小、切割面质量好、切割时无噪声及切割过程容易实现自动化控制等优点。因此，目前激光切割已广泛应用于工程机械、汽车、机车车辆制造、航空、化工、轻工、电器与电子、石油和冶金等工业制造中（见图 1-2-2）。

玻璃切割

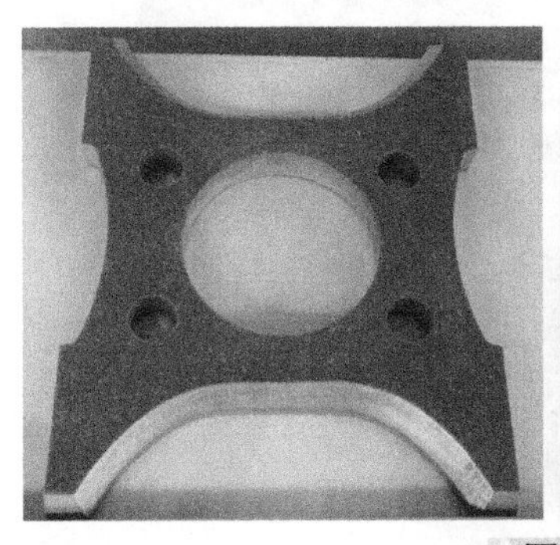

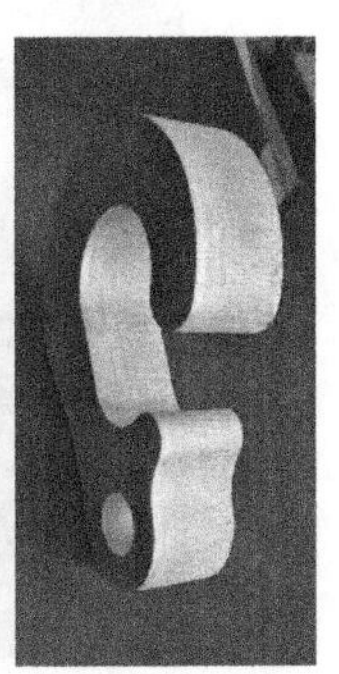

图 1-2-2 激光切割样品

亚克力雕切福字

3. 激光焊接

激光焊接是将高功率密度的激光束辐射至材料表面，通过激光与材料的相互作用，使材料熔化形成连接。激光焊接是利用高功率密度激光束加热熔化工件完成焊接的加工方法，具有焊接速度快，焊接热影响区小，工件变形小，且易于获得大深宽比焊缝等优点。激光焊接已广泛应用于高端精密制造领域，尤其是动力电池、新能源汽车和 3C 消费电子行业，也广泛应用于钣金、厨具、卫浴、五金等轻工业行业（见图 1-2-3）。

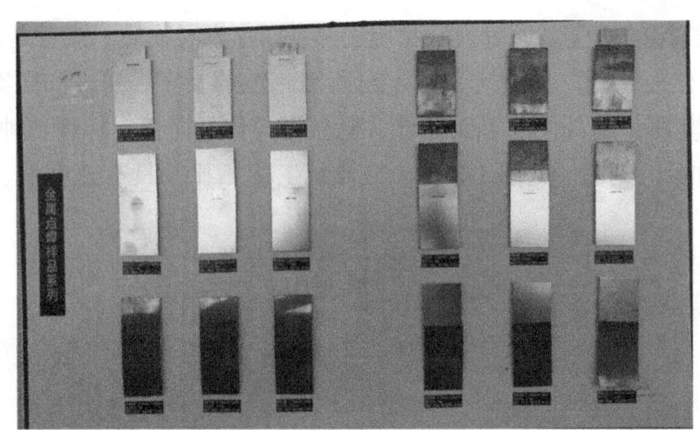

图 1-2-3　激光焊接样品

4. 激光热处理

激光热处理是以高能量激光束快速扫描工件，使被照射的金属或合金表面以极快速度升高到相变点以上，激光束离开被照射部位时，由于热传导作用，处于冷态的基体使其迅速冷却而进行自冷淬火，得到较细小的硬化层组织，硬度一般高于常规淬火硬度。处理过程中工件变形极小，适用于其他淬火技术不能完成或难以实现的某些工件或工件局部部位的表面强化。激光热处理自动化程度较高，硬化层深度和硬化面积可控性好。激光热处理技术主要用于强化汽车零部件或工模具的表面，提高其表面硬度、耐磨性、耐蚀性以及强度和高温性能等，如汽车发动机缸孔、曲轴、冲压模具、铸造型板等。

5. 激光熔覆

激光熔覆技术是利用高能激光束照射材料通过迅速熔化、扩展和凝固的方式，在基材表面形成一层具有特殊性能的材料，以弥补基体所缺少的高性能。激光熔覆目前多应用于航空航天、石油勘探、煤炭开采、电力行业等领域，这些领域对零部件性能要求高，零部件长期处于恶劣的工作环境中，容易发生严重腐蚀、磨损而报废失效。激光熔覆样品如图 1-2-4 所示。

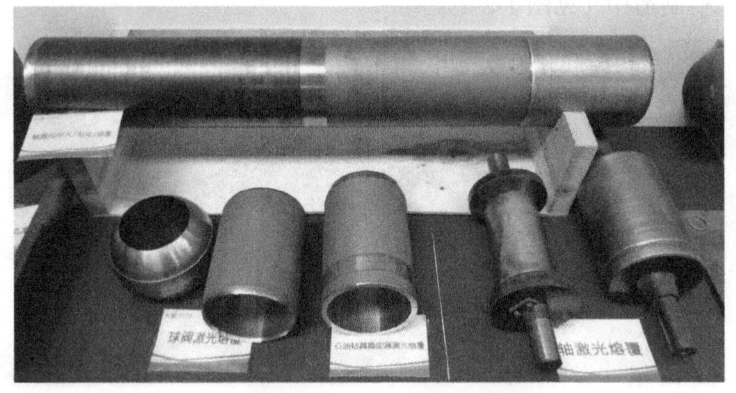

图 1-2-4　激光熔覆样品

学习任务描述

一位只听说过激光的学习者，对激光有着浓厚的兴趣，但对激光有哪些应用一无所知，特别是激光能加工什么，能否应用到自己的产品中。希望能通过学习进行认识和了解。

为了能让学习者保持对激光的兴趣，需要通过一些视频、图片进行展示，介绍激光加工的特点及分类。

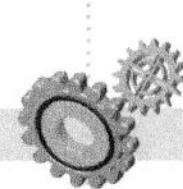

学习目标

◆ 知识目标

1. 了解激光加工的特点。
2. 熟悉激光加工的分类。
3. 掌握激光加工的过程。

◆ 技能目标

1. 能够对比分析激光加工与传统加工方式的差别。
2. 能够分别出哪些是激光增材制造，哪些是激光减材制造。
3. 能够描述激光加工的过程。

◆ 素质目标

1. 培养精益求精的意识。
2. 培养环保意识、节约意识。

任务书

查阅资料，学习激光加工与传统加工方式相比较具有哪些特点，尽量给出具体的对比参数；了解激光有哪些加工方式，这些加工方式是如何对材料进行加工的，用图表的方式进行展示。

任务分组

将班级学员分组，可 4~8 人为一组，轮值安排组长，使每个人都有培养组织协调能力和管理能力的机会。各组任务可以相同或不同，明确每组的人员和任务分工，注重培养团队协作能力。任务分工表见表 1-2-1。

表 1-2-1　任务分工表

<table>
<tr><td>班级</td><td></td><td>组号</td><td></td><td>任务</td><td></td></tr>
<tr><td>组长</td><td></td><td>时间段</td><td></td><td>指导教师</td><td></td></tr>
<tr><td>姓名</td><td>学号</td><td colspan="3">任务分工</td><td>备注</td></tr>
<tr><td></td><td></td><td colspan="3"></td><td></td></tr>
<tr><td></td><td></td><td colspan="3"></td><td></td></tr>
<tr><td></td><td></td><td colspan="3"></td><td></td></tr>
<tr><td></td><td></td><td colspan="3"></td><td></td></tr>
<tr><td></td><td></td><td colspan="3"></td><td></td></tr>
<tr><td></td><td></td><td colspan="3"></td><td></td></tr>
<tr><td></td><td></td><td colspan="3"></td><td></td></tr>
</table>

获取信息

引导问题 1：激光加工具有哪些特点？

引导问题 2：激光加工有哪些类型？

引导问题 3：激光是如何对材料进行加工的？

工作计划

按照任务书要求和获取的信息，每位组员根据自己的认知和理解制订激光加工认知工作计划，包含对激光加工特点的认知、对激光加工分类的认知及对激光加工过程的认知。激光加工认知工作计划见表 1-2-2。

表 1-2-2　激光加工认知工作计划

步骤名称	工作内容	负责人

工作决策

对不同组员（或不同组别）的工作计划进行对比、分析、论证，整合完善，形成小组决策，作为任务实施的依据。计划优缺点对比分析见表 1-2-3，小组决策方案见表 1-2-4。

表 1-2-3　计划优缺点对比分析

小组 / 组员	计划中的优点	计划中的缺陷	优化方案

表 1-2-4　决策方案

步骤名称	工作内容	负责人

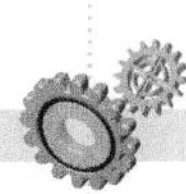

工作实施

根据学习了解的知识，按要求填写表 1-2-5。完成表格后尝试将激光加工特点进行分解，与传统的加工方式进行对比，并附上具体参数。

表 1-2-5　激光加工特点

序号	激光加工特点	参数
1		
2		
3		
4		
5		

根据学习了解的知识，填写表 1-2-6。

表 1-2-6　激光加工方式

序号	激光加工方式	加工精度
1		
2		
3		
4		
5		

检查验收

激光加工认知任务完成后，每组出一个验收代表，由教师按照验收标准对每组的任务完成情况进行检查验收和评价，包括工作计划的合理性、激光加工特点认知的准确性、激光加工方式的归类，并对验收问题及其整改措施、完成时间进行记录。验收标准及评分表见表 1-2-7，验收过程问题记录见表 1-2-8。

表 1-2-7　验收标准及评分表

序号	验收项目	验收标准	分值	教师评分	备注
1	工作计划	表达清晰，分工明确，时间分配合理，可行性高	30		
2	激光加工特点认知	对激光加工特点描述准确、全面	20		
3	激光加工方式	对激光加工方式分类准确、全面	20		
4	实施过程	按计划实施任务，团队成员互助协力，实施过程认真记录有用信息	30		
合计			100		

表 1-2-8　验收过程问题记录

序号	验收问题记录	整改措施	完成时间	备注

评价与反馈

各组介绍任务的完成过程并提交阐述材料，进行学员自评、学员组内互评、教师评价，完成考核评价表（见表 1-2-9）。

引导问题 1：通过本任务，你觉得激光加工技术未来的发展趋势如何？

引导问题 2：通过本任务，你觉得激光加工技术未来的发展方向是什么？

表 1-2-9　考核评价表

评价项目	评价内容	分值	自评 20%	互评 20%	教师评分 60%	合计
职业素养 40 分	爱岗敬业、安全意识、责任意识、服从意识	10				
	积极参加任务活动，按时完成工作页	10				
	团队合作、交流沟通能力、集体主义精神	10				
	劳动纪律，职业道德	5				
	自我学习能力	5				
专业能力 60 分	专业资料检索能力	10				
	制订计划能力，严谨认真	10				
	操作符合规范，精益求精	15				
	工作效率，分工协作	10				
	任务验收质量，质量意识	15				
合计		100				
创新能力加分	创新性思维和行动	20				
总计		120				

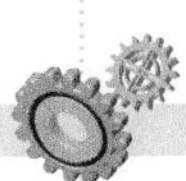

习题测评

判断题

1. 激光加工过程中会产生刀具磨损。(　　)
2. 激光加工是非接触加工。(　　)
3. 激光加工具有速度快的特点。(　　)
4. 激光切割属于增材制造。(　　)
5. 激光熔覆属于增材制造。(　　)

任务三　了解激光装备制造产业情况

知识储备

所有激光设备其基本结构都是由激光器、供电系统、控制系统、运动系统、聚焦系统等组成。激光器是激光设备的核心部件，提供所需要的激光光源。供电系统是激光设备的动力源，为各个部件提供电源。控制系统是激光设备的指挥中心，对各个部件发送相应指令。运动系统是激光设备的执行部件，根据控制系统所发出的指令进行运动。聚焦系统是激光设备的重要光学部件，对激光束进行聚焦从而获得高功率或高能量密度激光。

1. 激光装备产业链上游企业

激光装备产业链上游企业主要涉及光学、激光材料（见图 1-3-1）及其配套元器件制造企业。主要生产光学元器件（泵浦源、各类工作物质、各类镀膜镜片等）、光学材料（光纤、光缆等各类晶体）、电子材料（二极管、晶体管等）和机械零件。主要代表公司有福晶科技、光库科技、高德红外、华光光电、东骏激光等。

图 1-3-1　激光晶体

2. 激光装备产业链中游企业

激光装备产业链中游企业主要涉及各类激光器及其配套设备制造企业。主要生产激光器（固体激光器、半导体激光器、光纤激光器、气体激光器、液体激光器、其他激光器、激光二极管等）（见

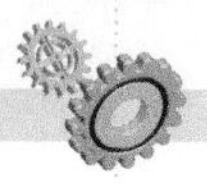

图 1-3-2)、控制系统（工控机、各类激光控制软件、各类测量装置等)、运动系统（工作台、机床床身、传动装置等）和冷却辅助系统（冷水机、各类气源装置等)。主要代表公司有锐科激光、创鑫激光、杰普特光电、华日激光、热刺激光、西安炬光、金橙子科技、柏楚电子、嘉强科技、II-VI、n-Light、大恒科技等。

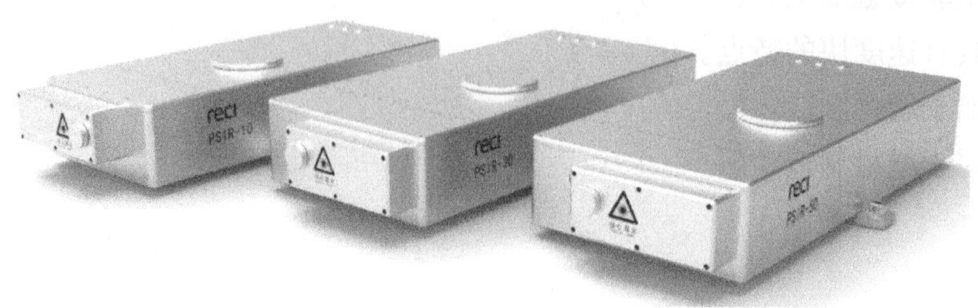

图 1-3-2　激光器

3. 激光装备产业链下游企业

激光装备（见图 1-3-3）产业链下游企业主要涉及激光设备和各类仪器的整机和生产线制造企业。主要包括激光加工、光通信、光存储、激光医疗、激光标记、激光照排和印刷、激光测量、激光显示和激光武器等。位于产业下游的企业数量最多，主要代表性公司有大族激光、华工科技、联赢激光、奔腾激光、迅镭激光、邦德激光、铭镭激光、嘉泰激光、海目星激光、亚威股份、光韵达、正业科技、金运激光等。

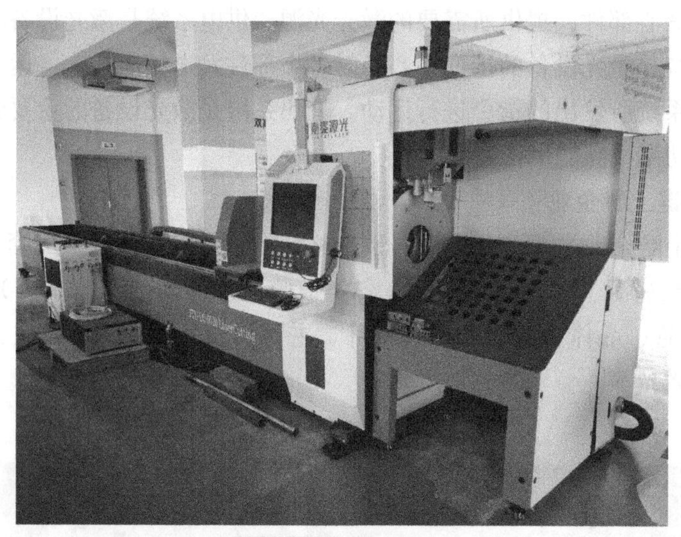

图 1-3-3　激光装备

4. 激光装备行业应用概述

激光装备行业应用十分广泛，包括工业制造、通信、信息处理、医疗卫生、节能环保、航空航天、文化教育及科研等多个领域。在工业制造领域，激光加工改变了汽车、机械、消费电子、半导体、玻璃、陶瓷、珠宝首饰等传统行业的生产加工模式，为光伏电池、锂电池等新能源行业提供了技术支撑，还催生出了全新的激光增材制造技术。

5. 激光产业的地域分布概述

国内激光产业呈现出很强的地域集聚性，目前已经形成华中、珠三角、长三角、环渤海四大激光产业带。

华中产业带以武汉光谷为激光产业集聚中心，集聚了华工科技、锐科激光、金运激光、高德红

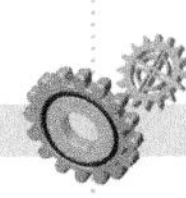

外等超过200家激光领域知名企业，不但拥有完整的激光装备产业链，还拥有华中科技大学激光加工国家工程研究中心，在激光相关技术上占据国内领先地位，集中了国内激光领域众多专家和技术人才，是当之无愧的中国光谷。

珠三角产业带在市场化运作方面有着华中产业带难以匹敌的优势，是激光产业的另一集聚中心，主要分布在深圳、广州、东莞、佛山几大城市。深圳拥有大族激光、光韵达、联赢激光、创鑫激光、杰普特光电等众多业内知名企业，涉及的激光应用领域非常广泛，激光装备产业产值和出口额常年位列全国第一。

长三角产业带主要分布在上海、南京、温州、苏州、宁波等地，拥有众多激光元器件、激光器及激光应用设备制造厂家。

环渤海产业带的激光产业技术研发实力较强，激光企业主要集中在北京、天津、济南、沈阳、大连等城市。

学习任务描述

一位刚步入激光行业的销售工作者，怀揣着梦想，希望能在行业中快速成长，他需要对激光产业有一个比较全面的认识，哪里的潜在市场较大，哪里有性价比高的装备，哪里激光产业比较集中，这些都是急需了解的。

为了能让这位销售工作者少走弯路，快速了解产业发展情况，应使其尽可能多地了解激光装备制造产业链的分布情况，以及产业链上企业的布局情况，从而更好地进行竞品分析，切入市场，找准定位，获得潜在客户，进而打开销售局面。

学习目标

◆ 知识目标

1. 了解激光装备的基本构造。
2. 了解激光装备制造产业链上、中、下游的分布情况。

◆ 技能目标

1. 能够进行一定的市场分析。
2. 能够识别不同的激光装备。

◆ 素质目标

1. 具有开拓创新精神。
2. 具有竞争意识。

任务书

查阅资料，学习激光装备的基本构造，了解激光装备制造产业链上游、中游、下游产品和企业分布情况，对各个核心部件、龙头企业的产品情况进行收集；将收集的激光装备制造产业链情况用思维导图形式制作出来。

任务分组

将班级学员分组，可4~8人为一组，轮值安排组长，使每个人都有培养组织协调能力和管理能力的机会。各组任务可以相同或不同，明确每组的人员和任务分工，注重培养团队协作能力。任务分工表见表 1-3-1。

表 1-3-1 任务分工表

班级		组号		任务	
组长		时间段		指导教师	
姓名	学号	任务分工			备注

获取信息

引导问题 1：激光装备基本构造是什么？

引导问题 2：激光装备制造产业链分布情况是怎样的？

引导问题 3：激光装备制造各个产业中龙头企业的情况如何？

工作计划

按照任务书要求和获取的信息，每位组员根据自己的认知和理解，制订激光装备制造产业链认知的工作计划，包含对激光装备构造的认知、对激光装备制造产业链的认知及对行业龙头企业的认知。激光装备构造认知工作计划见表 1-3-2。

表 1-3-2 激光装备构造认知工作计划

步骤名称	工作内容	负责人

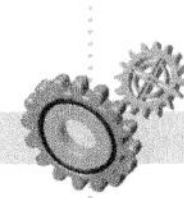

工作决策

对不同组员（或不同组别）的工作计划进行对比、分析、论证，整合完善，形成小组决策，作为任务实施的依据。计划优缺点对比分析见表 1-3-3，小组决策方案见表 1-3-4。

表 1-3-3 计划优缺点对比分析

小组 / 组员	计划中的优点	计划中的缺陷	优化方案

表 1-3-4 决策方案

步骤名称	工作内容	负责人

工作实施

根据学习了解的知识，按要求填写表 1-3-5。完成表格后尝试将激光装备制造产业链进行分解，并附上典型企业。

表 1-3-5 激光装备制造产业链

序号	激光装备制造产业链	典型企业
1		
2		
3		
4		
5		

根据学习了解的知识填写表 1-3-6。

表 1-3-6　典型企业

序号	典型企业	产品
1		
2		
3		
4		
5		

检查验收

激光装备制造产业链认知任务完成后，每组选出一个验收代表，由教师按照验收标准对每组的任务完成情况进行检查验收和评价，包括工作计划的合理性、激光装备制造产业链分布的准确性、典型企业，并对验收问题及其整改措施、完成时间进行记录。验收标准及评分表见表 1-3-7，验收过程问题记录见表 1-3-8。

表 1-3-7　验收标准及评分表

序号	验收项目	验收标准	分值	教师评分	备注
1	工作计划	表达清晰，分工明确，时间分配合理，可行性高	30		
2	激光装备制造产业链	对激光装备制造产业链上、中、下游划分准确度	20		
3	激光装备制造产业链典型企业	列举一些激光装备制造产业链上、中、下游典型国内企业	20		
4	实施过程	按计划实施任务，团队成员互助协力，实施过程认真记录有用信息	30		
合计			100		

表 1-3-8　验收过程问题记录

序号	验收问题记录	整改措施	完成时间	备注

评价与反馈

各组介绍任务的完成过程并提交阐述材料，进行学员自评、学员组内互评、教师评价，完成考核评价表（见表 1-3-9）。

引导问题 1：通过本任务，你觉得激光装备制造产业哪些区域优势明显？

引导问题 2：通过本任务，你觉得激光装备该如何凸显优势？

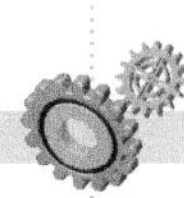

表 1-3-9　考核评价表

评价项目	评价内容	分值	自评 20%	互评 20%	教师评分 60%	合计
职业素养 40 分	爱岗敬业、安全意识、责任意识、服从意识	10				
	积极参加任务活动，按时完成工作页	10				
	团队合作、交流沟通能力、集体主义精神	10				
	劳动纪律，职业道德	5				
	自我学习能力	5				
专业能力 60 分	专业资料检索能力	10				
	制订计划能力，严谨认真	10				
	操作符合规范，精益求精	15				
	工作效率，分工协作	10				
	任务验收质量，质量意识	15				
合计		100				
创新能力加分	创新性思维和行动	20				
总计		120				

习题测评

一、选择题

1. 国内主要生产激光晶体的企业是（　　）。

A. 热刺激光　　B. 福晶科技　　C. 大族激光　　D. 奔腾激光

2. 国内激光装备制造产品最全的企业是（　　）。

A. 热刺激光　　B. 福晶科技　　C. 大族激光　　D. 奔腾激光

二、判断题

1. 激光整机装备是激光装备制造产业链的中游。（　　）

2. 激光产业分布主要集中在沿海一带。（　　）

3. 国内现在已经具有完整的激光装备制造产业链。（　　）

项目二 激光光路安装与调试

项目导入

光路是激光设备的重要组成部分，从激光产生到激光传输至作用在材料中，整个路径都是光路部分。光路的稳定性与否，决定了整机设备的稳定性。本项目主要讲解脉冲激光光路安装与调试的方法及步骤，其他光路可采用类似方法进行安装调试。

通过项目二的学习，学习者将对激光光路安装与调试方法和步骤有一个较清晰的认识，可为从事激光与光学仪器设备相关工作打下良好基础。图 2-0-1 为项目二思维导图。

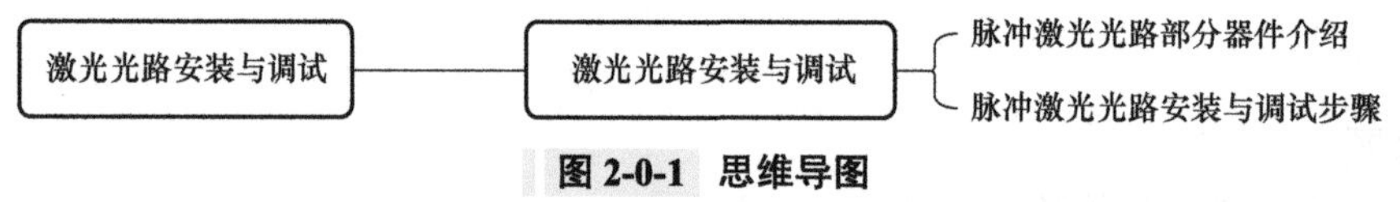

图 2-0-1 思维导图

任务 激光光路安装与调试

知识储备

一、脉冲激光光路部分器件介绍

脉冲激光光路中的主要器件有氙灯泵浦 YAG 金属腔（见图 2-1-1）、红光基准光（见图 2-1-2）、基准光调整架（见图 2-1-3）、45° 反射镜架（见图 2-1-4）、谐振腔镜架（见图 2-1-5）、光纤耦合架（见图 2-1-6）、挡光板（见图 2-1-7）、光阑（见图 2-1-8）、调试平台（见图 2-1-9）。

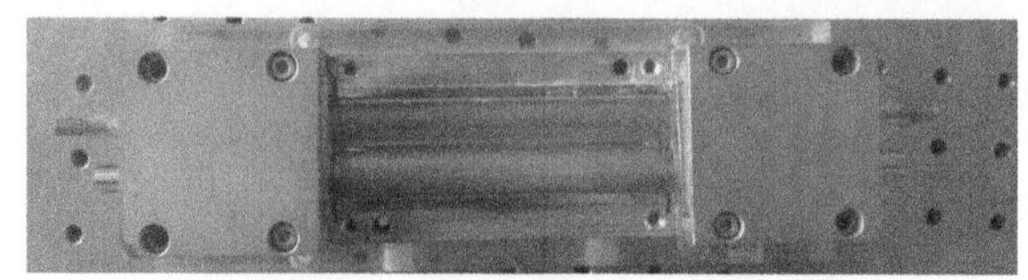

图 2-1-1 氙灯泵浦 YAG 金属腔

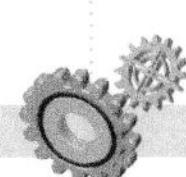

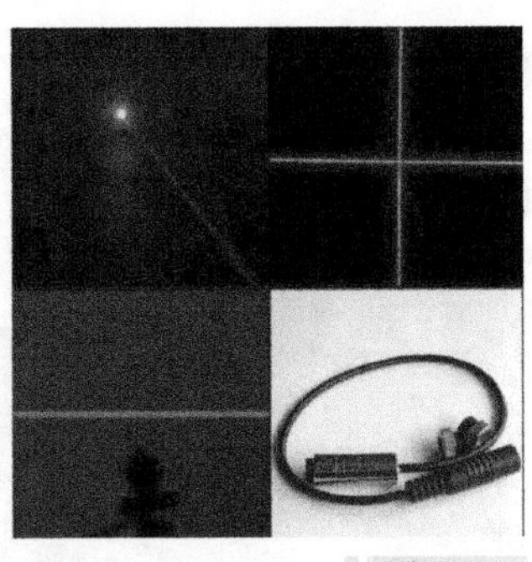

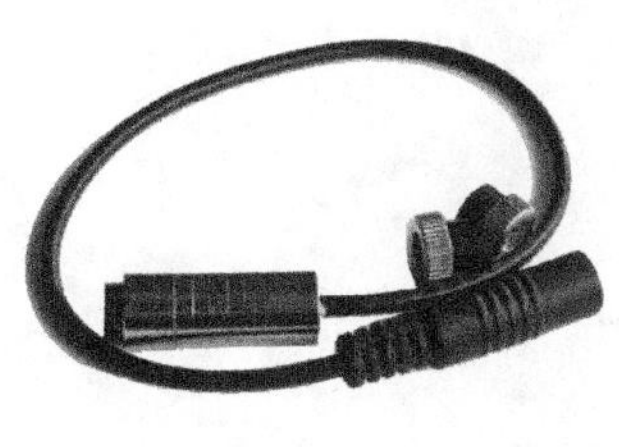

图 2-1-2 红光基准光

图 2-1-3 基准光调整架

图 2-1-4 45° 反射镜架

图 2-1-5 谐振腔镜架

图 2-1-6 光纤耦合架

图 2-1-7 挡光板

图 2-1-8 光阑

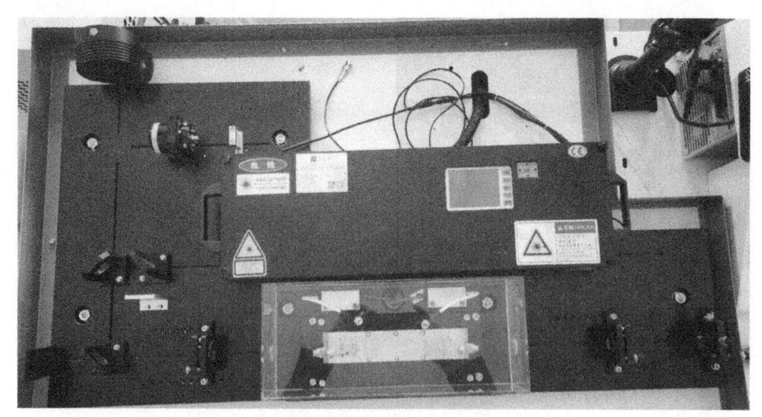

图 2-1-9 调试平台

二、脉冲激光光路安装与调试步骤

1. 安装调试前的准备工作

1）检查设备供水、供电环境，根据设备用电配置确认供电电源是否符合使用要求，对于配有循环水冷的设备，还应检查冷却水水质，对于需要更换的水质，应及时进行清理和更换。

2）在安装调试前应对设备状态进行检查和整理，确认设备是否处于断电状态，避免错误判断导致电击伤害；检查设备清洁状态，对设备存在的灰尘、污渍部位应及时清理；检查设备是否固定，对未固定设备应进行固定操作，对有移动轮的设备应锁紧移动轮；使用水平尺检查并调整设备工作台面的水平度。

3）在安装调试前须根据任务指导书及时清点检查相关实训器件，对于缺失、损坏器件应尽快报备，并及时补充、更换。

2. 设备开机

按照设备操作规范有序完成设备的开机操作流程；开启设备时，应先闭合断路器，打开钥匙开关，再开启执行器件，对于采用水循环制冷的设备，应先开启冷却水循环，检查水循环有无漏水、渗水，待水循环运行稳定后再起动激光器。

3. 红光基准调整

完成开机后，根据红光基准光调试步骤完成基准红光的装配与调试。红光基准光调试步骤主要分为红光模组调整、红光支架调整和红光基准调整。通过调整红光模组前的聚焦镜，调整模组光斑大小，在 3~5m 远处，光斑都能保持比较小，此时就可以固定聚焦镜；红光支架调整须保证镜架所有支撑弹簧受力均匀，无过度压缩或张开，保证红光模组位于镜架中间范围，将调整好的红光模组安装固定到镜架中，把红光模组镜架固定到调试平台上，红光基准光调整须保证红光依次从远、近端光阑中心通过。在进行红光支架调整时，其调整顺序为近端-远端-近端-远端依次调整。调整时，每次调整范围不宜太大，同时应尽量保证红光发生器位于镜架中心位置，红光调整完成后应立即将调整螺栓锁定，锁定后应再次确认红光是否发生偏移。

4. 谐振腔安装调试

谐振腔的安装与调试主要分为谐振腔镜片清洁、谐振腔镜片安装和谐振腔镜架调整。在谐振腔调整前，需保证谐振腔镜片清洁，如有污渍，应用无尘棉签蘸无水酒精进行清洁。清洁后将镜片镀有反射膜层的一面面向激光工作介质安装紧固在镜架上。谐振腔的安装调试应遵循由远及近的步骤，先安装离红光出光最远的输出镜，将装好输出镜的镜架固定在光路中合适的位置，使红光位于镜片中间范围，将入射到镜片的红光调整反射回红光发射处，使入射光与反射光相重合，此时，把

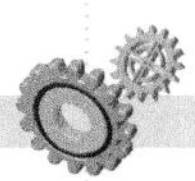

调整架的螺钉慢慢锁紧，锁紧后再次确认红光是否发生偏移。

将调好的输出镜用挡光板挡住，安装氙灯泵浦 YAG 金属腔，由于金属腔可调范围有限，将红光通过 YAG 棒前后两端中央并尽量使 YAG 棒两端反射的红光与出射光相重合，调整好后锁紧螺钉。

将调好的金属腔用挡光板挡住，将装好全反射镜的镜架固定在光路中合适的位置，使红光位于镜片中央范围，将入射到镜片的红光调整反射回红光发射处，使入射光与反射光相重合，此时把调整架的螺钉慢慢锁紧，锁紧后，应再次确认红光是否发生偏移。确认无误后，将挡光板放置在红光与全反射镜中间，给模块通电，用相纸或调光片在输出镜的输出端观察有无激光输出，如果有激光但光比较弱，缓慢调整全反射镜上其中一个调节旋钮看出光有无变化，如果出光变强，则继续向同方向调整，直至最强；如果无明显变化，则换一个方向的旋钮进行调节，直到出光达到最强时停止调节。此时，谐振腔已调整到最佳状态。谐振腔光路示意图如图 2-1-10 所示。

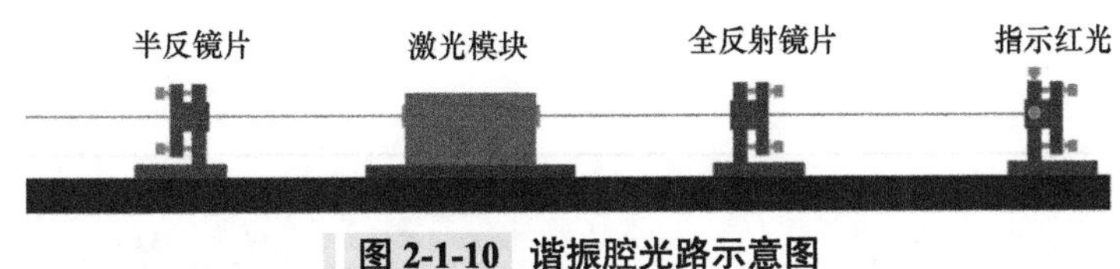

图 2-1-10 谐振腔光路示意图

5. 检测光路调试

检测光路的调试主要分为引导、分光、衰减镜片清理、引导、分光、衰减镜片安装和引导、分光、衰减镜架调整，其调试步骤主要通过基准红光作为参考完成。在对检测光路进行调整时，须保证相应光学镜片清洁，镜片安装紧固，红光位于镜片中央范围，光学镜片镀膜面面向激光。在检测光路调整过程中，调整范围不宜过大，在进行光学镜架紧固时须时时注意红光位置；根据光的传输方向逐个调试器件。检测光路示意图如图 2-1-11 所示。

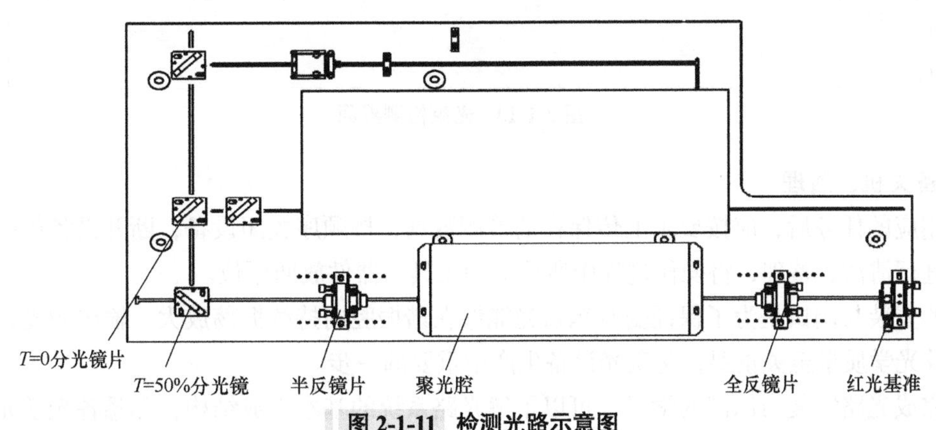

图 2-1-11 检测光路示意图

6. 耦合光路调试

耦合光路的搭建与调试主要分为分光、耦合镜片清理、分光、耦合镜片安装和分光、光纤端面安装、光纤耦合调整，其调试步骤主要通过基准红光作为参考完成。在进行耦合光路调整时，须保证相应光学镜片清洁，镜片安装紧固，红光位于光学镜片中间范围，分光镜片镀膜面面向激光。进行光纤端面安装时，应先调整光纤头位置，使其与安装孔位轴线大致重合，安装定位销与安装定位孔方向一致，然后沿轴线插入安装孔位，确认安装状态完好后，可使用连接器上固定丝圈进行锁紧、固定。在实际操作中应尽量避免光纤连接端面直接裸露在空气中，时刻注意光纤的使用和保养要求，规范完成相应的实操任务。进行耦合光路调整时，观察调试通常以指示红光作为调试基准，禁止使用激光直接调试。调试时，人眼通过目镜进行观察，观察内容通常为三部分：红光光点、光纤端面（光斑）和红光光晕。调试时，通常须保证三者同心且光纤端面边缘清晰（见图 2-1-12）。在耦合光路调试过程中，调整范围不宜过大，在进行光学镜架紧固时须时刻注意红光位置，以免偏移。

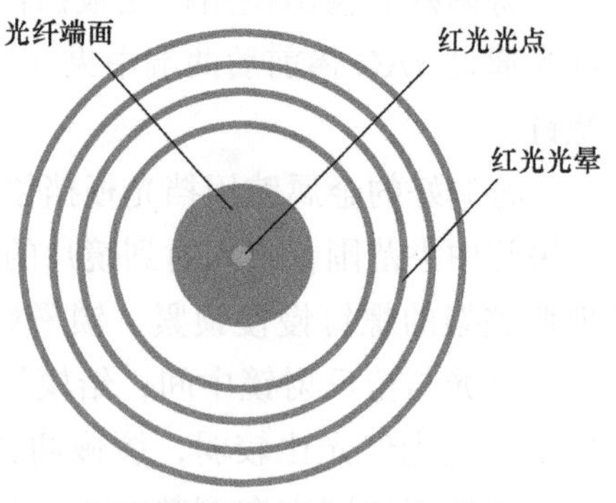

图 2-1-12　耦合观察镜简图

7. 光束检测

登录光束检测系统（见图 2-1-13），按要求完成光束质量检测，检测内容主要包括光斑大小、光束发散角、光束稳定性、激光输出功率和激光脉冲能量，完成检测后，将光束质量检测数据保存并上传。

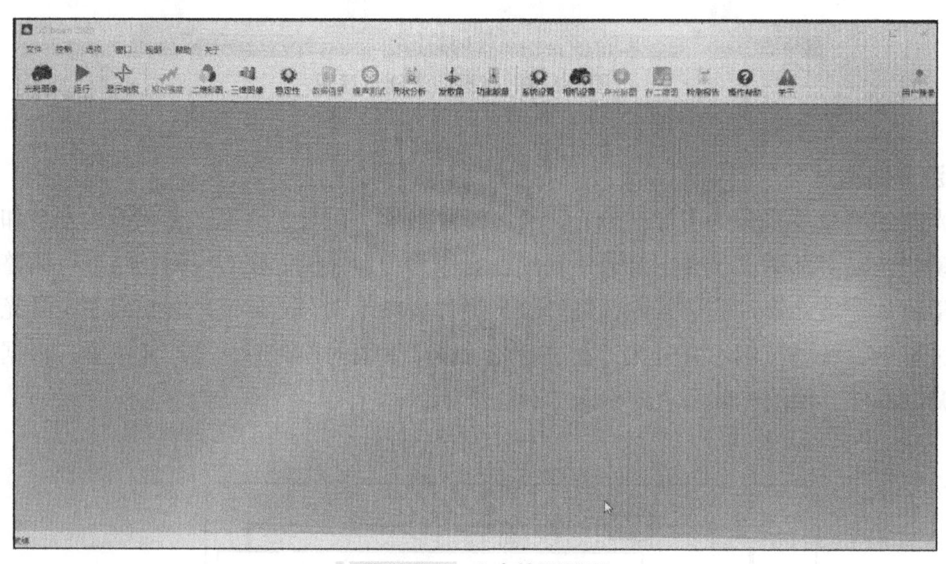
图 2-1-13　光束检测界面

8. 设备关机、清理

完成相应的任务后，应按要求上传保存的检测数据，按顺序关闭设备，断开设备供电，对设备工作台面进行清洁、整理，将操作过程中所用的到工具、器件放回原位。

光路的安装与调试是为了保证受激辐射光能够在谐振腔内持续振荡放大，输出激光，对激光器输出功率及光学质量至关重要，是激光设备生产中重要的一步。

通过完成光路安装与调试的学习，可以了解光路系统的基本组成结构，熟悉各光学元件的安装调试过程。

学习任务描述

一位刚步入激光装备制造行业的生产人员，对一些常用的光路器件还不够了解，也不知道其作用，不清楚如何进行光路的安装调试，为了能快速地适应岗位，进入工作状态，需要通过学习相关资料，认识了解激光光路中一些元器件的作用，以及光路安装调试步骤、注意事项、判断依据等。

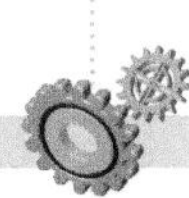

学习目标

◆ 知识目标

1. 认识了解常见光学元件及其作用。
2. 了解激光装备中的光路结构。

◆ 技能目标

1. 能够选取合适的光学元件。
2. 能够完成光路的安装调试。

◆ 素质目标

1. 培养胆大心细的工作作风。
2. 培养精益求精的工作精神。

任务书

查阅资料，学习激光光路元器件，了解激光光路的结构、安装调试步骤、检测方法，进行脉冲激光光路的安装调试。对各个光学部件信息进行收集，将光路安装调试步骤用流程图形式表达出来。

任务分组

将班级学员分组，可4~8人为一组，轮值安排组长，使每个人都有培养组织协调能力和管理能力的机会。各组任务可以相同或不同，明确每组的人员和任务分工，注意培养团队协作能力。任务分工表见表2-1-1。

表2-1-1　任务分工表

<table>
<tr><td>班级</td><td></td><td>组号</td><td></td><td>任务</td><td colspan="2"></td></tr>
<tr><td>组长</td><td></td><td>时间段</td><td></td><td>指导教师</td><td colspan="2"></td></tr>
<tr><td>姓名</td><td>学号</td><td colspan="4">任务分工</td><td>备注</td></tr>
<tr><td></td><td></td><td colspan="4"></td><td></td></tr>
<tr><td></td><td></td><td colspan="4"></td><td></td></tr>
<tr><td></td><td></td><td colspan="4"></td><td></td></tr>
<tr><td></td><td></td><td colspan="4"></td><td></td></tr>
<tr><td></td><td></td><td colspan="4"></td><td></td></tr>
<tr><td></td><td></td><td colspan="4"></td><td></td></tr>
<tr><td></td><td></td><td colspan="4"></td><td></td></tr>
<tr><td></td><td></td><td colspan="4"></td><td></td></tr>
</table>

获取信息

引导问题1：脉冲激光光路部分的主要元器件有哪些？

引导问题2：红光基准光的调试步骤有哪些？

引导问题 3：为什么调试谐振腔光路时要从远端开始？

引导问题 4：检测光路调试步骤有哪些？

引导问题 5：耦合光路调试步骤有哪些？

工作计划

按照任务书要求和获取的信息，每位组员根据自己的认知和理解，制订脉冲激光光路部分的安装与调试工作计划，包含材料、工具、器件准备，安装顺序和步骤、检查调试等工作内容。脉冲激光光路部分安装调试工作计划见表 2-1-2，材料、工具、器件计划清单见表 2-1-3。

表 2-1-2　脉冲激光光路部分安装调试工作计划

步骤名称	工作内容	负责人

表 2-1-3　材料、工具、器件计划清单

序号	名称	型号和规格	单位	数量	备注

工作决策

对不同组员（或不同组别）的工作计划进行方案的对比、分析、论证，整合完善，形成小组决策，作为工作实施的依据。计划优缺点对比分析见表 2-1-4，小组决策方案见表 2-1-5，材料、工具、器件最终清单见表 2-1-6。

表 2-1-4　计划优缺点对比分析

小组 / 组员	计划中的优点	计划中的缺陷	优化方案

表 2-1-5　决策方案

步骤名称	工作内容	负责人

表 2-1-6　材料、工具、器件最终清单

序号	名称	型号和规格	单位	数量	备注

工作实施

脉冲激光光路部分安装调试步骤如下。

1）装调红光基准光。

2）装调谐振腔。

3）装调检测光路。

4）装调耦合光路。

5）整理、清扫。

检查验收

根据脉冲激光光路安装与调试的工作情况，每组出一个验收代表，由教师按照验收标准对每组的任务完成情况进行检查验收和评价，包括完成质量、任务完成度等，并对验收问题及其整改措

施、完成时间进行记录。验收标准及评分表见表 2-1-7，验收过程问题记录见表 2-1-8。

表 2-1-7　验收标准及评分表

序号	验收项目	验收标准	分值	教师评分	备注
1	开机步骤	开机前进行了检查，开机步骤规范	10		
2	红光基准光	红光光斑调整合适，调整步骤规范	20		
3	谐振腔光路	谐振腔光路调整步骤规范，调整到最佳状态	20		
4	检测光路	检测光路镜片安装规范，检测到的光斑完整，检测出的参数在正常范围	20		
5	耦合光路	耦合光路镜片安装规范，耦合进光纤的光斑完整、位于光纤中央	20		
6	关机整理	符合关机规程，无器件损坏，工具使用规范，无工具掉落、损坏、遗留，环境整洁有序	10		
合计			100		

表 2-1-8　验收过程问题记录

序号	验收问题记录	整改措施	完成时间	备注

评价与反馈

各组介绍任务的完成过程并提交阐述材料，进行学员自评、学员组内互评、教师评价，完成考核评价表（见表 2-1-9）。

引导问题 1：通过本任务的检查验收，谈一谈你对脉冲光路调节中精益求精精神的理解。

引导问题 2：脉冲激光光路部分的哪些内容你觉得感悟最深，是什么？

表 2-1-9　考核评价表

评价项目	评价内容	分值	自评 20%	互评 20%	教师评分 60%	合计
职业素养 40 分	爱岗敬业、安全意识、责任意识、服从意识	10				
	积极参加任务活动，按时完成工作页	10				
	团队合作、交流沟通能力、集体主义精神	10				
	劳动纪律，职业道德	5				
	现场 6S 标准，行为规范	5				

（续）

评价项目	评价内容	分值	自评 20%	互评 20%	教师评分 60%	合计
专业能力 60 分	专业资料检索分析能力	10				
	制订计划能力，严谨认真	10				
	操作符合规范，精益求精	15				
	工作效率，分工协作	10				
	任务验收质量，质量意识	15				
合计		100				
创新能力加分	创新性思维和行动	20				
总计		120				

习题测评

一、选择题

1. 红光基准光在调试过程中，依据光的什么特性来判断与平台平面保持平行？（　　）

A. 光的反射　　B. 光的直线传播　　C. 光的折射　　D. 光的衍射

2. 在激光光路安装调试过程中，一般遵循（　　）的顺序。

A. 由远及近　　B. 由近及远　　C. 任意　　D. 中间开始

二、简答题

1. 谐振腔镜片在安装调试过程中，如何判断镜片已经调整好了？
2. 有激光输出但光还比较弱时，该如何调整？
3. 红光在光路安装调试过程中的作用是什么？

项目三

激光打标设备装调技术

项目导入

激光良好的单色性、方向性、相干性和高能量密度为激光技术的广泛应用开辟了无限可能的应用场景。在所有激光加工技术中，激光打标是最成熟的应用之一，广泛应用于电子元器件、集成电路（IC）、电工电器、手机通信、五金制品等行业。

在众多激光打标设备的竞争中，光纤激光打标机逐渐脱颖而出。完成本项目，认识激光打标技术与光纤激光打标设备是一项十分必要且有意义的工作。图 3-0-1 为激光打标设备装调技术思维导图。

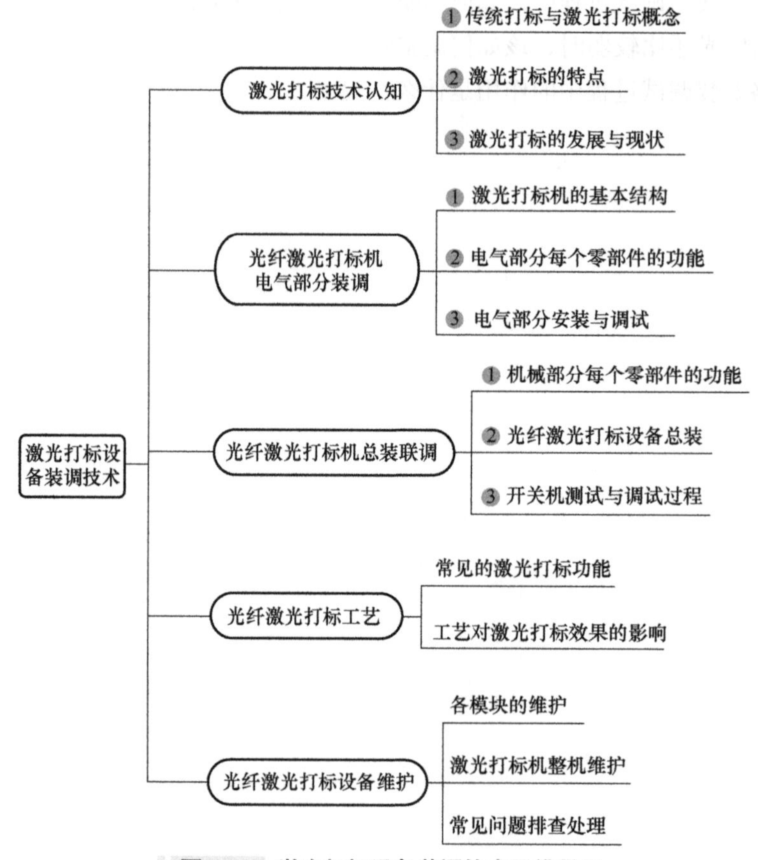

图 3-0-1 激光打标设备装调技术思维导图

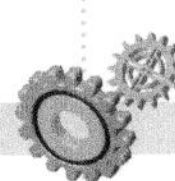

任务一 激光打标技术认知

知识储备

一、打标概念

激光打标的概念

在现代工商业的生产活动中，打标一般指企业根据自身需求在各种产品上打印或标刻文字、图片等标识，如生产日期、有效期、产品编号等。传统的打标技术包括机械雕刻、机械冲压、化学腐蚀、丝网印刷和喷墨打印等。

激光打标行业应用——激光刻章

在最近数十年中，激光打标技术蓬勃发展。激光打标技术的图案成形原理类似于雕刻技术，可归类为减材加工技术。与传统技术相比，激光打标技术具有更快的加工速度和更高的精度，并且加工过程无应力。凭借这些优势，激光打标技术在打标行业中备受青睐。常见标记工艺的特点比较见表 3-1-1。

表 3-1-1 几种常见标记工艺的比较

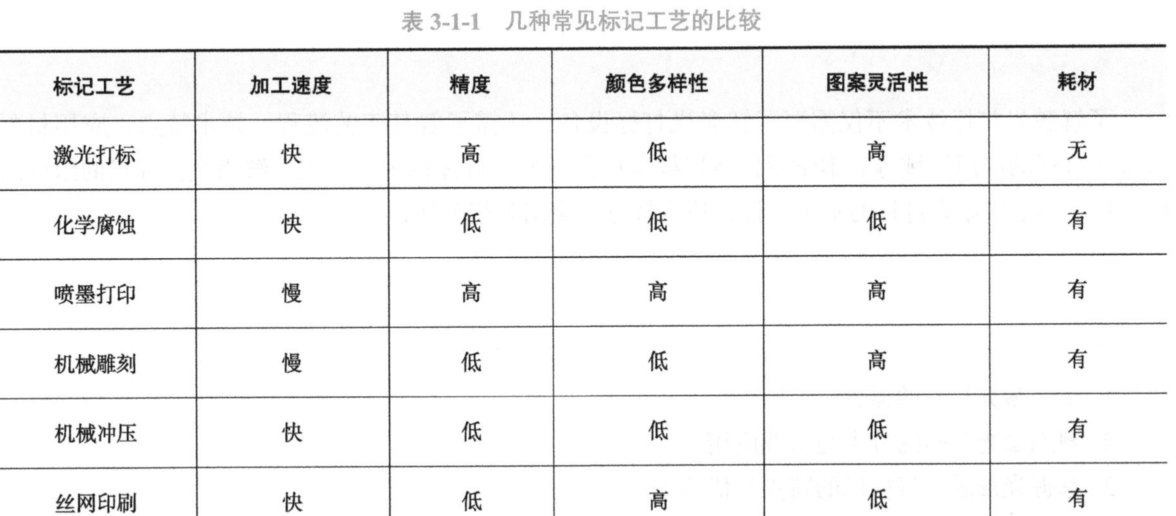

标记工艺	加工速度	精度	颜色多样性	图案灵活性	耗材
激光打标	快	高	低	高	无
化学腐蚀	快	低	低	低	有
喷墨打印	慢	高	高	高	有
机械雕刻	慢	低	低	高	有
机械冲压	快	低	低	低	有
丝网印刷	快	低	高	低	有

二、激光打标概念与技术特点

激光打标翻译自英文“Laser Marking”，从文字上理解由“激光”+“打标”两个部分组成，激光指的是特殊光源激光器发出的光，打标则是“打印”+“标识 / 标记”的简称。因此，学习者可以轻松理解激光打标的含义，即使用激光（通常是较高功率 / 能量密度的激光）根据用户需求在特定的工件表面打印 / 标刻文字、图片等内容。

激光是如何在材料表面打印标记的呢？高能量密度的激光对工件进行局部照射烧蚀，使表层材料迅速加热到汽化温度以上，激光照射部位的材料汽化消失，仿佛以激光为刀刃从材料表面挖去一块，从而留下永久性标记，即打标的效应是通过表层物质的蒸发露出深层物质。与激光切割机相比，激光打标机使用振镜控制光束运动，在工件表面刻出任意所需要的文字或图案，形成永久防伪标志，如图 3-1-1 所示。激光可对各种金属、非金属材料（模具、量具、电子元器件、机械零部件、面板、标牌、钟表、首饰、文具等）进行文字或图形的标记刻写，与传统工艺相比，具有速度快、精度高、质量好的优点。

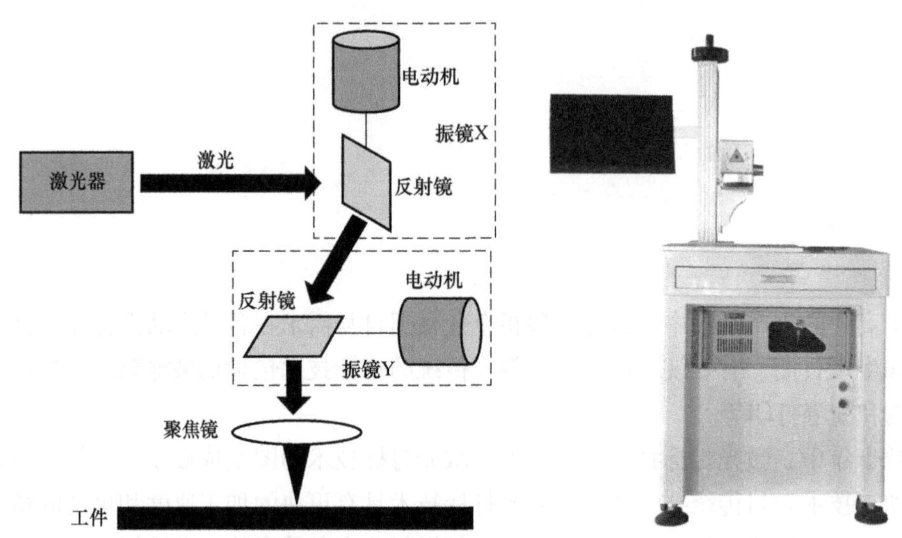

图 3-1-1　激光打标示意图及激光打标机

学习任务描述

了解激光打标技术不仅需要了解激光打标设备，还需了解其工艺流程、技术特点、应用材料及激光打标的应用领域等。本学习任务以标准型光纤激光打标机为例，先了解激光打标机的组成结构，进一步了解激光打标的基本流程、技术特点、应用等相关知识。

学习目标

◆ 知识目标

1. 了解激光打标的概念。
2. 熟悉激光打标的分类与行业应用。
3. 掌握光纤激光打标机的特点与优势。
4. 了解光纤激光打标机的发展历史、发展现状及趋势。

◆ 技能目标

1. 能独立讲解激光打标的概念与工作原理。
2. 能对激光打标技术的优缺点进行分析。

◆ 素质目标

1. 培养学习者增强民族自豪感。
2. 培养学习者具有进取之心。

任务书

以标准型光纤激光打标机为例，了解激光打标机的组成结构，并学习各个部件在激光打标机中的作用，尝试将标准型激光打标机按模块进行分解，说出各个模块的名称与功能。在了解激光打

标机的基础上进一步了解激光打标的基本流程与技术特点，调研激光打标技术的应用材料及应用行业。

任务分组

将班级学员分组，可 4~8 人为一组，轮值安排组长，使每个人都有培养组织协调能力和管理能力的机会。各组任务可以相同或不同，明确每组的人员和任务分工，注意培养团队协作能力。任务分工表见表 3-1-2。

表 3-1-2　任务分工表

班级		组号		任务	
组长		时间段		指导教师	
姓名	学号	任务分工			备注

获取信息

引导问题 1：查阅资料，说明光纤激光打标机组成结构是怎么样的？

引导问题 2：将激光打标机进行分解，可分解为哪些模块？

引导问题 3：我国自主生产的光纤激光打标机主流品牌有哪些？

引导问题 4：以某光纤激光打标机为例，说明此光纤激光打标机的卖点有哪些。

引导问题 5：查阅资料，描述光纤激光打标机有哪些应用材料。

引导问题 6：查阅资料，描述光纤激光打标机的行业应用。

引导问题 7：查阅资料，画出光纤激光打标机的工作流程图。

引导问题 8：查阅资料，描述激光打标技术有哪些优缺点。

引导问题 9：查阅资料，列出光纤激光打标机的激光器有哪些技术参数。

引导问题 10：如果激光打标机某零部件坏了，思考这些零部件是否容易更换。

工作计划

按照任务书要求和获取的信息，每位组员根据自己的认知和理解，制订光纤激光打标技术认知的工作计划，包含对激光打标机设备的认知，对打标任务施工流程的认知以及对激光打标技术特点与应用范围的认知。光纤激光打标技术认知工作计划见表 3-1-3。

表 3-1-3　光纤激光打标技术认知工作计划

步骤名称	工作内容	负责人

工作决策

对不同组员（或不同组别）的工作计划进行对比、分析、论证，整合完善，形成小组决策，作为任务实施的依据。计划优缺点对比分析见表 3-1-4，小组决策方案见表 3-1-5。

表 3-1-4　计划优缺点对比分析

小组 / 组员	计划中的优点	计划中的缺陷	优化方案

表 3-1-5　决策方案

步骤名称	工作内容	负责人

工作实施

根据学习了解的知识，看图填写表格 3-1-6。完成表格后尝试将标准型激光打标机按模块进行分解，画出模块间衔接的图表，尝试绘制激光打标的流程框图。

表 3-1-6　激光打标机零部件认知

序号	零部件	名称	功能
1			
2			
3			
4			
5			
6			

根据学习了解的知识，填写表 3-1-7 和表 3-1-8。

表 3-1-7　激光打标技术应用认知

序号	应用材料	应用行业
1		
2		
3		
4		
5		
6		
7		
8		

表 3-1-8　激光打标技术的特点

序号	激光打标技术的特点	序号	激光打标技术的特点
1		6	
2		7	
3		8	
4		9	
5		10	

检查验收

激光打标技术认知任务完成后，每组出一个验收代表，由教师按照验收标准对每组的任务完成情况进行检查验收和评价，包括工作计划的合理性、零部件认知的准确度、分解设备模块图的合理性、打标应用与技术特点的完善度等，并对验收问题及其整改措施、完成时间进行记录。验收标准及评分表见表 3-1-9，验收过程问题记录见表 3-1-10。

表 3-1-9　验收标准及评分表

序号	验收项目	验收标准	分值	教师评分	备注
1	工作计划	表达清晰，分工明确，时间分配合理，可行性高	20		
2	零部件认知	对零部件名称、功能描述准确	10		
3	模块分解	对激光打标机进行模块分解符合逻辑	10		
4	打标过程	描述清楚，打标的过程比较完整	10		
5	应用认知	应用材料丰富，应用行业多	10		
6	技术特点	描述清晰，有多个技术特点	20		
7	实施过程	按计划实施任务，团队成员互助协力，实施过程认真记录有用信息	20		
合计			100		

表 3-1-10　验收过程问题记录

序号	验收问题记录	整改措施	完成时间	备注

评价与反馈

各组介绍任务的完成过程并提交阐述材料，进行学员自评、学员组内互评、教师评价，完成考核评价表（见表 3-1-11）。

引导问题 1：通过本任务，你觉得激光打标是一种什么样的技术？

引导问题 2：通过本任务，你愿意从事激光打标行业吗？为什么？

表 3-1-11　考核评价表

评价项目	评价内容	分值	自评 20%	互评 20%	教师评分 60%	合计
职业素养 40 分	爱岗敬业、安全意识、责任意识、服从意识	10				
	积极参加任务活动，按时完成工作页	10				
	团队合作、交流沟通能力、集体主义精神	10				
	劳动纪律，职业道德	5				
	现场 6S 标准，行为规范	5				
专业能力 60 分	专业资料检索能力，中外品牌分析能力	10				
	制订计划能力，严谨认真	10				
	操作符合规范，精益求精	15				
	工作效率，分工协作	10				
	任务验收质量，质量意识	15				
合计		100				
创新能力加分	创新性思维和行动	20				
总计		120				

习题测评

一、判断题

1. 相比传统打标技术，激光打标的精度不高。（　　）
2. 光纤激光打标机需要很大的冷却系统。（　　）
3. 振镜可以对激光进行聚焦。（　　）

4. 计算机可以直接控制激光器的工作特性。(　　)

二、简答题

谈谈激光打标的典型应用。

任务二　光纤激光打标机电气部分装调

知识储备

过去的数十年里，激光打标机在工业领域展现出无与伦比的应用潜力，不同领域对激光打标有不同的需求，促进了激光打标技术的迅猛发展。激光打标机不仅在纵向上实现了版本的快速迭代，从灯泵浦阶段发展到半导体泵浦，如今进入光纤激光打标时代；从横向上看，每个阶段不同的厂家也是各显神通，打造出形态、功能不尽相同的产品。当前主流的光纤激光打标机也不例外，出于不同厂家对不同应用领域的思考，光纤激光打标机展现出多种形式，如图 3-2-1 所示，除了标准型光纤激光打标机，市面上常见的还有分体型光纤激光打标机、手持式光纤激光打标机，以及一些特殊形态的独立设备和集成到自动化生产线中的非独立设备。

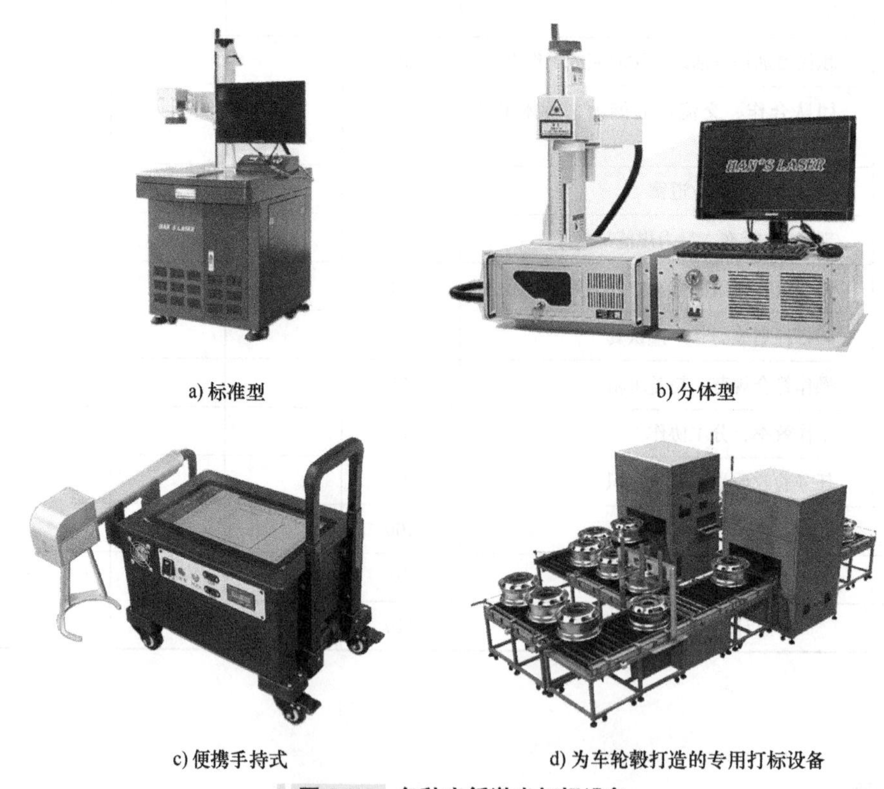

a) 标准型　　b) 分体型

c) 便携手持式　　d) 为车轮毂打造的专用打标设备

图 3-2-1　各种光纤激光打标设备

无论形态如何变化，从整体逻辑上看，所有的光纤激光打标设备都有相同或功能类似的模块。例如，每台光纤激光打标设备都需要打标内容的处理单元，用以调整打标的文字或图片，该模块可

以是普通的计算机；再如，每个光纤激光打标设备也一定会有光纤激光器，否则设备就无法输出激光。本文将以标准型光纤激光打标机为例，带领大家一起了解光纤激光打标设备的基本架构。表 3-2-1 是一个标准型光纤激光打标机的配机清单。

表 3-2-1 标准型光纤激光打标机的配机清单

序号	模块	项目
1	激光器	光纤激光器
2		激光器电源
3		激光器数据线
4	计算机	计算机主机
5		显示器
6		显示器支架
7		键盘鼠标
8	打标机机柜	机柜
9		工作台
10		升降轴
11	光路	振镜
12		聚焦镜头
13		光路光具座
14		合束镜
15		红光
16	控制板卡	板卡
17		板卡电源
18		板卡数据线
19	/	按钮开关
20	/	排风扇
21	/	指示灯
22	/	总电源航空插头
23	/	总电源线
24	/	USB 线

该配机清单仅为一个参考，实际应用中可以增加或减少一些非核心零配件以满足不同用户的不同需求。上述配机清单中的激光器模块、计算机模块、控制板卡模块都属于电路部分，个别其他位置也会涉及电路系统的安装，如光路模块中振镜的电源也属于电路安装部分，红光、排风扇等其余零件也属于电路安装部分。

学习任务描述

光纤激光打标机的结构可大致分为电气部分和机械部分，两个部分在打标过程中承担不同工作职责的同时又紧密协调合作。电气部分主要对打标任务进行流程的控制和处理，以标准型光纤激光打标机为例，一个打标任务首先在计算机模块中生成，之后任务被传输到控制卡，控制卡将任务分解，分两路传输给激光器和振镜。本学习任务要求准确将计算机主机、激光器、控制卡电源、激光器电源、振镜电源及控制卡固定安装在激光打标机机柜内的合适位置，并通过电路将电气模块连接在一起。学习者通过掌握相关的知识和技能，保证光纤激光打标机的电气部分在结构布局上合理美观，各模块的电路能正常工作。

学习目标

◆ 知识目标

1. 熟悉光纤激光打标机电气部分各元器件的功能作用。
2. 了解光纤激光打标机电气部分的结构。
3. 掌握光纤激光打标机中各个电气部分的安装调试方法及注意事项。

◆ 技能目标

1. 具有光纤激光打标机电气元器件选型的能力。
2. 具有光纤激光打标机电气部分安装调试的能力。
3. 能对安装好的电气部分进行检查验收，发现并解决电气部分存在的问题。

◆ 素质目标

1. 增强学习者责任意识。
2. 增强团队协作意识。
3. 增强安全意识。

任务书

某厂家生产的标准型光纤激光打标机机柜内部的各电气部分示意图如图 3-2-2 所示。请根据各电气部分的位置示意图将标准型光纤激光打标机的电气部分安装在机柜内部的合适位置，包括计算机主机、激光器、控制卡电源、激光器电源、振镜电源及控制卡。标准型光纤激光打标机的各个电气部分连接示意图如图 3-2-3 所示，请根据电气部分连接示意图对固定好位置的电气部分进行电路连接。

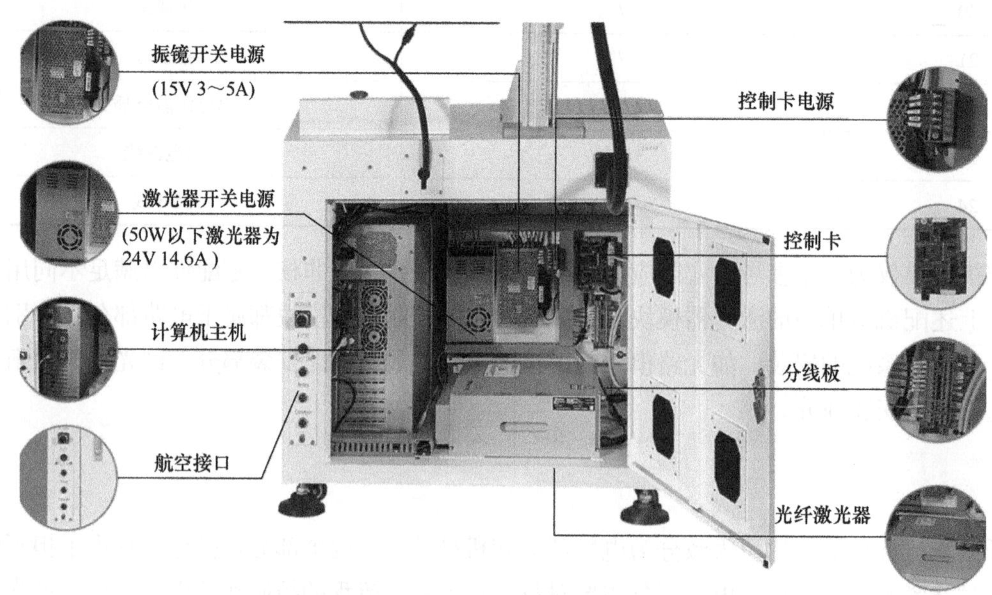

图 3-2-2 光纤激光打标机各电气部分

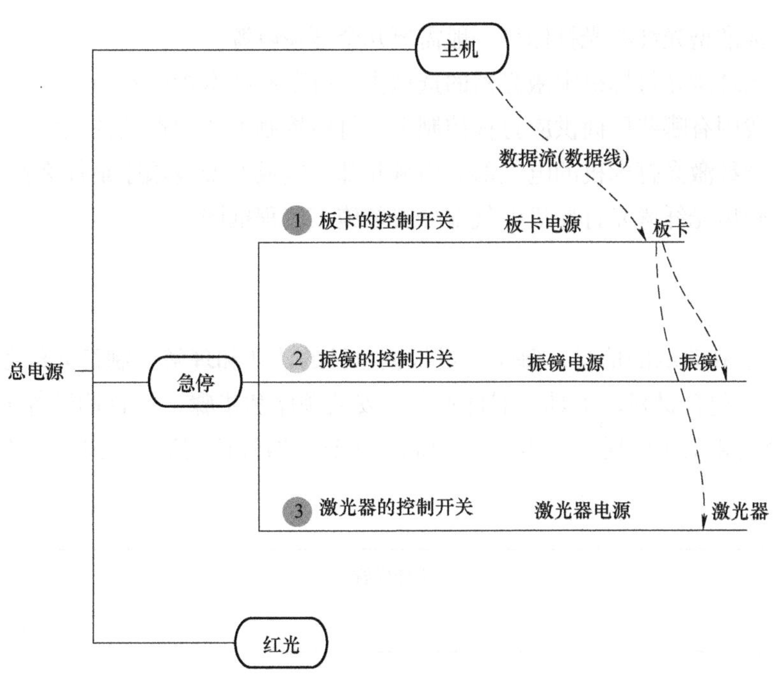

图 3-2-3　激光打标机电气部分连接示意图

任务分组

将班级学员分组，可 4~8 人为一组，轮值安排组长，使每个人都有培养组织协调能力和管理能力的机会。各组任务可以相同或不同，明确每组的人员和任务分工，注意培养团队协作能力。任务分工表见表 3-2-2。

表 3-2-2　任务分工表

班级		组号		任务	
组长		时间段		指导教师	
姓名	学号	任务分工			备注

获取信息

引导问题 1：查阅资料，描述光纤激光打标机电气部分的结构，说出有哪些核心元器件。

引导问题 2：以某光纤激光打标机为例，说明光纤激光打标机电气部分的结构组成及各部分作用。

引导问题 3：标准型光纤激光打标机一般需要几个开关电源？

引导问题 4：光纤激光打标机中激光器的选型主要有哪些技术指标？

引导问题 5：我国有哪些厂商供应打标控制卡？打标控制卡的卖点是什么？

引导问题 6：光纤激光打标机的电气部分由哪几部分组成？安装顺序是什么？

引导问题 7：画出光纤激光打标机电气部分安装施工流程框图。

工作计划

按照任务书要求和获取的信息，每位组员根据自己的认知和理解，制订光纤激光打标机电气部分的安装工作计划，包含材料、工具、器件准备，安装顺序和步骤，检查调试等工作内容。光纤激光打标机电气部分安装工作计划见表 3-2-3，材料、工具、器件计划清单见表 3-2-4。

表 3-2-3　光纤激光打标机电气部分安装工作计划

步骤名称	工作内容	负责人

表 3-2-4　材料、工具、器件计划清单

序号	名称	型号和规格	单位	数量	备注

工作决策

对不同组员（或不同组别）的工作计划进行选材、工艺、施工方案的对比、分析、论证，整合完善，形成小组决策，作为工作实施的依据。计划优缺点对比分析见表 3-2-5，小组决策方案见表 3-2-6，材料、工具、器件最终清单见表 3-2-7。

表 3-2-5 计划优缺点对比分析

小组 / 组员	计划中的优点	计划中的缺陷	优化方案

表 3-2-6 决策方案

步骤名称	工作内容	负责人

表 3-2-7 材料、工具、器件最终清单

序号	名称	型号和规格	单位	数量	备注

工作实施

光纤激光打标机电气部分安装施工步骤如下。

1. 安装固定电源与控制卡

安装固定电源与控制卡

1）安装前，将光纤激光打标机的机柜相关板材清理干净，取出放平。

2）拿出打标控制卡、控制卡电源、激光器电源及振镜电源，将这四个模块的外包装去除。

3）将控制卡、控制卡电源、激光器电源及振镜电源安装固定在机柜板材上。须提前规划好四个模块的位置布局，避免因安装位置不当而无法正常工作。

4）安装固定四个模块时，须注意彼此间的位置和方向，尽量将三个电源模块放在同一个区域，将打标控制卡放在间隔电源一定距离的另一个位置。三个电源的接口应在同一侧，方便下一步电缆走线。

5）安装固定四个模块时，须选用标准工具，避免控制卡、电源等模块损坏，避免板材变形。

6）各个模块在板材固定上时应不少于 4 组螺栓，螺栓在各模块四个角固定，紧固螺栓时可根据实际需求加装垫片，确保安装牢固。

控制卡、控制卡电源、激光器电源及振镜电源的参考布局安装如图 3-2-4 所示。

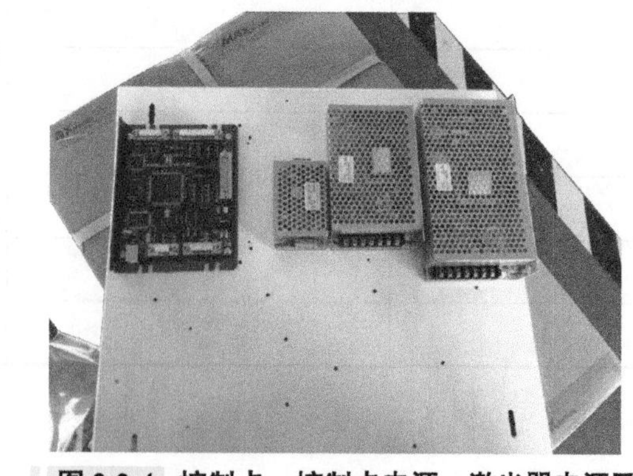

图 3-2-4 控制卡、控制卡电源、激光器电源及振镜电源的参考布局安装

2. 安装固定主机

安装主机主要是固定主机，并将打标机机柜的开机按钮、重启按钮及 USB 接口连接到计算机主机，方便用户直接使用机柜外侧的按钮进行开关机，或连接 USB，而无须打开机柜。

1）安装前，将打标机机柜内部预留给计算机主机的空间清理干净。

2）将计算机主机轻轻放入机柜内部的预置空间。

3）将打标机机柜的开机按钮与计算机主机预留的开机接线端连接。

4）将打标机机柜的重启按钮与计算机主机预留的重启接线端连接。

5）将打标机机柜的 USB 数据线与计算机主机的 USB 接口连接。

6）使用螺栓将主机安装固定在机柜的预置位置。

机柜外侧的开机按钮、重启按钮及 USB 接口如图 3-2-5 所示。

图 3-2-5 机柜外侧的开机按钮、重启按钮及 USB 接口

3. 安装固定激光器

1）安装前，将打标机机柜内部预留给激光器的空间清理干净。

2）取出激光器，将激光器清理干净并轻轻放入机柜内的预置空间。

3）如有配套的螺钉等紧固件，请用紧固件固定激光器的位置。

安装固定控制开关

4. 安装固定控制开关

1）取出急停开关、激光开关按钮、红光开关按钮、振镜开关按钮等设备配套的控制开关。

2）将急停开关串联到控制电路，急停按钮的输出端与其余控制开关的输入端并联，如图 3-2-6 所示。

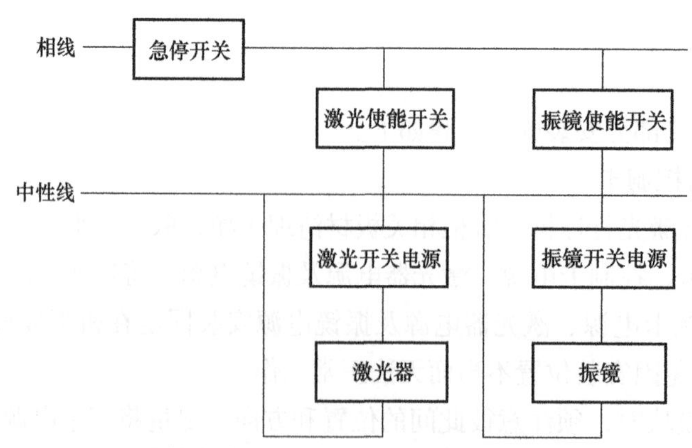

图 3-2-6 急停控制电路结构示意图

3）取一根六芯线，将六根线芯分开并连接控制按钮，其中一根线芯连接急停开关的输入端，三根线芯连接其余控制开关的输出端。最后两根线芯可根据实际需求与急停开关的输入或输出端并联（给主机与控制板供电，两种接法有什么差异）。

4）将控制按钮安装固定在机柜上，如图 3-2-7 所示。

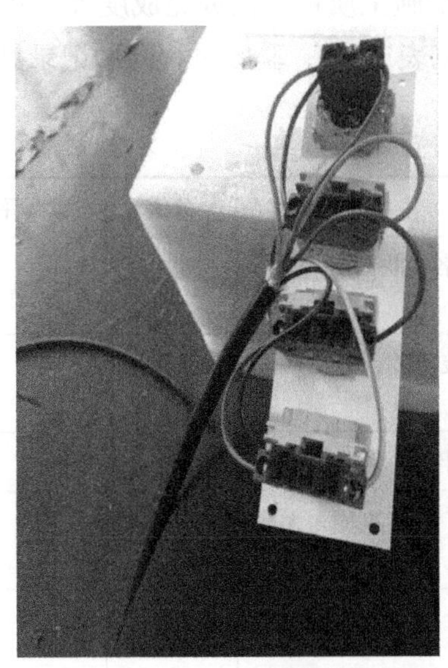

图 3-2-7 按钮与芯线的连接及固定

连接电路 1

5. 连接电路 1

1）根据电源与控制板的布局将线槽与分线板安装固定在机柜内合适位置。

2）将不同控制开关的输出端通过分线板与对应的电源输入端相线接口连接。

3）将三个电源模块的中性线、地线互连。

4）将航空总电源线的相线通过分线板与急停按钮的输入端连接。

5）将航空总电源线的中性线、地线通过分线板与开关电源的中性线、地线连接。

6）将机柜内的所有导线收纳入线槽。

6. 连接电路 2

1）连接控制板卡的电源输出端与控制板。

2）连接控制板卡与计算机主机。

3）连接控制板卡与激光器。

4）连接控制板卡与振镜。

5）连接激光器电源的输出端与激光器。

6）连接振镜电源的输出端与振镜。

7. 安装风扇

1）取出机柜的背板与风扇并清理干净。

2）使用螺钉将风扇固定在背板预置的通风口位置。

3）将风扇的电源线焊接上去，两个风扇并联。

4）连接好风扇电源线并将机柜的背板安装在机柜上。

引导问题 1：光纤激光打标机电气部分安装过程中有哪些安全注意事项？

引导问题 2：在任务实施中遇到了哪些计划中没有考虑到的问题？是如何解决的？

引导问题 3：通过任务的实施，你最大的收获是什么？

引导问题 4：本次任务的实施，你认为有哪些需要改进的地方？

检查验收

根据光纤激光打标机电气部分安装的工作情况，每组出一个验收代表，由教师组织按照验收标准对每组的任务完成情况进行检查验收和评价，包括施工质量、任务完成度等，并对验收问题及其整改措施、完成时间进行记录。验收标准及评分表见表 3-2-8，验收过程问题记录见表 3-2-9。

表 3-2-8 验收标准及评分表

序号	验收项目	验收标准	分值	教师评分	备注
1	电源与控制卡	布局摆放符合要求，无歪斜，各模块固定，无滑动现象	10		
2	主机	摆放符合要求，无歪斜，安装牢固，无滑动现象，导线与数据线连接良好	10		
3	激光器	摆放符合要求，无歪斜，安装牢固，无滑动现象	10		
4	控制开关	布局摆放符合要求，无歪斜，安装牢固，无松动，控制开关间的电路连接正确	20		
5	电路 1	各个接口电路连接正确，各个接口电路连接牢固，无松动，导线布局美观	10		
6	电路 2	各个接口电路连接正确，各个接口电路连接牢固，无松动，导线布局美观	10		
7	风扇	布局摆放符合要求，无歪斜，安装牢固，无松动，电路连接正确且牢固	10		
8	施工规范	符合操作规程，无人员受伤或设备损坏，工具使用规范，无工具掉落、损坏、遗留，环境整洁有序	20		
合计			100		

表 3-2-9 验收过程问题记录

序号	验收问题记录	整改措施	完成时间	备注

评价与反馈

各组介绍任务的完成过程并提交阐述材料，进行学员自评、学员组内互评、教师评价，完成考核评价表（见表 3-2-10）。

引导问题 1：通过本次任务的检查验收，谈一谈你对精益求精和工匠精神的理解。

引导问题 2：光纤激光打标机的哪些知识让你觉得最有趣？

表 3-2-10 考核评价表

评价项目	评价内容	分值	自评 20%	互评 20%	教师评分 60%	合计
职业素养 40 分	爱岗敬业、安全意识、责任意识、服从意识	10				
	积极参加任务活动，按时完成工作页	10				
	团队合作、交流沟通能力、集体主义精神	10				
	劳动纪律，职业道德	5				
	现场 6S 标准，行为规范	5				
专业能力 60 分	专业资料检索能力，中外品牌分析能力	10				
	制订计划能力，严谨认真	10				
	操作符合规范，精益求精	15				
	工作效率，分工协作	10				
	任务验收质量，质量意识	15				
合计		100				
创新能力加分	创新性思维和行动	20				
总计		120				

知识拓展 打标机里的光纤激光器

激光打标的质量与效率很大程度上取决于输出激光，而激光又与光纤激光器息息相关，因此，激光器模块对于激光打标机非常重要。完整的激光器模块由核心的光纤激光器与配套的激光器电源、激光器数据线组成。国内光纤激光器品牌众多，如广东的创鑫激光、武汉的锐科激光等，所生产的光纤激光器比较全面，既有功率较小的 10W 左右的光纤激光器，也有功率达数千甚至数万瓦的大功率激光器。激光器功率越大，加工能力越强，对于加工深度小的打标行业，常用的 10~50W 光纤激光器已经能满足大部分工业打标需求。更高功率的光纤激光器多应用在激光切割、激光焊接等领域。

打标机中常用的光纤激光器为脉冲激光器，可分为调 Q 脉冲光纤激光器和 MOPA（Master Oscillator-Power Amplifier，主振荡功率放大）脉冲激光器，如图 3-2-8 所示。此处不讨论两者的技术细节。

a) 20~50W调Q脉冲光纤激光器

b) 20W MOPA脉冲光纤激光器

图 3-2-8 应用打标的光纤激光器

表现上，MOPA 脉冲光纤激光器对于脉冲参数的调整有更强的灵活性，包括调整激光脉冲宽度、重复频率、脉冲波形、功率等，而调 Q 脉冲光纤激光器的输出脉冲参数的调整不如 MOPA 激光灵活，但是它结构简单，更具有价格优势。从打标的应用与效果上看，MOPA 脉冲光纤激光器可应用于氧化铝打黑与部分金属材料的彩色标记，以打黑为例，通过调节激光功率、频率参数可以达到不同等级的打黑效果。此外，由于 MOPA 激光频率更高，打标的效果比较细腻，单脉冲时间短、能量低，对材料的热影响小，即使是对较薄的材料进行打标，材料也不易产生热形变而影响加工效果。调 Q 脉冲光纤激光器的频率比 MOPA 脉冲光纤激光器低，导致打标的精细度上会略有欠缺，但它打标的速度比较快。对于大多数对精细度要求不高的领域，调 Q 脉冲光纤激光器价格实惠、打标的速度较快，需要调整的参数更少、更容易上手，因此采用调 Q 脉冲光纤激光器可实现经济效益最大化。在金属材料深雕方面，调 Q 脉冲光纤激光器的脉冲宽度大，单脉冲能量更高，进行深度雕刻时的表现力也更优秀。表 3-2-11 是两款打标用光纤激光器的参数。

表 3-2-11　调 Q 和 MOPA 光纤激光器的参数

参数		产品	
		20W 调 Q 脉冲光纤激光器	20W MOPA 脉冲光纤激光器
产品特点	—	高稳定性激光输出	极宽的工作频率范围
		高单脉冲能量	多种脉宽可选
		高打标效率	脉宽可在线修改
		高可靠性	高光束质量
		免维护运行	通用控制接口
		短脉冲建立时间	通用控制接口
光学特性	平均输出功率 /W	20	20
	中心波长 /nm	1064	1064 ± 5
	重复频率范围 /kHz	30~60	1~2000
	输出功率稳定度	<3%	<5%
输出特性	输出光斑直径 /mm	5.7~8	7 ± 1
	M^2	<1.5	<1.5
	脉冲宽度 /ns	120~150（可定制）	2~500（可定制）
	最大单脉冲能量 /mJ	0.67	0.71
	偏振态	随机	随机
	输出光纤长度 /m	3（可定制）	3（可定制）
电控特性	输入电源（VDC）	24	24
	功率调节范围（%）	10~100	0~100
其他特性	尺寸（$W \times H \times D$）/mm^3	260 × 340 × 120	286 × 215 × 95
	冷却方式	风冷	风冷
	工作温度 /℃	0~40	0~40

从表 3-2-11 可以看出，调 Q 脉冲光纤激光器的产品卖点倾向于高打标效率、高可靠性及免维护运行，易上手，对非专业用户更友好。而 MOPA 脉冲光纤激光器的可调谐性能更好，但是上手有一定难度，适用于比较专业的用户。

习题测评

一、选择题

1. 以下哪个不属于激光打标机的电路部分？（　　）

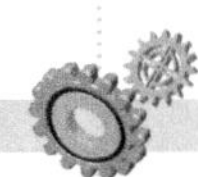

A. 打标卡　　B. 振镜　　C. 聚焦镜　　D. 激光器

2. 在选择激光打标机的打标卡时，以下哪个选项更重要？（　　）

A. 打标速度　　B. 打标精度　　C. 工作电压　　D. 打标功率

3. 在选择激光器的开关电源时，以下哪个参数影响更重要？（　　）

A. 激光波长　　B. 激光的频率　　C. 激光器的功率　　D. 激光光束质量

二、判断题

急停开关和开关机键的作用是一样的。（　　）

三、简答题

连接故障导致光纤激光器的工作电压偏低，对打标效果可能造成哪些影响？

任务三　光纤激光打标机总装联调

知识储备

激光加工设备正常工作需要电气与机械部分的协调，其中机械部分通常包括光路、机床 / 工作台和传动模块，因为激光打标机的激光头无须像激光切割机那样进行大幅面运动，传动模块被大幅精简，所以激光打标机的机械部分并不多，整体比较小巧。

一、工作台与升降轴

工作台和升降轴既可以是分离的，也可以是一体式设计，工作台多为铝合金材质，经过精细抛光，台面平整度较高，台面有小孔阵列，方便用户进行定位，分离式的工作台和升降轴如图 3-3-1 所示。

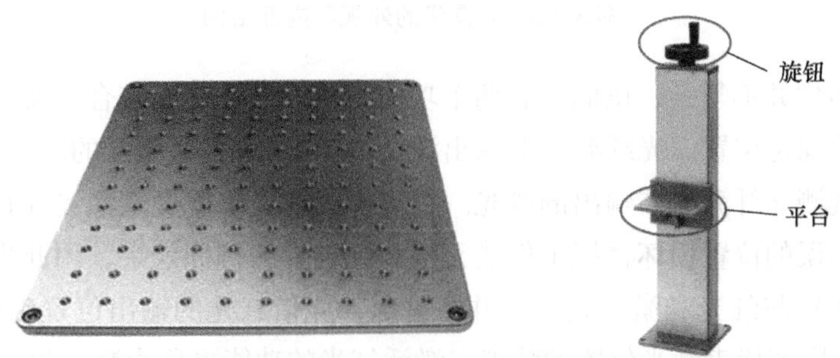

图 3-3-1　分离式工作台和升降轴

升降轴从外观上看像一个竖直的长条状物体，上方有一个旋钮，侧边有一个小平台，该平台用来安装振镜等光路输出模块。旋钮和平台通过升降轴内部的导轨或丝杠等传动装置连接，当升降轴上方的旋钮发生转动时，丝杠等传动装置会带动平台向上或向下缓慢移动，移动的精度较高。当平台发生上下位移，光路输出模块也跟随平台移动，从而改变激光束焦点的高低位置。升降轴的侧面还有标尺（见图 3-3-2a），方便用户测算振镜模块距离工作台的高度。

工作台与升降轴一体式的升级台如图 3-3-2b 所示。一体式设计使激光打标机的组装过程更为简单。大多数打标任务对激光束焦点位置的精度要求不高，手动调节升降轴的高度辅以肉眼判断即可。对于少部分需要精细控制激光束焦点位置的打标任务，可以将升降轴上方的旋钮替换成电动机，使用电动机控制升降轴的高度调节时精度能达到 0.1mm，适用于精密加工领域。

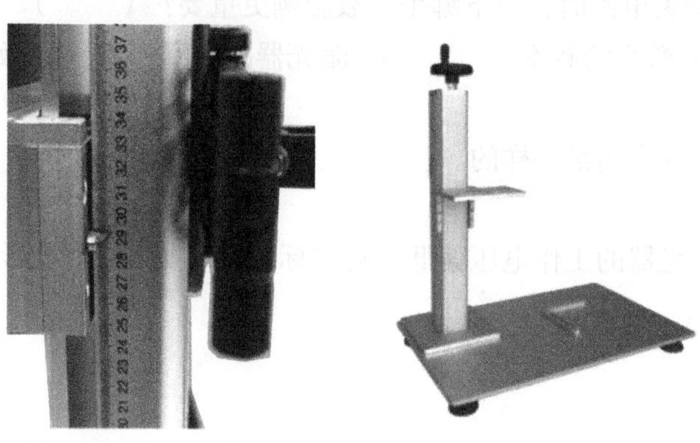

a) 升降轴侧面的高精度标尺　　b) 一体式升级台

图 3-3-2　升降轴侧面的高精度标尺与一体式升级台

二、光路模块

光路模块

光纤激光器输出激光后，如何控制激光光斑按照特定的顺序沿着预定轨迹运动并在物体表面标刻出图形？这完全依赖于激光打标机的光路。激光打标机的光路主要由光路光具座（激光仓）、振镜、聚焦透镜、合束镜及红光五个部分组成。其中，光具座是光路的主要支承结构，其内部空间安置合束镜和红光，两端分别连接振镜和光纤激光器出光端，光具座的外观和内部结构如图 3-3-3 所示。

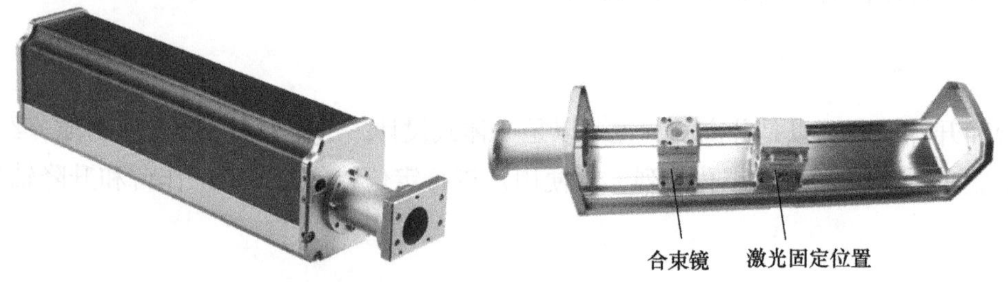

图 3-3-3　光具座的外观和内部结构

光具座的内部结构并不复杂，里面仅有两个功能模块，一个是安装合束镜与红光的位置，一个是激光引入光具座的固定位置。光纤激光器输出波长为 1064nm，可见光的波长范围为 380~760nm，因此肉眼无法直接观测光纤激光器输出的激光。在打标之前又需要确定激光在目标工件上的输出位置，防止激光输出错误的位置损坏目标工件或无法达到理想的打标效果，因此将可见的红光引入激光的光路，利用合束镜将红光和激光光束合并在一起，凭借红光的输出位置确认激光的输出位置。在打标过程中，红光因能代表激光位置的特点，激活红光的功能也称为激光预览功能。

合束镜是一种半透反射镜，它能反射某种波长的光束（如红光），透射另一种波长的光束（如红外光），因此，它能将来自两个不同方向的反射光与透射光合成到一条光路上。合束镜一般采用硒化锌、硫化锌、石英或锗材料，镜面镀有优化透射或反射特性的薄膜。光纤激光打标机中红光与激光的光路合并过程如图 3-3-4a 所示，激光从右往左水平入射，以 45° 角照射在合束镜中心位置，透光率达 99.5% 以上，方向不发生改变，红光从上往下竖直入射，以 45° 角照射在合束镜中心位置并被反射，反射后的红光与激光光束沿着相同路径前进。红光笔为功率较小的半导体激光，输出 635nm 或 650nm 的红光（见图 3-3-4b）。

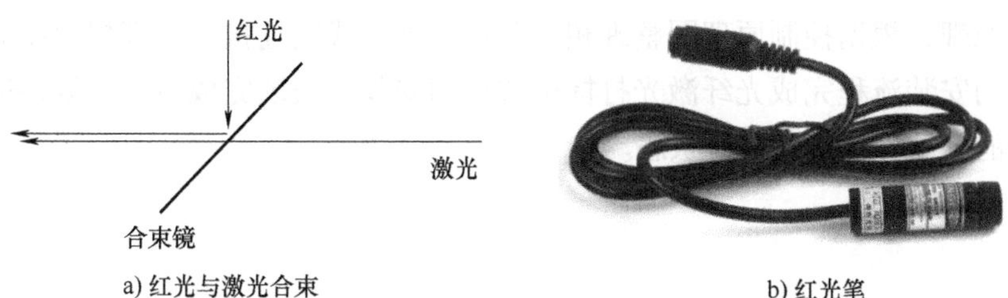

a) 红光与激光合束　　　　b) 红光笔

图 3-3-4　红光与激光合束示意图与红光笔

光具座的输出端连接振镜。狭义上的振镜指一个反射镜 + 电动机，结构如图 3-3-5a 所示。光纤激光打标机中完整的振镜模块需要一对振镜（X 振镜 +Y 振镜），这两个振镜的旋转轴（即电动机转轴）保持正交，一个振镜控制光路的 X 轴运动，另一个振镜控制光路的 Y 轴运动，每一个打标任务都需要两个电动机的协同合作，完整的振镜模块如图 3-3-5b 所示。实际工作中，通常将整个振镜模块简称为振镜。

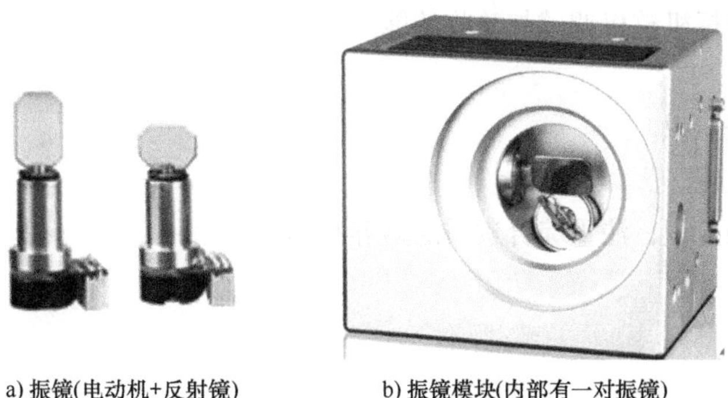

a) 振镜(电动机+反射镜)　　　　b) 振镜模块(内部有一对振镜)

图 3-3-5　振镜与振镜模块

为了提高传输光路的稳定性，激光束在光具座与振镜内传播时保持准直状态，在光路，最后的输出部分才进行聚焦，因此将激光束的聚焦透镜安装在振镜的输出端。振镜与聚焦透镜（场镜）如图 3-3-6 所示。

a) 振镜+聚焦透镜　　　　b) 聚焦透镜

图 3-3-6　振镜与聚焦透镜

学习任务描述

光纤激光打标设备总装联调常见于激光设备的生产装配，通过对电路、光路、控制系统及工作平台的安装调试，熟悉设备生产中机械、电路的安装流程，优化安装工艺。上一任务中我们学习了激光打标机的电路系统，本任务继续学习激光打标机的机械部分，并统合电路与机械部分，完成打标机整机的安装调试。本学习任务要求提前了解设备整体结构及相关控制原理，熟悉控制流程，熟悉设备运行基本原理，根据控制原理图整理相关器件，进行线路连接。合理规划相应机械的安装顺序，通过规范化的安装流程完成光纤激光打标机整机的安装。安装完成后，对设备进行整体检测与调试，确保设备的软硬件都处于正常状态。

学习目标

◆ 知识目标

1. 熟悉光纤激光打标机机械部分的结构。
2. 掌握光纤激光打标机中各机械部分的安装调试方法及注意事项。
3. 掌握光纤激光打标机整机调试方法及注意事项。

◆ 技能目标

1. 具备光纤激光打标设备各机械部件选型的能力。
2. 具备光纤激光打标机各机械部分安装调试的能力。
3. 具备光纤激光打标机整机调试与验收的能力。

◆ 素质目标

1. 增强学习者责任意识。
2. 增强团队协作意识。
3. 增强安全和节约意识，注重综合素质的培养和提升。

任务书

某厂家生产的标准型光纤激光打标机正面部分如图 3-3-7 所示，图中展示了光纤激光打标机各个机械模块的安装位置。其中，激光仓是光路中的光具座，视觉系统为选配项目。请根据各机械部分的位置示意图，在完成电气部分安装工作后，将标准型光纤激光打标机的各机械部分安装在机柜的合适位置，包括工作台、升降轴、完整的光路、显示器支架与显示器。光纤激光打标机整机安装完成后，对设备进行开关机检查与软件调试，确保设备的软硬件处于正常工作状态。

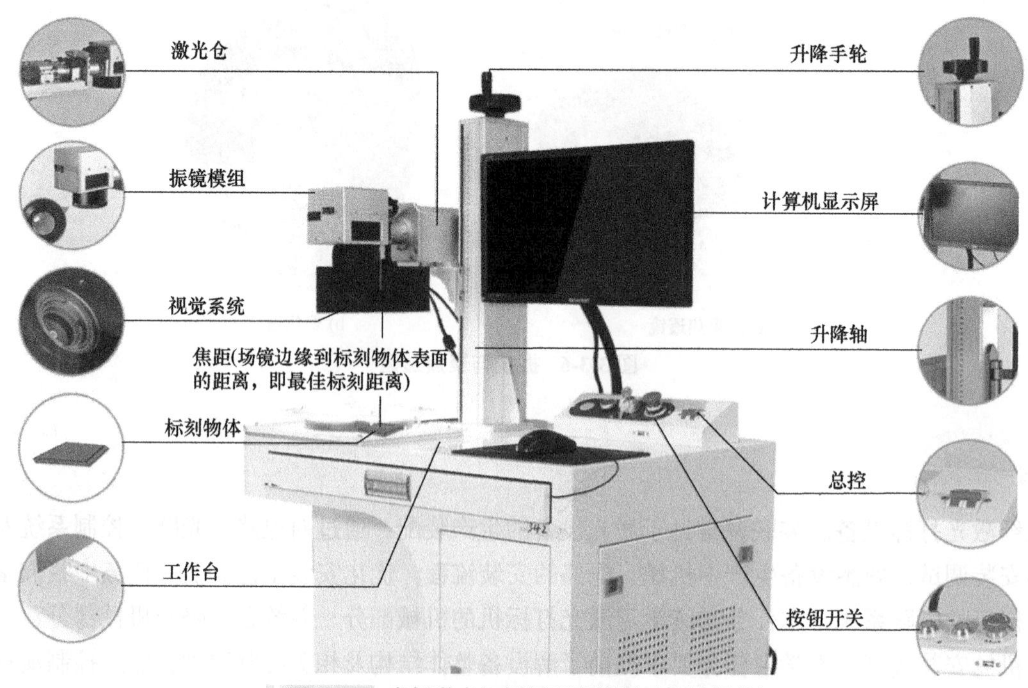

图 3-3-7 光纤激光打标机正面视图（机械部分）

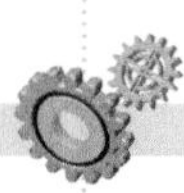

任务分组

将班级学员分组，可 4~8 人为一组，轮值安排组长，使每个人都有培养组织协调能力和管理能力的机会。各组任务可以相同或不同，明确每组的人员和任务分工，注意培养团队协作能力。任务分工表见表 3-3-1。

表 3-3-1　任务分工表

班级		组号		任务	
组长		时间段		指导教师	
姓名	学号	任务分工			备注

获取信息

引导问题 1：说出光纤激光打标机机械部分的主要元器件。

引导问题 2：以某光纤激光打标机为例，说明光纤激光打标机的光路传输途径。

引导问题 3：光纤激光打标机内的聚焦透镜选型主要考虑哪些因素？

引导问题 4：光纤激光打标机的机械部分由哪几部分组成？安装顺序是什么？

引导问题 5：画出光纤激光打标机机械部分安装施工流程框图。

引导问题 6：光纤激光打标机整机调试中硬件方面的调试有哪些？

引导问题 7：光纤激光打标机整机调试中软件方面的调试有哪些？

引导问题 8：画出光纤激光打标机整机调试的流程框图。

工作计划

按照任务书要求和获取的信息，每位组员根据自己的认知和理解，制订光纤激光打标机整机安装与调试工作计划，包含材料、工具、器件准备，安装顺序和步骤、检查调试等工作内容。光纤激光打标机整机安装调试工作计划见表 3-3-2，材料、工具、器件计划清单见表 3-3-3。

表 3-3-2　光纤激光打标机整机安装调试工作计划

步骤名称	工作内容	负责人

（续）

步骤名称	工作内容	负责人

表 3-3-3　材料、工具、器件计划清单

序号	名称	型号和规格	单位	数量	备注

工作决策

对不同组员（或不同组别）的工作计划进行选材、工艺、施工方案的对比、分析、论证，整合完善，形成小组决策，作为工作实施的依据。计划优缺点对比分析见表 3-3-4，小组决策方案见表 3-3-5，材料、工具、器件最终清单见表 3-3-6。

表 3-3-4　计划优缺点对比分析

小组 / 组员	计划中的优点	计划中的缺陷	优化方案

表 3-3-5　决策方案

步骤名称	工作内容	负责人

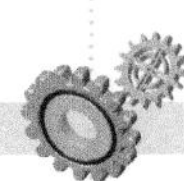

（续）

步骤名称	工作内容	负责人

表 3-3-6　材料、工具、器件最终清单

序号	名称	型号和规格	单位	数量	备注

工作实施

光纤激光打标机整机安装可分为电气部分安装与机械部分安装两部分，电气部分我们已经学习完成，机械部分安装施工步骤如下。

1. 安装工作台与升降轴

1）取出光纤激光打标机的机柜、工作台与升降轴，清理干净，整理放好。

2）将工作台固定在机柜的预置位置。部分厂商的工作台已经固定在机柜表面，无须手动安装，如果工作台与机柜是分离的，则手动将工作台的螺孔对准机柜台面螺孔，使用六角螺栓固定工作台并对工作台进行水平校准。

3）将升降轴固定在机柜表面的预置位置。

2. 安装光路 1

1）取出光路光具座、振镜等元件，清理干净，整理放好。

2）将光路光具座水平安装在升降轴的小平台上，使用螺栓固定好光具座的位置。

3）将振镜模块安装在光具座的输出口位置。

4）使用水平尺等仪器辅助验证调整振镜的角度，保证其与工作台保持水平。

5）取出场镜（聚焦透镜），取场镜的过程中注意保护镜面，手指不可直接触摸镜面。

6）检查场镜是否干净，若场镜表面有污渍、粉尘，则应对场镜进行清洗。

7）将干净的场镜安装在振镜的输出位置。

安装光路 1——振镜安装

3. 安装光路 2

1）打开光具座的外壳。

2）取出合束镜，与场镜同理，先检查合束镜镜面是否干净，若不干净则进行清洗。

3）检查合束镜的侧面，找到箭头，确定合束镜的安装方向。

4）将合束镜安置在镜架上，安装时箭头指向的方向朝下。

5）使用与镜架配套的螺钉固定合束镜，并将镜架倒立安装固定在光具座内。

6）将红光笔从光具座尾部的方孔穿入，并竖直插入合束镜镜架上的圆孔，固定红光，确保红光以 45° 角入射合束镜的表面。

7）将光纤激光器的准直器（激光器的输出头）从光具座尾部的方孔穿入，并水平插入准直器的固定位置。

8）检查红光、激光准直器是否固定好，检查光路位置是否正确。

9）将光具座的外壳安装好。

4. 安装显示器支架与显示器

1）取出显示器支架，将机柜桌面与显示器支架清理干净。

2）查看说明书，确认显示器支架的安装位置。

3）将显示器支架摆放在机柜桌面的正确位置，使用螺栓进行固定。

4）将显示器固定在显示器支架上，连接好电源线与数据线。

至此，结合电路部分的学习内容，即可完成光纤激光打标机整机的安装，之后还要对设备进行调试。

光纤激光打标机的调试施工步骤如下。

1. 开机测试

1）开启设备漏电保护开关，设备上电。

2）开启设备急停按钮，此时，设备控制计算机可正常供电，设备风扇可正常供电；红光、激光器模块的控制电路可正常供电。

3）开启设备控制计算机，计算机显示屏点亮，设备风扇开始工作。

4）按下控制面板上激光使能按钮，激光器 24V 开关电源可正常供电；按下红光使能按钮，红光控制模块上电；按下振镜使能按钮，振镜 15V 开关电源部分开始供电。

注意：设备存在高压，注意用电安全，禁止设备带电后触摸电路及相关外围部件，避免电击事故发生。

2. 关机测试

1）关闭计算机上的打标软件，关闭计算机。

2）关闭激光器使能按键。

3）关闭红光、振镜的使能按钮。

4）按下急停开关。

5）断开设备漏电保护开关，至此，设备整机关机完毕。

3. 硬件调试

1）红光测试：激光打标机开机后，打开红光使能按钮，查看工作台上是否有红光通过场镜照射出来。若工作台上没有红光显示，则须检查光路的状态是否正确，调试光路保证红光输出。

2）焦点调试：进行一次测试加工，勾选连续加工并进行标刻，标刻的同时调节场镜的高度，当打标的效果最强烈时固定升降轴的旋钮，认定此时激光束刚好聚焦在工件表面位置。

3）光路一致性测试：标刻一个 100 × 100mm 的矩形，标刻完成后打开红光指示，查看红光的形状与激光标刻的形状是否完全贴合。若红光与激光标刻的形状有明显偏差，打开光具座，尝试对红光的位置进行微调，让红光指示的形状与激光标刻的形状保持一致。

4. 软件调试

软件调试

1）根据打标软件操作手册校正振镜的放大倍数。

2）根据打标软件操作手册校正振镜的桶形失真。

3）根据打标软件操作手册校正振镜的平行四边形失真。

4）根据打标软件操作手册校正振镜的梯形失真。

检查验收

根据光纤激光打标机总装与调试的工作情况，每组出一个验收代表，由教师按照验收标准对每组的任务完成情况进行检查验收和评价，包括施工质量、任务完成度等，并对验收问题及其整改措施、完成时间进行记录。验收标准及评分表见表 3-3-7，验收过程问题记录见表 3-3-8。

表 3-3-7 验收标准及评分表

序号	验收项目	验收标准	分值	教师评分	备注
1	工作台与升降轴	布局摆放符合要求，无歪斜，各模块固定，无滑动现象	10		
2	光具座	布局摆放符合要求，水平无歪斜，安装固定，无滑动现象	10		
3	振镜与聚焦透镜	摆放符合要求，无歪斜，安装牢固，无滑动现象，安装与工作台保持水平	10		
4	红光	布局摆放符合要求，无歪斜，安装牢固，无松动	10		
5	激光准直器	布局摆放符合要求，无歪斜，安装牢固，无松动	10		
6	合束光路	合束镜干净无污渍，镜片摆放符合要求，方向正确，安装牢固，无滑动现象，激光与红光输出光路具有一致性	20		
7	显示器	布局摆放符合要求，无歪斜，安装牢固，无松动	10		
8	施工规范	符合操作规程，无人员受伤或设备损坏，工具使用规范，无工具掉落、损坏、遗留，环境整洁有序	20		
合计			100		

表 3-3-8 验收过程问题记录

序号	验收问题记录	整改措施	完成时间	备注

评价与反馈

各组介绍任务的完成过程并提交阐述材料，进行学员自评、学员组内互评、教师评价，完成考核评价表（见表 3-3-9）。

引导问题 1：通过本任务的检查验收，谈一谈你对协作共进团队精神的理解。

引导问题 2：光纤激光打标机的哪些知识让你觉得最有趣？

表 3-3-9　考核评价表

评价项目	评价内容	分值	自评 20%	互评 20%	教师评分 60%	合计
职业素养 40 分	爱岗敬业、安全意识，责任意识、服从意识	10				
	积极参加任务活动，按时完成工作页	10				
	团队合作、交流沟通能力、集体主义精神	10				
	劳动纪律，职业道德	5				
	现场 6S 标准，行为规范	5				
专业能力 60 分	专业资料检索能力，中外品牌分析能力	10				
	制订计划能力，严谨认真	10				
	操作符合规范，精益求精	15				
	工作效率，分工协作	10				
	任务验收质量，质量意识	15				
合计		100				
创新能力加分	创新性思维和行动	20				
总计		120				

知识拓展　振镜的失真

打标软件通常都配备校正振镜的功能。图 3-3-8 所示为“振镜校正参数”对话框。振镜 1 和振镜 2 表示振镜系统中的两个振镜，两个振镜控制的光束运动方向是独立的，因此单个振镜产生的失真也是独立的，调整参数时，应先确定两个振镜各自对应哪个方向的失真。振镜系统可能导致的失真类型有三种，在校正参数对话框中从上到下分别是桶形失真、平行四边形失真和梯形失真。

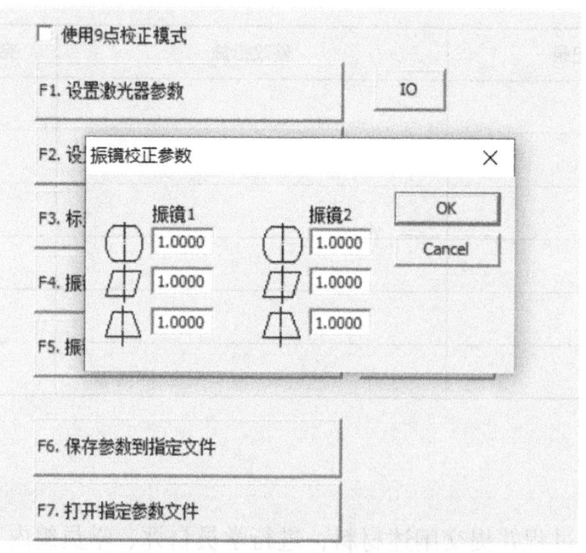

图 3-3-8 “振镜校正参数”对话框

（1）桶形失真　表示准备标刻理想矩形时，实际标刻的矩形变成桶形或枕形，该失真类型是对称的，失真类型后面的数值是校正系数，默认系数为 1.0（参数范围为 0.875~1.125）。图 3-3-9 展示

了当控制 X 轴的振镜发生桶形失真时的两种典型情况，图 3-3-9a 展示的图案为矩形左右两边失真的线条向外突出，外观如桶，此时须增大 X 轴振镜的系数，图 3-3-9b 展示的恰好相反，矩形左右两边失真的线条向内弯曲，可减小 X 轴变形系数提高矩形质量。如果矩形的上下边出现桶形失真，则需对 Y 轴的振镜系数进行调整。

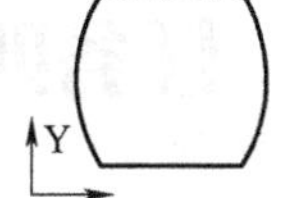

a) 须增大X轴变形系数

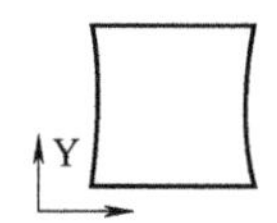

b) 须减小 X轴变形系数

图 3-3-9 桶形失真类型

（2）平行四边形失真 表示准备标刻理想矩形时，实际标刻的矩形变成平行四边形，失真类型后面的数值是校正系数，默认系数为 1.0（参数范围为 0.875~1.125）。图 3-3-10 展示了当控制 X 轴的振镜发生平行四边形失真时的典型情况，此时可调整 X 轴振镜的系数修正该失真。

（3）梯形失真 表示准备标刻理想矩形时，实际标刻的矩形变成梯形，失真类型后面的数值是校正系数，默认系数为 1.0（参数范围为 0.875~1.125）。图 3-3-11 展示了当控制 X 轴的振镜发生梯形失真时的典型情况，此时可调整 X 轴振镜的系数修正该失真。

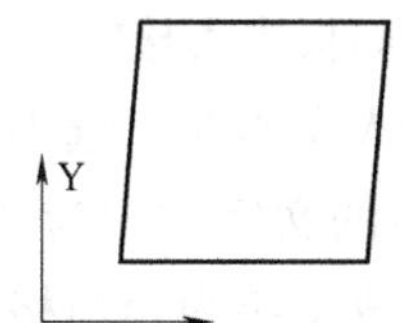

图 3-3-10 平行四边形失真

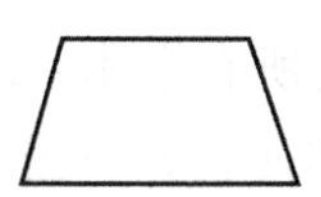

图 3-3-11 梯形失真

以上简单介绍了振镜可能导致的失真类型与调整校正系数的方法。实际调试过程中标刻出来的图案可能与前面介绍的几个失真图案都不一样。因为上文介绍的是单个振镜的单个失真，实际情况是两个振镜可能都有失真，而且每个振镜又有两个甚至三个失真类型同时存在，多种失真的复合影响导致实际标刻的图案比较复杂。实际调整过程须多次进行微调，保证标刻的失真尽量小。

习题测评

一、选择题

1. 在选择激光打标机的工作台材料时，以下哪种材料是合适的？（ ）

A. 铝合金 B. 钢 C. 陶瓷 D. 玻璃

2. 在选择激光打标机的升降轴时，以下哪个因素是最重要的？（ ）

A. 升降速度 B. 升降精度 C. 承载能力 D. 耐用性

3. 以下哪一个元件可能是场镜？（ ）

A. 凹面镜 B. 凹透镜 C. 凸面镜 D. 凸透镜

4. 在激光打标机完成安装和调试后，需要进行验收以确保其符合要求。以下哪个选项是正确的验收步骤？（ ）

A. 检查设备的外观和结构是否完好无损。

B. 运行设备，检查其正常工作状态。

C. 打印测试图案，检查标记质量和精度。

D. 以上都是正确的验收步骤。

二、简答题

请简述激光打标机中振镜的主要作用。

任务四 光纤激光打标工艺

知识储备

激光打标在各个行业得到了广泛应用，这离不开激光打标技术的丰富功能，其中最为人熟知的功能是文本标刻和图形标刻。此外，激光打标技术还能标刻条形码、二维码，既能在平面上进行打标，也能通过辅助设施在曲面上进行标刻。

一、文本标刻

打标软件的绘制菜单中有“文字”命令，选择该功能可在工作面板中直接输入文字，文字的字体包括系统安装的所有字体，以及软件自带的多种字体。需要输入文本时，选中“文字”命令，将鼠标移动到工作面板并单击，创建可供编辑的初始文字。初始的文字内容为“TEXT”，当工作面板中有文字存在时，左侧的对象属性栏会跟随变化，呈现修改文字内容与格式的相关选项，如图 3-4-1 所示。

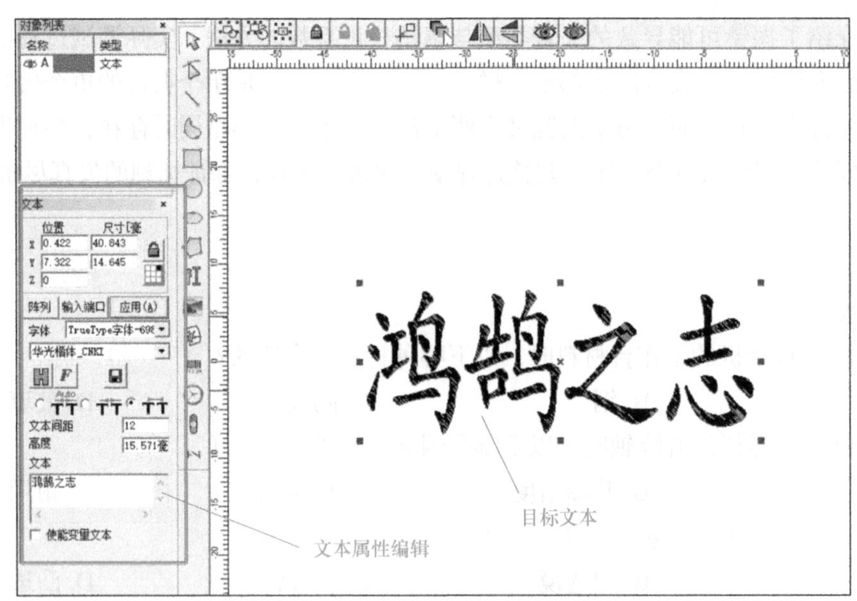

图 3-4-1 文本标刻功能

二、图形标刻

激光打标机的图形标刻功能非常强大，既可以标刻简单的几何图形，如点、直线、曲线、矩形、圆形、多边形等，也可以标刻复杂的图片，包括位图和矢量图。

1. 简单的几何图形

简单的几何图形可使用打标软件直接绘制，如图 3-4-2 所示，几何绘制功能包括绘制点、曲线、直线、矩形、圆、椭圆和多边形。此处以绘制圆为例，当需要绘制圆形时，在绘制菜单中选择“圆”命令，鼠标的光标发生变化代表圆形的绘制命令已生效，将鼠标光标移动到工作空间内，按

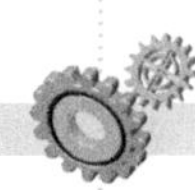

住鼠标左键并拖动鼠标到另一个位置，松开鼠标左键即可绘制出一个圆形，鼠标的起点是圆的中心位置，起点和终点的距离是圆的半径长度，绘制的圆如图 3-4-2 所示。选中圆后，该圆的相关参数信息也会显示在属性栏，用户可进行修改。

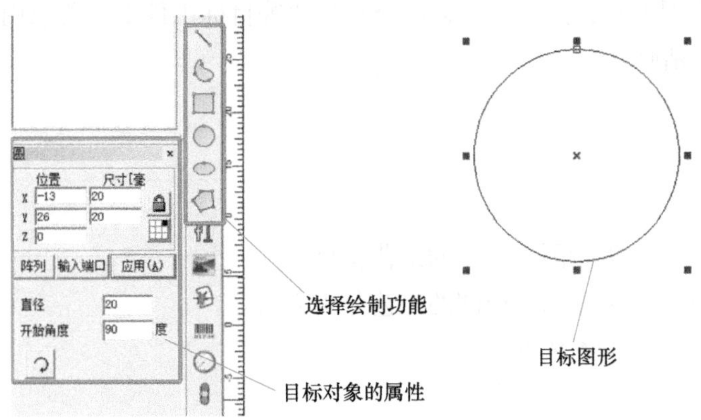

图 3-4-2 几何图形绘制功能

2. 位图

你可能第一次听说“位图”这个概念，但是我们几乎每天都和位图打交道，日常生活中看见的大多数图片都以位图的格式存在。位图翻译自英文单词“Bitmap”，是一种用于存储图像信息的图像文件格式。在位图中，图像是由一个个小矩形块组成的，每个矩形块代表一个像素。英文单词 bit 在计算机世界代表二进制位信息单位，位图通过将图像中的每个像素分配一个二进制位来编码颜色信息。位图在存储简单图形、图标等信息方面非常有效，文件尺寸也相对较小。位图的一个缺点是它不能很好地表示复杂的图像和图形，因为每个像素都是一个独立的矩形块，因此分辨率低可能导致颜色渐变效果不够流畅。

需要标刻位图时，在绘制菜单中选择“位图”命令，系统会弹出输入位图的对话框，按对话框的选项选择要输入的位图即可，位图导入系统后如图 3-4-3 所示。

图 3-4-3 将位图输入工作空间

3. 矢量图

位图以像素点的形式存储图片，像素点越小，图片就越精密，但是图片需要存储的信息量也越大，因此位图的像素点是有限的，当位图格式的图片放大时，图像的显示质量会下降。而矢量图（Vector graphics）可以无限放大却不影响图像质量，因为矢量图不以像素点为单位存储数据，而是在存储时使用点、线和曲线的数学模型，在显示时通过这些模型生成图像。矢量图通常用于存储复杂的图形和图像，如线框图、流程图等。它具有更小的文件大小和更高的可编辑性，非常适用于图形设计和图像处理。

将矢量图输入打标软件工作空间的流程与输入位图的流程基本一样，鼠标在绘制菜单中选择“矢量图”命令，输入的矢量图如图 3-4-4 所示。对比位图可以发现，矢量图放大后分辨率保持不变。

图 3-4-4 将矢量图输入工作空间

学习任务描述

激光打标技术不仅可打标的内容丰富多样，可进行标刻的材料也具有极大的普适性。在实际生产过程中，不同的打标任务涉及不同的打标内容与不同材料的工件，因此激光打标的工艺参数须根据具体的打标任务进行调整。本学习任务要求探究在文本、矢量图及位图的打标任务中，打标的效果受到哪些工艺参数的影响？在对打标的工艺参数有一定了解的基础上，由教师布置或团队自选合适的文本、矢量图与位图内容，并将其标刻在金属名片等目标工件上，要求内容大小合适，排版布局合理美观，标刻图案清晰。

学习目标

◆ 知识目标

1. 掌握激光打标文本、矢量图与位图的工艺特点。
2. 掌握激光打标文本、矢量图与位图的工艺分析方法。
3. 掌握打标产品的质量判断依据。

◆ 技能目标

1. 具备激光打标文本、矢量图与位图的能力。
2. 具备激光打标文本、矢量图与位图工艺调试的能力。
3. 具备打标过程中分析处理问题的能力。
4. 具备判断一个打标产品是否合格的能力。

◆ 素质目标

1. 培养学习者正确的审美观。
2. 培养学习者批判性思维与独立思考的能力。

任务书

由教师布置或团队自选合适的文本、矢量图与位图内容，将其标刻在金属名片或其他目标工件上。打标中通用的工艺参数包括激光功率、频率、打标速度等，还有些参数是位图或矢量图独有的，如矢量图的填充方式。请根据打标的具体内容调整工艺参数，使得标刻出来的文本与图案效果清晰，没有断线或过烧等问题。请对打标内容的大小与位置进行排版，要求所有内容打标在一个金属名片上，内容大小适中，排版布局合理美观。

任务分组

将班级学员分组，可4~8人为一组，轮值安排组长，使每个人都有培养组织协调能力和管理能力的机会。各组任务可以相同或不同，明确每组的人员和任务分工，注意培养团队协作能力。任务分工表见表3-4-1。

表3-4-1　任务分工表

<table>
<tr><td>班级</td><td></td><td>组号</td><td></td><td>任务</td><td></td></tr>
<tr><td>组长</td><td></td><td>时间段</td><td></td><td>指导教师</td><td></td></tr>
<tr><td>姓名</td><td>学号</td><td colspan="3">任务分工</td><td>备注</td></tr>
<tr><td></td><td></td><td colspan="3"></td><td></td></tr>
<tr><td></td><td></td><td colspan="3"></td><td></td></tr>
<tr><td></td><td></td><td colspan="3"></td><td></td></tr>
</table>

（续）

姓名	学号	任务分工	备注

获取信息

引导问题 1：激光打标的效果受到哪些因素影响？

引导问题 2：激光打标的工艺参数有哪些？文本、矢量图与位图的工艺参数有哪些是通用的？哪些是不通用的？

引导问题 3：激光打标的文本、图案可以做到多小？

引导问题 4：激光打标文本和矢量图有什么异同？

引导问题 5：激光打标位图和矢量图有什么异同？

引导问题 6：激光打标常见的材料有哪些？这些材料的标刻效果对工艺有什么要求？

引导问题 7：当工艺参数引起打标效果不理想时，应该如何分析处理问题？

工作计划

按照任务书要求和获取的信息，每位组员根据自己的认知和理解，制订光纤激光打标机标刻文本、矢量图与位图的工作计划，包含材料、工具、器件准备，检查调试、打标内容排版、进行标刻等工作内容。激光打标文本、矢量图与位图的工作计划见表 3-4-2，材料、工具、器件计划清单见表 3-4-3。

表 3-4-2 激光打标文本、矢量图与位图的工作计划

步骤名称	工作内容	负责人

表 3-4-3 材料、工具、器件计划清单

序号	名称	型号和规格	单位	数量	备注

（续）

序号	名称	型号和规格	单位	数量	备注

工作决策

对不同组员（或不同组别）的工作计划进行选材、工艺、施工方案的对比、分析、论证，整合完善，形成小组决策，作为工作实施的依据。计划优缺点对比分析见表 3-4-4，小组决策方案见表 3-4-5，材料、工具、器件最终清单见表 3-4-6。

表 3-4-4 计划优缺点对比分析

小组 / 组员	计划中的优点	计划中的缺陷	优化方案

表 3-4-5 决策方案

步骤名称	工作内容	负责人

表 3-4-6 材料、工具、器件最终清单

序号	名称	型号和规格	单位	数量	备注

工作实施

激光打标文本、矢量图与位图的操作流程如下。

1. 文本的工艺参数调整

文本标刻

1）开机，打开打标软件，检查打标机的状态。

2）标刻前，先调整激光的焦点位置，使其处于工作台表面。

3）取出金属名片放置在工作台，输入目标文本，准备调整工艺参数。

4）设置一套文本标刻的工艺参数并进行标刻，记录该工艺参数及打标效果。

5）依次调整工艺参数，例如，调整激光功率并进行标刻，记录该工艺参数及打标效果。

6）经过多次工艺参数调整后对比选出打标效果最好的作品，以该作品对应的工艺参数为文本标刻工艺参数。

2. 矢量图的工艺参数调整

矢量图标刻

1）开机，打开打标软件，检查打标机的状态。

2）标刻前，先调整激光的焦点位置，使其处于工作台表面。

3）取出金属名片放置在工作台，输入矢量图，准备调整工艺参数。

4）设置一套矢量图标刻的工艺参数并进行标刻，记录该工艺参数及打标效果。

5）依次调整工艺参数，例如，调整打标速度并进行标刻，记录该工艺参数及打标效果。

6）经过多次工艺参数调整后对比选出打标效果最好的作品，以该作品对应的工艺参数为矢量图标刻工艺参数。

3. 位图的工艺参数调整

1）开机，打开打标软件，检查打标机的状态。

2）标刻前，先调整激光的焦点位置，使其处于工作台表面。

3）取出金属名片放置在工作台，输入位图，准备调整工艺参数。

4）设置一套位图标刻的工艺参数并进行标刻，记录该工艺参数及打标效果。

5）依次调整工艺参数，例如，调整打标速度并进行标刻，记录该工艺参数及打标效果。

6）经过多次工艺参数调整后对比选出打标效果最好的作品，以该作品对应的工艺参数为位图标刻工艺参数。

4. 内容排版与标刻

1）取出金属名片放置在工作台，输入文本、矢量图与位图，准备调整工艺参数。

2）依次设置文本、矢量图与位图的工艺参数。

3）调整文本、矢量图与位图的大小并排版。

4）使用红光预览其打标范围，并进行打标。

激光打标基本操作流程

引导问题 1：本任务后你对激光打标的认识有变化吗？

引导问题 2：在任务实施中遇到了哪些计划中没有考虑到的问题？是如何解决的？

引导问题 3：通过任务的实施，你最大的收获是什么？

引导问题 4：在本任务的实施中，你认为有哪些需要改进的地方？

引导问题 5：在本任务中，你认为工艺里的哪些参数对打标效果影响比较大？

检查验收

根据激光打标文本、矢量图与位图的工作情况，每组出一个验收代表，由教师按照验收标准对每组的任务完成情况进行检查验收和评价，包括施工质量、任务完成度等，并对验收问题及其整改措施、完成时间进行记录。验收标准及评分表见表 3-4-7，验收过程问题记录见表 3-4-8。

表 3-4-7 验收标准及评分表

序号	验收项目	验收标准	分值	教师评分	备注
1	设备状态	打标前检查了设备工作状态，打标过程中设备处于正常工作状态	10		
2	文本参数	有完整的参数调整过程，最后选择的工艺参数合理	10		
3	矢量图参数	有完整的参数调整过程，最后选择的工艺参数合理	10		
4	位图参数	有完整的参数调整过程，最后选择的工艺参数合理	10		
5	内容排版	布局摆放合理美观，各内容的大小合适	10		
6	打标效果	文字、图片标刻内容清晰，标刻的边缘锐利、对比度高，没有错位、标刻模糊、过烧等严重问题	20		
7	完成时间	制作工作计划时分配了时间，严格按照时间推进计划	10		
8	施工规范	符合操作规程，无人员受伤或设备损坏，工具使用规范，无明显材料浪费，环境整洁有序，打标后关闭设备	20		
合计			100		

表 3-4-8 验收过程问题记录

序号	验收问题记录	整改措施	完成时间	备注

评价与反馈

各组介绍任务的完成过程并提交阐述材料，进行学员自评、学员组内互评、教师评价，完成考核评价表（见表 3-4-9）。

引导问题 1：通过本任务的工艺调整，谈一谈你对制订工作计划与执行计划的理解。

引导问题 2：你最希望光纤激光打标机有怎样的新功能？

表 3-4-9 考核评价表

评价项目	评价内容	分值	自评 20%	互评 20%	教师评分 60%	合计
职业素养 40 分	爱岗敬业、安全意识、责任意识、服从意识	10				
	积极参加任务活动，按时完成工作页	10				
	团队合作、交流沟通能力、集体主义精神	10				
	劳动纪律，职业道德	5				
	现场 6S 标准，行为规范	5				

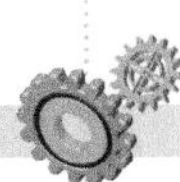

（续）

评价项目	评价内容	分值	自评 20%	互评 20%	教师评分 60%	合计
专业能力 60 分	专业资料检索能力	10				
	制订计划能力，严谨认真	10				
	操作符合规范，精益求精	15				
	工作效率，分工协作	10				
	任务验收质量，质量意识	15				
合计		100				
创新能力加分	创新性思维和行动	20				
总计		120				

习题测评

一、选择题

1. 以下哪项最不可能影响文本打标的效果？（　　）

A. 打标功率　　B. 打标速度　　C. 填充方式　　D. 室内温度

2. 位图的哪个信息对打标最重要？（　　）

A. 位图格式　　B. 颜色种类　　C. 色彩的灰度　　D. 位图分辨率

3. 以下哪个是对矢量图的准确描述？（　　）

A. 由像素点构成　　B. 放大会模糊　　C. 放大不模糊　　D. 不能放大

4. 以下哪项最不可能影响位图打标的效果？（　　）

A. 打标功率　　B. 打标速度　　C. 填充方式　　D. 打标频率

二、简答题

简述位图与矢量图的差异。

任务五　光纤激光打标设备维护

知识储备

想掌握光纤激光打标机的维护知识，需要知道一个完整的设备有哪些组成模块，每个模块可能出现哪些问题，如何进行维护。光纤激光打标机主要由光纤激光器、高速扫描振镜、打标软件、工控计算机和机柜等部件组成，其中，光纤激光器为核心部件。光纤激光打标机为当今国际上最先进的激光标记设备之一，具有光束质量好、体积小、速度快、工作寿命长、安装灵活方便及易维护等特点。

一、工作台

大部分工作台固定在机柜表面，还有部分活动工作台，通常由电动滑台和工作台面组成。电动滑台通过电动机的驱动，在特定方向上做往复直线运动。通过多方向轴组合，形成设备上的运动执行机构。

（1）固定工作台　固定的工作台一般不会出现故障，只须在安装过程保证其水平即可。在使用过程中须注意不要将过重的物品放置在工作台上，且加工物品尽量放置于工作台中间位置。此外，工作台面应保持清洁，如果工作台面上有油渍等污染物，可以用毛巾蘸取干净的温水或酒精擦拭，将台面恢复整洁。

（2）活动工作台　活动工作台包括升降工作台、二维工作台、三维工作台和旋转工作台，比固定工作台更容易出现故障，故障主要表现为升降过程、丝杠传动过程或齿轮传动不顺畅。主要原因可能是升降工作台的支承结构、丝杠、齿轮等结构产生磨损或锈蚀。

日常使用与维护注意事项如下。

1）在使用中不要重载，负载越重，对支承的零部件磨损越大。

2）旋转手柄时要用力均匀。

3）如果工作台的零部件需要润滑油，应定期补充润滑油。

4）在长期不用时要加以保养。

5）及时更换磨损严重的零件。

二、光纤激光器

光纤激光器（Fiber Laser）是指用掺有稀土元素的玻璃光纤作为增益介质的激光器，光纤激光器可在光纤放大器的基础上开发出来：在泵浦光的作用下光纤内极易形成高能量密度，造成激光工作物质的激光能级“粒子数反转”，适当加入正反馈回路（构成谐振腔）便可形成激光振荡输出。

光纤激光器的常见问题与维护如下所述。

（1）不出激光　检查激光器的电源是否正常供电，导线连接是否牢固。若电源正常供电，则检查其光路是否通畅。

（2）加工过程中激光功率逐渐下降　光纤激光器工作过程中会持续发热，需要检查风扇是否正常工作，条件允许可以将手置于风扇外，感受其风力与温度，如果风扇没工作，则须维修风扇。如果风扇正常工作且吹出的风温度较高，则可以暂停机器，让打标设备休息冷却。

注意：在进行激光光束调试或设备检修维护时，可能会接触到激光器核心部分，此时须特别注意电气安全，避免触及激光器泵浦源电极，工作状态下的激光器泵浦源电极电流较大，需要特别注意，避免人身接触。须进行相关部件拆卸时，应先切断设备电源，并且确保设备电源中的余电完全释放，方可进行相关操作。进行相关部件拆卸操作前可使用万用表先对部件表面进行电压测量，再穿戴绝缘装备进行拆卸操作。

三、光路

光路是由光学元件构成，将激光器产生的激光传导到加工零件的部分。光学元件暴露在空气中通常容易被空气中的粉尘等污渍污染，导致激光光束质量下降，因此在日常使用中须维护好光路中的光学元件。清洁光学元件就是将镜片的污染物去除，并且不要对镜片造成进一步的污染和损坏。为了达到这一目的，往往应采用风险相对小的方法。

常见的光学元件清洁方法如下。

（1）光学元件表面吹拭法　如图 3-5-1 所

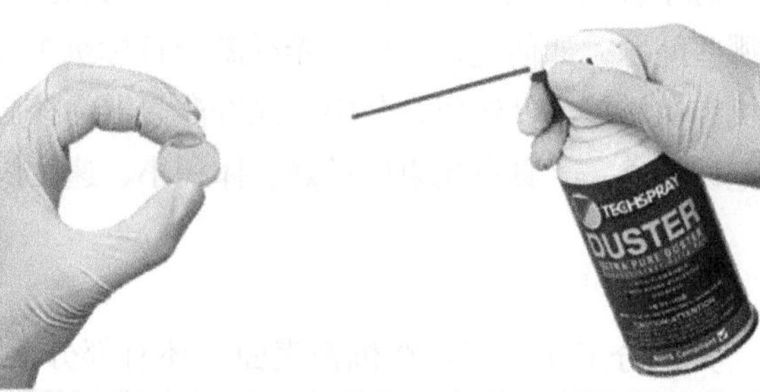

图 3-5-1　表面吹拭法

示，用干净的压缩空气将镜片表面的尘浮物吹掉，特别是表面附有微小颗粒和絮状物的镜片，这一步是必要的。但千万不要使用生产线上未经处理的压缩空气，因为这些空气中会含有油污和水滴，将加深对镜片的污染。

（2）光学元件表面纤维擦拭纸清洁法　在清洁过程中，请佩戴手套或指套。一只手拿起光学元件，用纤维擦拭纸轻轻地、慢慢地擦拭光学元件的整个表面。为了避免产生条纹，可能需要调整溶剂量，擦拭时施加的力量、擦拭的速度，以擦拭的次数会随溶剂量的变化而变化。例如，使用丙酮擦拭的速度要比使用酒精时稍微快一点，因为丙酮挥发得比较快。

四、电源

电流的稳定性对激光器的输出有直接且明显的影响。因此，在日常使用中需要对电源系统进行检查与维护。

电源的常规保养有如下几项。

1）每天开机前检查插头是否松动。

2）每天开机前检查风扇运转是否正常。

3）定期对设备加电检查。

4）不使用时要切断电源。

学习任务描述

光纤激光打标机的工作环境中常常存在振动与粉尘，振动可能导致打标机内部电路连接或机械结构连接发生松动，甚至导致零件磨损，粉尘等污染物则可能污染光路，或者对零件造成腐蚀。因此，对光纤激光打标机进行日常或定期的维护保养，不仅可以保证光纤激光打标机处于正常的工作状态，还有助于延长设备的使用寿命。本学习任务要求根据激光打标机的结构制定详细的日常维护与定期维护的工作计划。同时，根据光纤激光打标机各模块的功能与各工艺参数的实现原理制定光纤激光打标机可能遇到的工作问题清单。最后，对光纤激光打标机进行维护与检查，确保光纤激光打标机处于健康的工作状态。

学习目标

◆ 知识目标

1. 了解光纤激光打标机的维护内容，理解维护工作对激光打标机的重要性。
2. 了解光纤激光打标机各模块出现故障可能导致的问题。
3. 掌握光纤激光打标机日常维护和定期维护的方法。

◆ 技能目标

1. 能根据光纤激光打标机各模块的维护方法独立开展维护工作。
2. 能独立完成光纤激光打标机的日常维护与定期维护。
3. 能独立调校光纤激光打标机的工艺参数，确保维护后的设备处于正常状态。

◆ 素质目标

1. 要求对维护工作中的注意事项做好相关笔记，培养认真严格的习惯与品质。
2. 通过任务中分析与解决问题的过程，培养学习者的批判性思维与独立思考能力。
3. 注重安全意识的养成，注重综合素质的培养和提升。

任务书

某厂家有几台光纤激光打标机放置了一段时间，设备的详细工作状态未知。请根据对光纤激光打标机的了解，查询光纤激光打标机的维护方法，制订详细的维护工作计划，并对设备进行维护保养，包括设备的电气部分与机械部分。完成对设备的基本维护保养工作后，要求开机检查激光打标机的工作状态，该步骤可以通过试打标，检查目标设备是否存在异常而导致打标任务无法执行或导致打标效果不符合预期来实现。如果目标设备存在异常，则须分析排查异常原因并解决问题，确保光纤激光打标机处于健康的工作状态。

任务分组

将班级学员分组，可4~8人为一组，轮值安排组长，使每个人都有培养组织协调能力和管理能力的机会。各组任务可以相同或不同，明确每组的人员和任务分工，注意培养团队协作能力。任务分工表见表3-5-1。

表3-5-1 任务分工表

班级		组号		任务	
组长		时间段		指导教师	
姓名	学号	任务分工			备注

获取信息

引导问题1：光纤激光打标机的维护仅针对设备本身吗？

引导问题2：光纤激光打标机结构上有哪些模块？其中哪些需要维护？

引导问题3：光纤激光打标机的日常维护与定期维护工作的内容差异可能受哪些因素影响？

引导问题4：以某光纤激光打标机为例说明激光打标机中各模块的维护标准是什么？

引导问题5：以某光纤激光打标机为例说明激光打标机中各模块的维护方法是什么？

引导问题6：画出光纤激光打标机日常维护的施工流程框图。

引导问题7：画出光纤激光打标机定期维护的施工流程框图。

引导问题8：光纤激光打标机在工作中可能出现的问题有哪些？

引导问题9：画出光纤激光打标机常见问题的排查与解决施工流程框图。

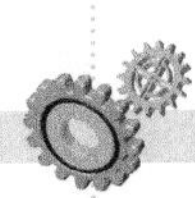

工作计划

按照任务书要求和获取的信息，每位组员根据自己的认知和理解制订光纤激光打标机维护与保养的工作计划，包含材料、工具、器件准备，维护顺序和步骤、检查调试等工作内容。光纤激光打标机维护与保养工作计划见表 3-5-2，材料、工具、器件计划清单见表 3-5-3。

表 3-5-2 光纤激光打标机维护与保养工作计划

步骤名称	工作内容	负责人

表 3-5-3 材料、工具、器件计划清单

序号	名称	型号和规格	单位	数量	备注

工作决策

对不同组员（或不同组别）的工作计划进行选材、工艺、施工方案的对比、分析、论证，整合完善，形成小组决策，作为工作实施的依据。计划优缺点对比分析见表 3-5-4，小组决策方案见表 3-5-5，材料、工具、器件最终清单见表 3-5-6。

表 3-5-4 计划优缺点对比分析

小组 / 组员	计划中的优点	计划中的缺陷	优化方案

（续）

小组 / 组员	计划中的优点	计划中的缺陷	优化方案

表 3-5-5　决策方案

步骤名称	工作内容	负责人

表 3-5-6　材料、工具、器件最终清单

序号	名称	型号和规格	单位	数量	备注

工作实施

光纤激光打标机整机的维护与保养可分为日常维护与定期维护，在维护过程中不仅关注激光打标机本身，也要关注激光打标机的工作环境。光纤激光打标机的集成度较高，这使得设备具有非常高的稳定性，在实际生产中的日常维护过程相比其他激光设备简单，保持激光打标机干净整洁即可让光纤激光打标机拥有较好的工作性能。

1. 日常维护

1）保持工作环境清洁，尽量减少工作环境的烟雾、粉尘、油渍等污染物。

2）检查激光打标机所处的环境是否稳定，包括打标机所处的位置是否水平、温度是否过高或过低，检查环境湿度与地面是否有积水。

3）检查门窗等通光口，避免阳光直接照射在激光打标机上。

4）使用清洁工具将打标机机柜外表面特别是工作台上的污染物清理干净。

5）检查裸露的镜头是否有污渍，如有污渍则对镜头进行清洁。

6）检查激光打标机外部的电源线、开关等电气部分是否有损坏，如有损坏须进行更换。

7）检查激光打标机能否能正常开关机。

2. 定期维护

1）保持光纤激光打标机的工作环境整洁。

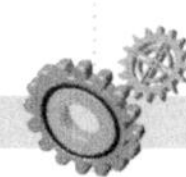

2）检查打标机的供电线路是否完整，避免有保护层破损的导线。

3）检查是否有新的设备和激光打标机共用同一个熔断器，确保电路的安全性。

4）检查打标机周围是否有易燃、易爆、腐蚀性或其他有潜在危险的物品。

5）检查生产场所的消防设备是否处于正常状态，检查生产场所的通风系统是否处于正常状态等。

6）切断电源后打开机柜，检查其内部环境，如果有灰尘或油渍，可使用柔软的刷子或蘸取少量酒精的抹布清理。

7）检查机柜的排风扇是否有灰尘并完成清理工作。

8）检查机柜内部电路是否有连接松动、保护层破损等问题，如一切正常即可将机柜关好。

9）打开光具座，将光学元件与光具座分开，使用柔软的刷子或蘸取少量酒精的抹布清理光具座内部。

10）使用棉签、擦镜纸、酒精等工具清理合束镜、准直器输出端口等光学元件。

11）将清洗干净的光学元件装回光具座，复原光路。

12）打开光纤激光打标机，进行试打标，检查其能否正常工作，如不能正常工作，则须排查并解决异常问题。

激光出光标刻的流程是软件将激光的参数信息通过控制板传输到激光器，激光器输出激光经过光路输出聚焦到工件表面，问题排查过程应考虑问题出现的概率与问题排查的容易程度，逐个检查激光输出的环节。

3. 常见问题

（1）进行打标时工件表面无反应

1）问题分析：可能是焦点位置不对。

解决办法：①将测试工件放在工作台上，选择持续加工，以较大的功率开启标刻。

②反复调节升降轴的旋钮以改变激光束的焦点，如果在调节焦点的过程中出现材料烧蚀，则问题解决，如果调节焦点的过程中始终没有材料烧蚀，则说明场镜中无激光输出，进入后续排查步骤。

2）问题分析：可能是激光器未工作。

解决办法：①以较小的功率开启标刻，并选择连续加工。

②打开机柜的后盖，检查激光器是否正常上电，如果未上电，请检查并修正其供电系统。

③如果激光器处于正常上电的工作状态，则打开光具座，在准直器前使用验光器材检查准直器是否输出激光，如果有激光输出，说明问题在准直器到场镜的光路环节，检查该光路即可，如果无激光输出，则说明激光器处于异常状态。

④检查与激光相关的软件配置，如果参数有问题，则修正参数，如果参数无问题，则可能是控制板与激光器之间的电路连接有问题，应检查并解决异常问题。

⑤如果上述问题都已排查，但仍不出激光，则可能是激光器坏了，联系厂商进行更换。

（2）有激光输出，但无雕刻效果或雕刻效果很弱

问题分析：激光束未对焦。

解决办法：①调节升降轴的旋钮，查看打标的效果是否加强。

②若焦点调节未解决问题，可能是软件设定的激光功率较小，须检查软件设置。

③如果软件设置无异常，则考虑光路可能被污染降低了光束质量，须检查光路是否正常。

④如果光路无异常，则可能是激光器的供电电源电压不稳定，须检查电路各个位置的电压是否符合要求。

⑤可能是激光器温度过高导致输出功率下降，须关闭打标机冷却设备，并检查风扇等冷却模块是否异常，等打标机冷却一段时间再重新开启工作。

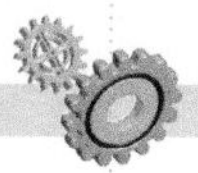

⑥如果最终排查到激光器的输出功率远低于预期，则可判断激光器坏了，应联系厂商维修或更换。

（3）红光不显示

问题分析：可能是红光笔没工作。

解决办法：①检查红光笔的电源是否连接牢固。

②打开光具座，查看红光笔是否输出红光。

③如果红光笔有红光输出，但是场镜无红光输出，则可能是光路异常，须检查光路。

④如果红光笔无红光输出，则判断红光笔损坏，须更换红光笔。

（4）红光显示与打标范围不一致

问题分析：红光与激光的合束光路状态异常。

解决办法：①打开光具座，查看合束镜是否有污染，安装的状态是否正常。

②查看红光笔是否竖直朝下，红光是否输出在合束镜中心。

③查看激光准直器是否水平输出，输出位置应在合束镜中心。

④进行试标刻，查看红光显示与打标范围是否一致。

⑤若红光显示与打标范围不一致，则微调合束光路，若红光显示与打标范围一致，则关好光具座。

（5）浅色的位图无打标效果

问题分析：如果其他位图可以正常打标，只是浅色位图无标刻效果，基本可以判断打标机的硬件无问题，该问题是软件设置异常导致的。

解决办法：①用鼠标选中目标位图，打开如图 3-5-2 所示的设置页面。

②查看“不标刻低灰度值的点”是否有被勾选，如果该选项被勾选，则取消勾选该选项。

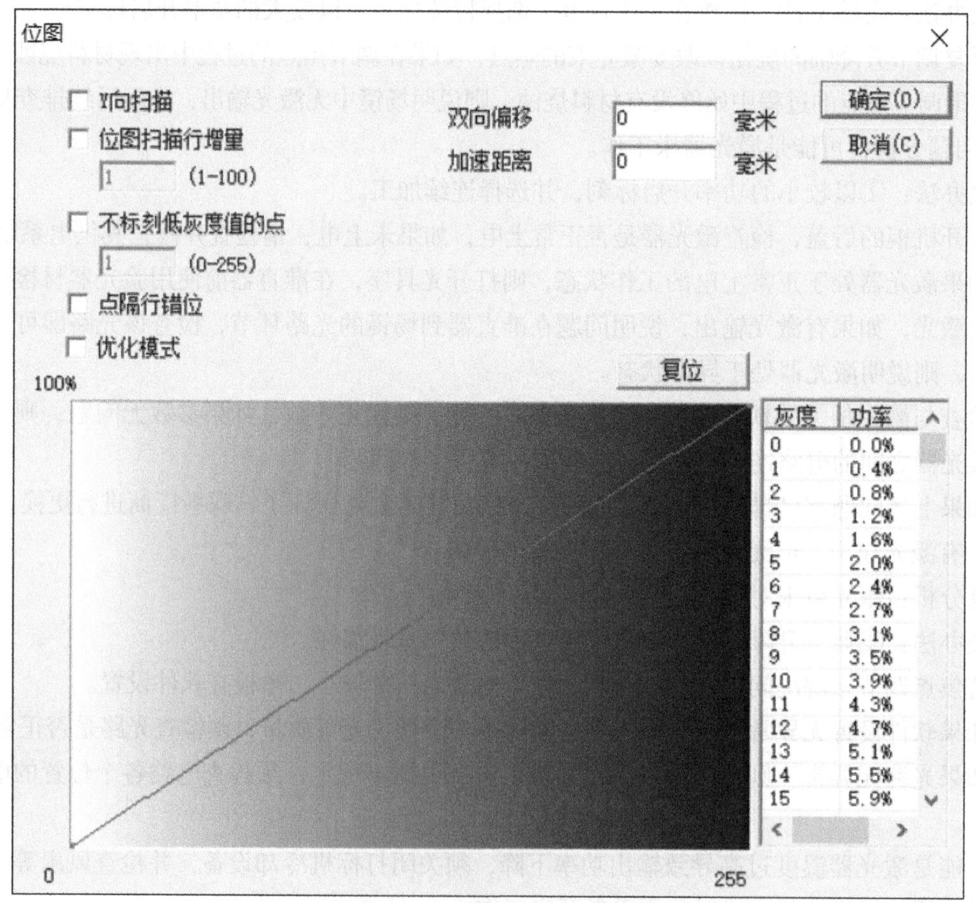

图 3-5-2 位图标刻的参数设置

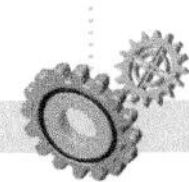

（6）打标的图案一边深一边浅

问题分析：可能是激光束的聚焦平面与工件表面不平行。

解决办法：①检查目标工件是否存在一边薄一边厚的问题。

②检查工作台是否为水平状态。

③检查振镜是否为水平状态。

④检查聚焦透镜是否存在污染。

（7）打标的图案尺寸信息与预期不一致

问题分析：可能是焦点位置不对，或振镜导致的失真。

解决办法：①校正光纤激光打标机的焦点位置。

②查看校正焦点后打标的图案尺寸是否正确。

③若校正焦点后打标的图案尺寸不正确，则重新校正振镜的失真与放大参数。

（8）打标位图时严重过烧

问题分析：可能是激光打标的点功率太大或打点太密集。

解决办法：①查看工艺参数中激光打标的点功率是固定值还是与图片的灰度值线性相关，如果是固定值，则将其修改为与灰度值线性相关。

②查看问题是否解决，若问题未解决，则降低激光的输出功率。

③若问题未解决，则查看位图的 DPI 是否偏高，逐步降低 DPI 并查看位图的标刻效果。

引导问题 1：光纤激光打标机维护过程中有哪些注意事项？

引导问题 2：在任务实施中遇到了哪些计划中没有考虑到的问题？是如何解决的？

引导问题 3：在任务实施中，你最大的收获是什么？

引导问题 4：在任务的实施中，你认为有哪些需要改进的地方？

检查验收

根据光纤激光打标机维护的工作情况，每组出一个验收代表，由教师按照验收标准对每组的任务完成情况进行检查验收和评价，包括施工质量、任务完成度等，并对验收问题及其整改措施、完成时间进行记录。验收标准及评分表见表 3-5-7，验收过程问题记录见表 3-5-8。

表 3-5-7　验收标准及评分表

序号	验收项目	验收标准	分值	教师评分	备注
1	工作环境	工作环境干净整洁，周围无易燃易爆或腐蚀性的危险物质	10		
2	外围电路	打标机外围的导线连接良好，导线的保护层没有破损	10		
3	开关按钮	打标机的各个开关与按钮安装牢固，各个开关与按钮能正常工作	10		
4	工作台	工作台面干净无杂物，工作台保持水平	10		
5	内部电路	打标机机柜内部电路连接牢固、无松动，导线的保护层没有破损	10		
6	光路	光路的各个光学元件干净无污染，各光学元件安装牢固、无松动光路能正常工作	20		
7	软件参数	软件内的工艺参数设置合理，能正常进行打标	15		

（续）

序号	验收项目	验收标准	分值	教师评分	备注
8	施工规范	符合操作规程，无人员受伤或设备损坏，工具使用规范，无工具掉落、损坏、遗留，环境整洁有序	15		
合计			100		

表 3-5-8　验收过程问题记录

序号	验收问题记录	整改措施	完成时间	备注

评价与反馈

各组介绍任务的完成过程并提交阐述材料，进行学员自评、学员组内互评、教师评价，完成考核评价表（见表 3-5-9）。

引导问题 1：通过本任务谈一谈你对遇到问题时团队沟通的理解。

引导问题 2：光纤激光打标机的维护过程中遇到的哪个问题让你印象深刻？

表 3-5-9　考核评价表

评价项目	评价内容	分值	自评 20%	互评 20%	教师评分 60%	合计
职业素养 40 分	爱岗敬业、安全意识，责任意识、服从意识	10				
	积极参加任务活动，按时完成工作页	10				
	团队合作、交流沟通能力、集体主义精神	10				
	劳动纪律，职业道德	5				
	现场 6S 标准，行为规范	5				
专业能力 60 分	专业资料检索能力	10				
	制订计划能力，严谨认真	10				
	操作符合规范，精益求精	15				
	工作效率，分工协作	10				
	任务验收质量，质量意识	15				
合计		100				
创新能力加分	创新性思维和行动	20				
总计		120				

习题测评

一、选择题

1. 以下对打标机使用与维护描述正确的是（ ）。

A. 要日常检查是否有电源插头松动

B. 要日常检查风扇运转是否正常

C. 要定期对设备加电检查

D. 不使用时要保持电源待机

2. 以下哪种方式不利于光路系统的稳定性？（ ）

A. 使用高质量的光学元件及配件

B. 定期检查和清洁光学元件

C. 轻拍光路上的配件以去除粉尘

D. 保持光路系统的密封性

二、判断题

1. 工作台结构简单，所以不需要维护。（ ）

2. 透镜上有粉尘时，可直接用嘴呼气吹走。（ ）

3. 激光打标机只有硬件需要维护，软件无须维护。（ ）

三、简答题

请制作一个关于激光打标机日常维护的工作清单。

非金属激光雕切设备装调技术

项目导入

激光技术的独特优势使得非金属激光雕切设备在各行各业得到了广泛的关注和长足的发展。这种设备可以雕刻切割皮革、木材、亚克力板等多种非金属材料，具有很高的应用价值。

本项目主要进行非金属激光雕切设备的安装和调试。通过完成本项目，学习者将全面掌握非金属激光雕切设备的整体结构、调试和维护等方面的知识，如图 4-0-1 所示。完成本项目的学习，将为我们进一步优化设备性能和应用范围奠定基础。

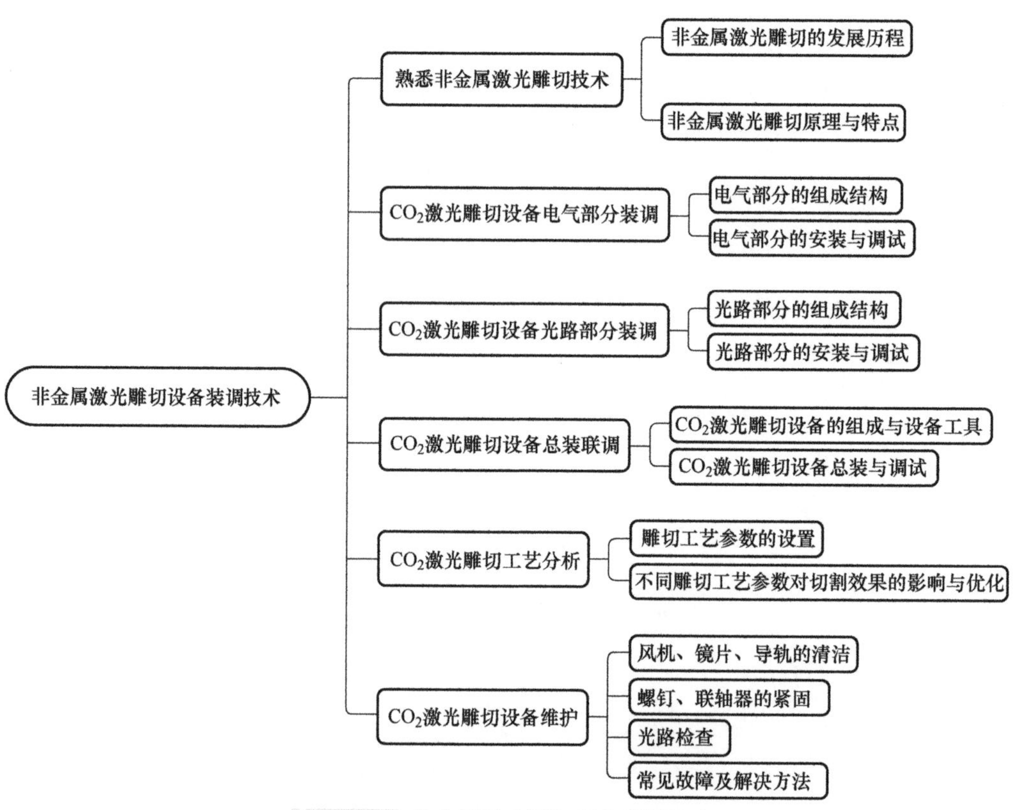

图 4-0-1 非金属激光雕切设备装调技术

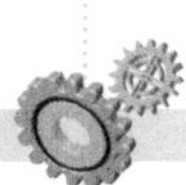

任务一 熟悉非金属激光雕切技术

知识储备

一、非金属激光雕切的发展历程

在激光加工技术的发展中，非金属激光雕切是发展较早且较为成熟的加工技术，其中，CO_2激光雕切设备在生产生活中的应用十分广泛，CO_2激光雕切设备始于20世纪。随着技术的发展，CO_2激光雕切技术不断完善和升级，雕切功率从40W到150W甚至更高，激光雕切设备品类繁多。目前各大非金属激光雕切设备制造厂家大都以CO_2激光雕切设备为主，例如，大族粤铭激光生产的CMH1309C-GT-A激光切割机（见图4-1-1）的激光功率为80~130W；切割裁床CMH1325C-B-A的功率更是高达180W（见图4-1-2）。

非金属激光雕切1

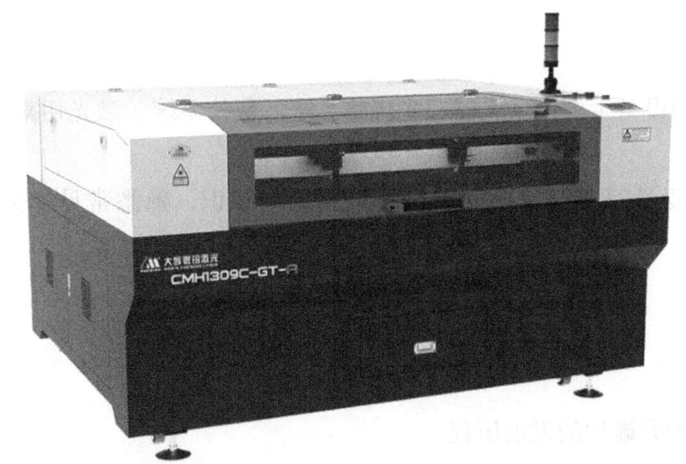

图4-1-1 大族粤铭激光130W激光切割机

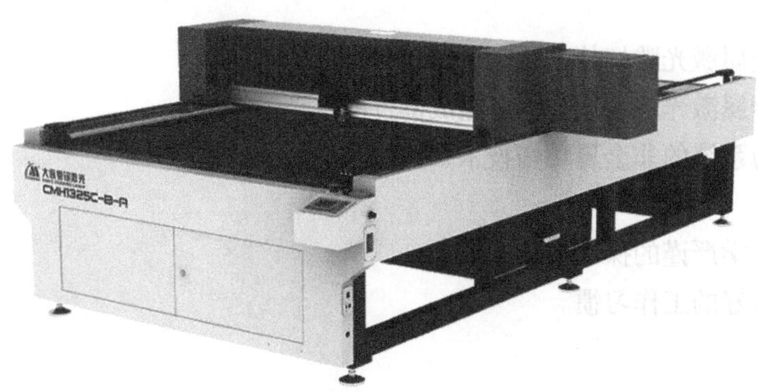

图4-1-2 大族粤铭激光180W激光切割裁床

二、非金属激光雕切原理

非金属激光雕切主要是利用高能量密度的激光来加热非金属材料，使材料表面的温度达到沸点，材料发生汽化，利用辅助气体将其吹走，从而在材料上留下痕迹的一种激光加工技术。

CO_2激光雕切设备通过聚焦透镜将激光束聚集到材料表面来熔化材料，同时，利用机器配备的压缩气体将熔融材料吹走。激光束沿着一定的路径移动，形成一定形状的痕迹，从而实现雕切过程。

非金属激光雕切 2

三、非金属激光雕切的特点

非金属激光雕切不仅可以切割雕刻硬度高、脆性大的材料，如氮化硅、陶瓷、石英等；还能雕刻切割加工柔性材料，如布料、纸张、塑料板、橡胶等，用激光进行服装剪裁，可节约衣料10%~12%，提高 2 倍以上效率。

非金属激光雕切具有很多的优点，功率密度高，切缝可以小至 0.1mm；加工速度快，能量作用面积小、作用时间短，对材料的加工变形小；雕切过程简单，可进行无接触加工，无刀具损耗问题；加工灵活，对材料的形状、摆放方式和摆放位置要求较低。

当然，非金属激光雕切也具有激光加工不可避免的一些问题，如切面不够垂直，特别是材料厚度较大时尤为明显，这是由激光光束本身特性所导致的。不过由于激光雕切的众多优点，且其缺点对雕切的影响不是很大，所以瑕不掩瑜，激光雕切非金属材料正在快速地发展，并取代了很多传统的雕切工艺。

学习任务描述

非金属激光雕切设备主要由激光器、光传输系统、数控系统、激光切割头、气路系统、除尘系统等组成。

本学习任务主要学习非金属激光雕切技术的基本知识，熟悉常见非金属激光雕切设备及其特点。

学习目标

◆ 知识目标

1. 了解非金属激光雕切的发展历程。
2. 掌握非金属激光雕切的基本原理。
3. 熟悉非金属激光雕切的特点。

◆ 技能目标

1. 能够分析非金属激光雕切技术的优缺点。
2. 能够辨别非金属激光雕切设备的各组成部件。
3. 能够形成较为系统的非金属雕切技术知识体系。

◆ 素质目标

1. 培养学习者科学严谨的探索精神。
2. 培养学习者良好的工作习惯。

任务书

某激光企业希望向潜在客户推销非金属激光雕切设备，拟写一份关于非金属激光雕切技术设备的技术方案，主要包含非金属激光雕切技术的基本原理、常见非金属激光雕切设备及其特点。

任务分组

将班级学员分组，可 4~8 人为一组，每组设定一名组长，分配组内任务，每位组员都需要参与完成任务。各组需要明确任务分工，任务分工表见表 4-1-1。

表 4-1-1　任务分工表

<table>
<tr><td>班级</td><td></td><td>组号</td><td></td><td>任务</td><td colspan="2"></td></tr>
<tr><td>组长</td><td></td><td>时间段</td><td></td><td>指导教师</td><td colspan="2"></td></tr>
<tr><td>姓名</td><td>学号</td><td colspan="4">任务分工</td><td>备注</td></tr>
<tr><td></td><td></td><td colspan="4"></td><td></td></tr>
<tr><td></td><td></td><td colspan="4"></td><td></td></tr>
<tr><td></td><td></td><td colspan="4"></td><td></td></tr>
<tr><td></td><td></td><td colspan="4"></td><td></td></tr>
<tr><td></td><td></td><td colspan="4"></td><td></td></tr>
</table>

获取信息

引导问题 1：非金属激光雕切设备的基础知识有哪些？国内自主生产的主流品牌有哪些？

引导问题 2：查阅资料，描述非金属激光雕切设备的主要特点和应用分类。

引导问题 3：以某非金属激光雕切设备为例，说明设备的品牌与型号，激光器类型，切割功率是多大，切割速度是多少。

引导问题 4：举例说明非金属激光雕切设备的具体组成结构。

工作计划

按照任务书要求，每组需要制订一份工作计划，包含非金属激光雕切技术的基本原理、常见非金属激光雕切设备及其特点等工作内容。工作计划安排见表 4-1-2。

表 4-1-2　非金属激光雕切设备基本信息收集工作计划

步骤名称	工作内容	负责人

工作决策

对不同组员（或不同组别）的工作计划进行实施方案的对比与分析，优化完善并形成小组决策作为工作实施的依据。计划优缺点对比分析见表 4-1-3，小组决策方案见表 4-1-4。

表 4-1-3　计划优缺点对比分析

小组 / 组员	计划中的优点	计划中的缺陷	优化方案

表 4-1-4　决策方案

步骤名称	工作内容	负责人

工作实施

一、非金属激光雕切技术原理

通过查阅相关书刊、网站、公众号等搜集、整理出非金属激光雕切技术的原理。

二、常见非金属雕切设备及其特点

搜集整理国内常见非金属雕切设备及其特点，并以表格的形式归纳总结。

引导问题 1：在任务实施中，你认为遇到最大的困难是什么？

引导问题 2：通过任务的实施，你学到了什么？

引导问题 3：在任务的实施中，你认为哪里还有待提升和改进？

检查验收

完成任务后，每组选出一名验收代表，由教师对每组的任务完成情况进行检查验收和评价，包括内容丰富度、任务完成度等，并对验收问题及其整改措施、完成时间进行记录。验收标准及评分表见表 4-1-5，验收过程问题记录见表 4-1-6。

表 4-1-5　验收标准及评分表

序号	验收项目	验收标准	分值	教师评分	备注
1	非金属激光雕切技术的基本原理	内容准确度与完整度	20		
2	非金属激光雕切设备	设备类型与特点，不同类型设备数量	60		
3	总体情况	分工合理性，合作程度，总体完成质量	20		
合计			100		

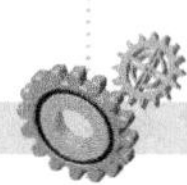

表 4-1-6　验收过程问题记录

序号	验收问题记录	整改措施	完成时间	备注

评价与反馈

各组介绍任务的完成过程并提交阐述材料，进行学员自评、学员组内互评、教师评价，完成考核评价表（见表 4-1-7）。

引导问题 1：通过本任务的完成情况，谈一谈你对合作精神的理解。

引导问题 2：本任务哪个环节你觉得收获最多？谈谈你收获了什么。

表 4-1-7　考核评价表

评价项目	评价内容	分值	自评 20%	互评 20%	教师评分 60%	合计
基础 30 分	责任意识、服从意识	10				
	参加任务活动情况	10				
	团队合作、交流沟通能力	10				
强化 50 分	专业资料检索能力、品牌分析能力	10				
	制订计划能力	10				
	工作效率、分工协作	10				
	任务验收质量，质量意识	20				
创新 20 分	创新性思维和行动	20				
总计		100				

知识拓展

非金属激光雕切技术作为现代制造业中的一项关键技术，经过多年的实践，已发展成熟。在这一领域中，CO_2 激光雕切设备凭借其独特的优势（如高功率密度、良好的光束质量和广泛的适用性），成为了非金属雕切的主流设备。

尽管非金属激光雕切技术已经相当成熟，但非金属材料本身的多样性和广泛的应用领域，依然为这一行业提供了持续发展的动力。非金属材料，如塑料、橡胶、玻璃、陶瓷及复合材料等，在电子、汽车、建筑、航空航天等多个领域中扮演着至关重要的角色。随着科技的进步和工业的不断发展，对非金属材料的加工精度、效率和成本的要求也越来越高，这进一步推动了非金属激光雕切技术的创新与发展。

首先，为了满足市场对高精度、高质量非金属产品的需求，非金属激光雕切设备在技术上不断突破。例如，通过优化激光器的设计，提高激光束的质量和稳定性，确保切割过程中的精度和稳定性。同时，采用先进的控制系统和自动化技术，实现切割过程的自动化和智能化，提高了生产效率。

其次，随着新材料和新工艺的不断涌现，非金属激光雕切技术的应用范围也在不断扩大。例如，在新能源领域，激光雕切技术被广泛应用于太阳能电池板、锂电池等产品的制造过程中；在航空航天领域，激光雕切技术则用于制造飞机、火箭等高性能结构件。这些新领域的应用，不仅为非金属激光雕切行业带来了新的增长点，也对其提出了更高的要求。

此外，非金属激光雕切技术的环保性和节能性也日益受到关注。与传统的机械切割相比，激光切割过程中产生的噪声、粉尘等污染较小，且能源消耗更低。因此，非金属激光雕切技术在绿色制造和可持续发展方面具有独特优势。

综上所述，尽管非金属激光雕切技术已经相对成熟，但非金属材料作为生产生活中不可或缺的材料，将继续推动非金属激光雕切行业不断向前发展。未来，随着技术的不断进步和市场的不断扩大，非金属激光雕切技术将在更多领域得到应用，为制造业的发展注入新的活力。

习题测评

一、选择题

1. CO_2 激光器属于什么类型的激光器？（　　）

A. 气体激光器　　B. 固体激光器　　C. 液体激光器　　D. 光纤激光器

2. CO_2 激光切割设备的输出波长是（　　）。

A. 1096nm　　B. 10.6μm　　C. 593nm　　D. 192nm

二、判断题

1. CO_2 激光切割设备是唯一的非金属激光切割设备。（　　）

2. CO_2 激光切割设备只能用于切割非金属材料。（　　）

三、简答题

国内常见的非金属激光雕切设备生产厂家有哪些？

任务二　CO_2 激光雕切设备电气部分装调

知识储备

CO_2 激光雕切设备电气部分的组成如图 4-2-1 所示。

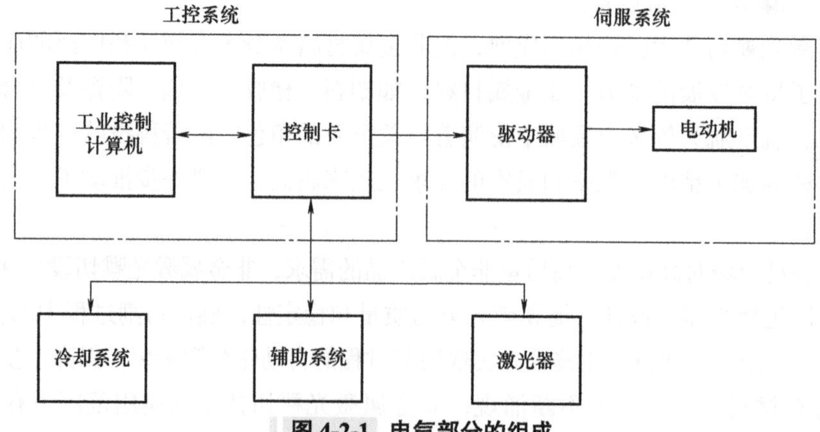

图 4-2-1　电气部分的组成

1. 工控系统

激光雕切控制系统主要包括工控系统、伺服系统、冷却系统和辅助系统。工控系统是整个平台的控制核心，可对整机进行电源管理和信号控制，工控系统的核心处理单元通常为控制卡和工控计算机，工控计算机采用数据线与控制卡进行连接，通过安装的上位机软件与控制卡进行信息交互，实现设备的加工运行。

工控系统主要包括电源管理和信号输入、输出两部分。电源管理提供整机设备供电，同时可对激光器、伺服系统、冷却系统、辅助系统等供电进行管理和控制。电源主电路采用自锁电路，并设有紧急停止按钮，可在紧急情况下对设备进行整机断电。信号输入主要包括冷却系统信号输入、激光器信号输入、伺服系统信号输入及轴限、零位信号输入，信号输出主要包括伺服控制信号输出、激光器控制信号输出、辅助气阀信号输出。

以控制板 AWC708C 为例，其接口示意如图 4-2-2 所示。

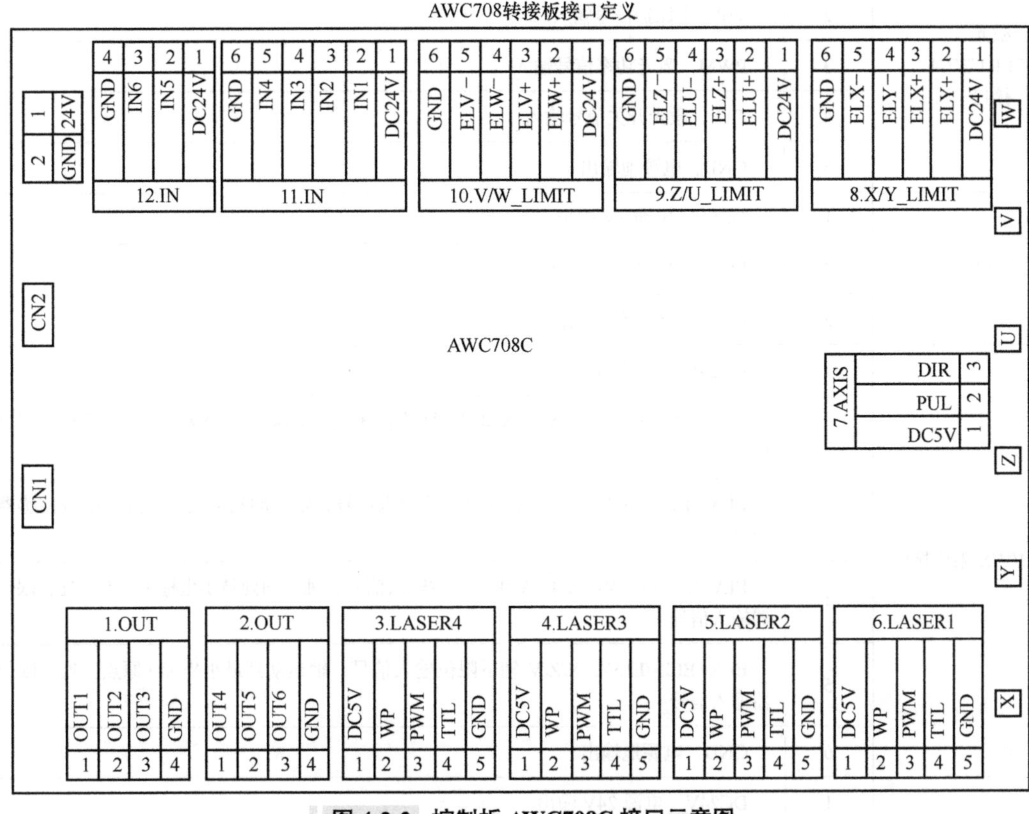

图 4-2-2　控制板 AWC708C 接口示意图

AWC708C 各个接口定义见表 4-2-1。

表 4-2-1　接口定义

接口名称	Pin	定义
电源接口	1	+24V，电源正极
	2	GND，电源负极
面板连接口	1	CN1、CN2，连接面板的接口，PLUS 版两个接口都需要连接，LITE 版只需要连接 CN1
输出接口 1	1	OUT1，吹气信号（工作全过程吹气），机器空闲时，OUT1 为低电平；机器工作时，OUT1 为高电平

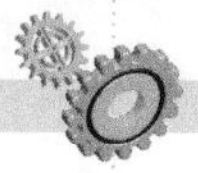

（续）

接口名称	Pin	定义
输出接口 1	2	OUT2，吹气信号（工作过程出光吹气），机器不出光时，OUT1 为低电平；机器出光时，OUT1 为高电平
	3	OUT3，画笔信号
	4	GND，电源地输出
输出接口 2	1	OUT4，送料信号
	2	OUT5，输出信号，保留
	3	OUT6，图层吹气信号
	4	GND，电源地输出
激光 LASER1/2/3/4 接口	1	DC5V，电源输出
	2	WP，水保护信号输入
	3	PWM，激光功率信号输入
	4	TTL，激光开关信号输入
	5	GND，电源地输出
轴 X/Y/Z/U/V/W 接口	1	DC5V，电源 5V 输出
	2	PUL，轴脉冲信号输出
	3	DIR，轴方向信号输出
X/Y/Z/U/V/X 限位接口	1	DC24V，电源 24V 输出
	2	ELY+/ELU+/ELW+，Y/U/W 轴上限位输入信号，轴运动到最大坐标处，限位传感器输入信号
	3	ELX+/ELZ+/ELV+，X/Z/V 轴上限位输入信号，轴运动到最大坐标处，限位传感器输入信号
	4	ELY-/ELU-/ELW-，Y/U/W 轴下限位输入信号，轴运动到最小坐标（原点）处，限位传感器输入信号
	5	ELX-/ELZ-/ELV-，X/Z/V 轴下限位输入信号，轴运动到最小坐标（原点）处，限位传感器输入信号
	6	GND，电源地输出
输入接口 1	1	DC24V，电源 24V 输出
	2	IN1，开盖保护信号输入，低电平有效
	3	IN2，脚踏开关信号输入，低电平有效
	4	IN3，保留
	5	IN4，保留
	6	GND，电源地输出
输入接口 2	1	DC24V，电源 24V 输出
	2	IN5，保留
	3	IN6，保留
	4	GND，电源地输出

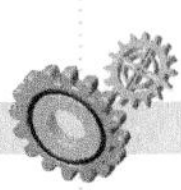

2. 伺服系统

以步进驱动器 3D56M 为例，其接口示意如图 4-2-3 所示，各接口定义见表 4-2-2。

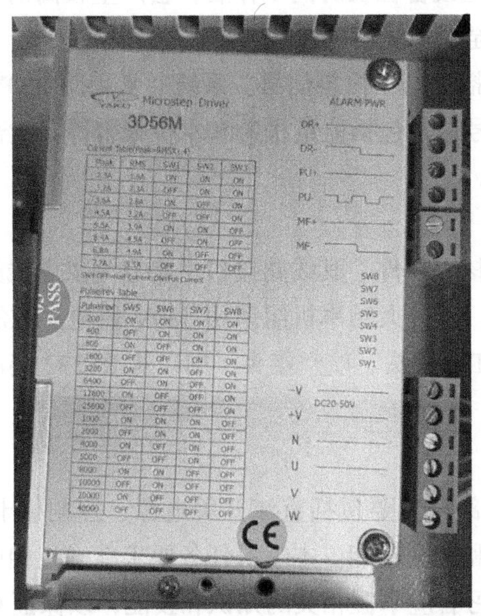

图 4-2-3 步进驱动器 3D56M 接口示意图

步进电动机驱动器是一种将电脉冲转换为角位移输出的执行机构。当步进驱动器接收到一个脉冲信号，它就驱动步进电动机按设定的方向转动一个固定的角度（称为“步距角”），它的旋转是以固定的角度一步一步运行的。可以通过控制脉冲个数来控制角位移量，从而达到准确定位的目的；同时可以通过控制脉冲频率来控制电动机转动的速度和加速度，从而达到调速和定位的目的。

表 4-2-2 接口定义表

PIN	定义
DR+	方向控制信号 +
DR−	方向控制信号 −
PU+	步进脉冲信号 +，脉冲信号光电隔离正端，接 +5V 供电电源，5~24V 均可驱动，高于 +24V 时，须在 PU− 端接限流电阻
PU−	步进脉冲信号 −，脉冲信号光电隔离负端，下降沿有效，当脉冲由高变低时电动机运行一步
MF+	电动机释放信号 +，电动机释放信号光电隔离正端，接 +5V 供电电源，5~24V 均可驱动，高于 +24V 时，须在 MF− 端接限流电阻
MF−	电动机释放信号 −，电动机释放信号光电隔离负端，有效（低电平）时，关断电动机线圈电流，驱动器停止工作，电动机处于自由状态
−V	电源负极，DC 20~50V
+V	电源正极，DC 20~50V
N	中性线接线端
U	三相接线端 - 电压
V	三相接线端 - 电压单位
W	三相接线端 - 电功率

3. 冷却系统

激光冷水机是一种为激光雕切提供制冷的冷却设备，主要针对激光发生器、激光谐振膜片、激光头等部件进行循环冷却。激光设备在长时间工作后，会产生较高的热量，高热量会严重影响激光器的工作效率和光束质量，甚至对激光器件造成损坏。

冷却系统线路接口主要包括供电和报警信号。系统通常采用 220V 交流供电，部分大功率冷却机组采用 380V 供电。报警信号通常包括流量报警和水位报警等，大部分机型已将报警信号进行内部整合，其报警信号统一输出。

4. 激光器

激光器是激光加工系统的核心部件，其线路接口主要分为供电线路、控制信号线路两大类。激光器通常采用 220V 交流供电，部分大功率机组采用 380V 供电。控制信号线路常用于激光器外部控制，线路接口类型通常包括 DB 接头、航空接头、网口及 RS232 接口等。

学习任务描述

CO_2 激光雕切设备的电气部分主要包括直流开关电源、控制板卡、步进电动机驱动器等元器件。通过线材连接可完成供电和控制功能。本学习任务要求准确将相应元器件的对应接口用不同颜色的导线连接并进行调试，学习者应掌握相关的知识和技能，以保证 CO_2 激光雕切设备的电气部分在结构布局上合理美观，各模块的电路能正常工作。

学习目标

◆ 知识目标

1. 了解 CO_2 激光雕切设备的电气部分组成及功能。
2. 掌握 CO_2 激光雕切设备中电气部分的安装方法。
3. 掌握 CO_2 激光雕切设备中电气部分的调试方法。

◆ 技能目标

1. 能够完成 CO_2 激光雕切设备电气部分各元器件的安装与电路连接。
2. 能够解决电气部分安装过程中存在的问题。
3. 能够对安装结果进行判断。

◆ 素质目标

1. 培养学习者团队协作精神。
2. 培养学习者安全和节约意识。

任务书

某激光企业希望对客户进行一场关于 CO_2 激光雕切设备的安装调试培训，需要拟写培训中关于非金属激光雕切设备电气模块部分装调指导手册，并给出相应的安装与调试指导。

任务分组

将班级学员分组，可 4~8 人为一组，轮值安排组长，使每个人都有培养组织协调能力和管理能力的机会。各组任务可以相同或不同，明确每组的人员和任务分工，注意培养团队协作能力。任务分工表见表 4-2-3。

表 4-2-3　任务分工表

班级		组号		任务	
组长		时间段		指导教师	
姓名	学号	任务分工			备注

获取信息

引导问题 1：以某 CO_2 激光雕切设备为例，说明 CO_2 激光雕切设备电气部分的结构组成及各部分作用。

引导问题 2：请叙述 CO_2 激光雕切设备电气部分各元器件的安装顺序。

引导问题 3：控制板卡的作用是什么?

引导问题 4：直流开关电源的特点是什么。

工作计划

按照任务书要求和获取的信息，每位组员根据自己的认知和理解，制订 CO_2 激光雕切设备电气部分的安装调试工作计划，包含材料、工具、器件准备，安装顺序和步骤、检查调试等工作内容。CO_2 激光雕切设备电气部分装调工作计划见表 4-2-4，材料、工具、器件计划清单见表 4-2-5。

表 4-2-4　CO_2 激光雕切设备电气部分装调工作计划

步骤名称	工作内容	负责人

表 4-2-5　材料、工具、器件计划清单

序号	名称	型号和规格	单位	数量	备注

工作决策

对不同组员（或不同组别）的工作计划进行选材、工艺、施工方案的对比、分析、论证，整合完善，形成小组决策，作为工作实施的依据。计划优缺点对比分析见表 4-2-6，小组决策方案见表 4-2-7，材料、工具、器件最终清单见表 4-2-8。

表 4-2-6　计划优缺点对比分析

小组 / 组员	计划中的优点	计划中的缺陷	优化方案

表 4-2-7　决策方案

步骤名称	工作内容	负责人

表 4-2-8　材料、工具、器件最终清单

序号	名称	型号和规格	单位	数量	备注

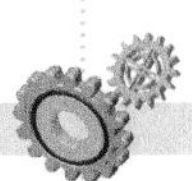

（续）

序号	名称	型号和规格	单位	数量	备注

工作实施

一、安装与调试准备工作

首先，着装要整洁，然后检查雕切设备的操作环境是否正常，检查设备工作台面是否水平，设备是否固定；检查设备总电源开关状态；检查激光加工平台安装调试工具及相关辅助器件是否齐全。

二、安装与调试流程

1. 直流开关电源接线

L、N 分别接输入交流电源（220V）的相线、中性零线；GND 接地线；COM 接负极输出；+V 接正极输出。

2. 控制板接线

将控制板的 24V、GND 端口分别与直流电源的 +V、COM 连接；轴 X 端口 +5V、PUL、DIR 分别与电动机驱动器的 PUL+ 和 DR+、PUL-、DR- 连接；X/Y 限位接口 ELY-、ELX-、GND 分别与最小坐标（原点）处限位传感器输入信号、电源地连接；激光 LASER1 接口 +WP、PWM、TTL 分别与激光器的水保护信号输入、激光功率信号输入、激光开关信号输入连接。

3. 电动机驱动器接线

将步进电动机驱动线连接至电动机驱动器的相应接口，V+、V- 分别对应电动机电源正极与负极，U、V、W 分别对应三相电动机对应的接线端子；DR+、DR-、PU+、PU-、MF+ 分别与控制器相应的端口连接。

引导问题 1：CO_2 激光雕切设备的电气部分安装过程中有哪些安全注意事项？

引导问题 2：在任务实施中遇到了哪些计划中没有考虑到的问题？是如何解决的？

引导问题 3：通过任务的实施，你最大的收获是什么？

引导问题 4：对于本任务的实施，你认为有哪些需要改进的地方？

检查验收

根据 CO_2 激光雕切设备电气部分装调的工作情况，每组选出一名验收代表，由教师按照验收标准对每组的任务完成情况进行检查验收和评价，包括施工质量、任务完成度等，并对验收问题及其整改措施、完成时间进行记录。验收标准及评分表见表 4-2-9，验收过程问题记录见表 4-2-10。

表 4-2-9　验收标准及评分表

序号	验收项目	验收标准	分值	教师评分	备注
1	直流开关电源	摆放符合要求，无歪斜，安装牢固，无滑动现象	10		
2	控制板	摆放符合要求，无歪斜，安装牢固，无滑动现象	10		
3	电动机驱动器	摆放符合要求，无歪斜，安装牢固，无滑动现象	10		

（续）

序号	验收项目	验收标准	分值	教师评分	备注
4	电路 1	各个接口电路连接正确，各个接口电路连接牢固、无松动，导线布局美观	15		
5	电路 2	各个接口电路连接正确，各个接口电路连接牢固、无松动，导线布局美观	15		
6	电路 3	各个接口电路连接正确，各个接口电路连接牢固，无松动，导线布局美观	15		
7	施工规范	符合操作规程，无人员受伤或设备损坏，工具使用规范，无工具掉落、损坏、遗留，环境整洁有序	25		
合计			100		

表 4-2-10　验收过程问题记录

序号	验收问题记录	整改措施	完成时间	备注

评价与反馈

各组介绍任务的完成过程并提交阐述材料，进行学员自评、学员组内互评、教师评价，完成考核评价表（见表 4-2-11）。

引导问题 1：通过本任务的检查验收，谈一谈你对规范操作的理解。

引导问题 2：你觉得本任务和实际生产有什么区别？

表 4-2-11　考核评价表

评价项目	评价内容	分值	自评 20%	互评 20%	教师评分 60%	合计
职业素养 40 分	爱岗敬业、安全意识、责任意识、服从意识	10				
	积极参加任务活动，按时完成工作页	10				
	团队合作、交流沟通能力、集体主义精神	10				
	劳动纪律，职业道德	5				
	现场 6S 标准，行为规范	5				
专业能力 60 分	专业资料检索能力，中外品牌分析能力	10				
	制订计划能力，严谨认真	10				
	操作符合规范，精益求精	15				

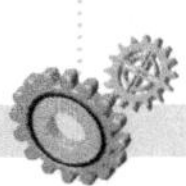

（续）

评价项目	评价内容	分值	自评 20%	互评 20%	教师评分 60%	合计
专业能力 60 分	工作效率，分工协作	10				
	任务验收质量，质量意识	15				
合计		100				
创新能力加分	创新性思维和行动	20				
总计		120				

习题测评

一、选择题

1. DC 一般指（　　）。

A. 直流　　B. 交流　　C. 变频　　D. 定频

2. WP 指（　　）。

A. 激光开关信号输入　　B. 电源输出

C. 水保护信号输入　　D. 激光功率信号输入

二、判断题

1. 步进电动机和伺服电动机没什么区别。（　　）

2. 控制板能控制切割设备的所有部件。（　　）

三、简答题

CO_2 激光雕切设备电气部分的组成结构有哪些？

任务三　CO_2 激光雕切设备光路部分装调

知识储备

一、CO_2 激光雕切设备光路部分的结构组成

CO_2 激光雕切设备光路部分主要由 CO_2 激光管、反射镜 1、反射镜 2、反射镜 3 及附属结构组成。

二、CO_2 激光雕切设备光路部分的安装与调试流程

光路的安装与调试是为了保证受激辐射光能够在谐振腔内持续振荡放大、输出激光，对激光器输出功率及光束质量至关重要，是激光设备生产中重要的一步。

通过完成光路的安装与调试，可以了解光路系统的基本结构组成，熟悉各光学元件的安装调整过程。

1. 拆卸旧激光管

1）关掉设备电源。

2）断开红色、黑色正负极连接线。

3）拆卸激光管支架。

4）拔掉进水口的水管以排空激光管中的水，拔掉所有水管，取出旧激光管，按照垃圾分类标准将其归类。

2. 安装新激光管

1）按照负极对着机器反射镜 1 的原则，正确摆放激光管，同时注意保持激光管的标签朝上放置，激光管的两个支承点要在激光管玻璃总长的 1/4 和 3/4 的点上，如图 4-3-1 所示。

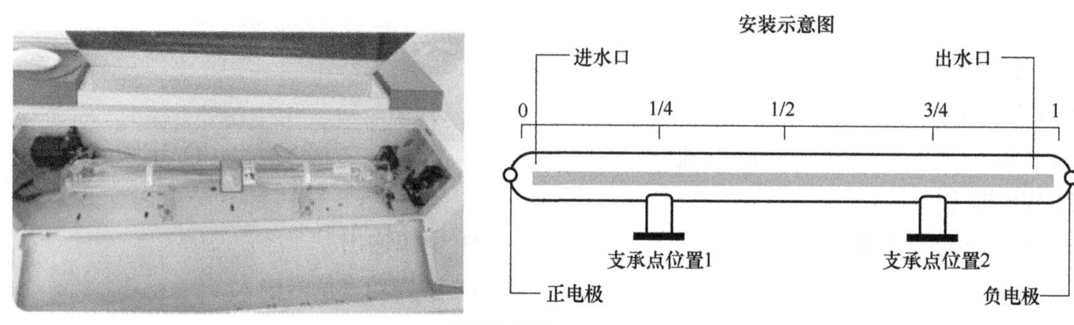

图 4-3-1 激光管

2）调整激光管支架（见图 4-3-2），半固定好激光管位置。

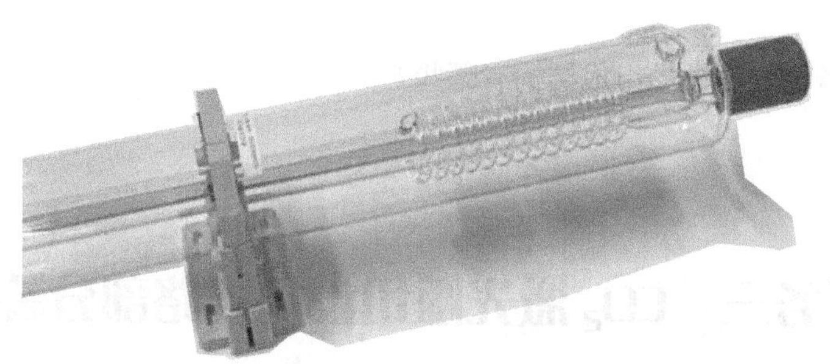

图 4-3-2 激光管支架

3）连接红色正极线（见图 4-3-3），连接黑色负极线（见图 4-3-4），给高压端戴上高压帽。

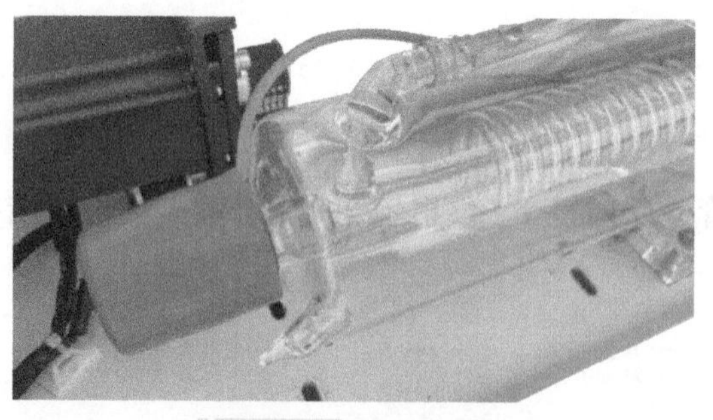

图 4-3-3 激光管正极

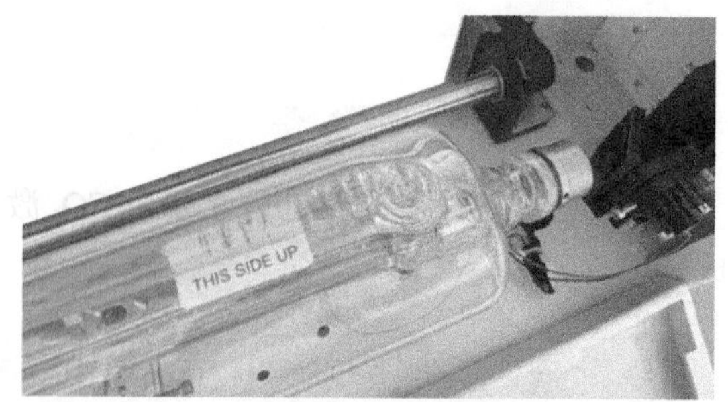

图 4-3-4 激光管负极

4）连接进出水口水管，如图 4-3-5 所示。（**注意**：参照“冷水机出水口连接激光管进水口，冷水机进水口连接激光管出水口”的原则连接水管，必要时，抬高出光口端 2cm，将管内大气泡排出。）

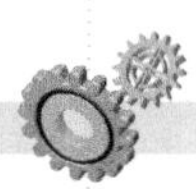

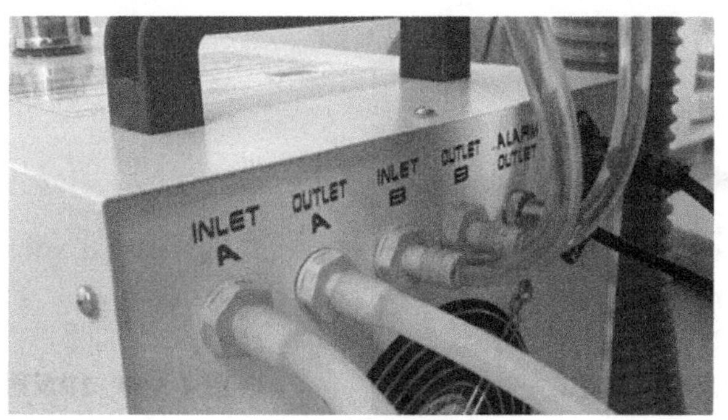

图 4-3-5 水冷机接口

5）全固定激光管与底座，安装完成。

3. 调试设备光路（见图 4-3-6）

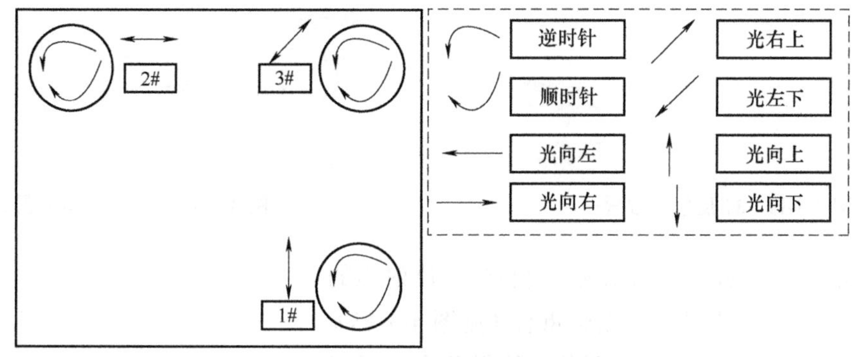

图 4-3-6 调光螺母方向说明

1）调节 1# 反射镜（见图 4-3-7）。根据 1# 反射镜的位置调整好激光管的放置高度，并确保激光管平行于 X 轴，接着准备一个透明胶带或热敏纸，保证激光管发出的光束射在 1# 反射镜（透明胶带）的中心位置。在此之前，为了避免激光伤人，可以使用一块亚克力板测试出大概的位置。

2）调节 2# 反射镜。在 2# 反射镜的光路调节辅助架贴上透明胶带或热敏纸，将横梁移至 Y 轴最靠近激光管的位置（见图 4-3-8），按点射按钮，使激光在胶纸上留下标记。（**注意：**为防止激光辐射伤人，请先用一块纸板测试出光斑的大概位置，然后再进行调整。）

图 4-3-7 1#反射镜

图 4-3-8 2#反射镜位置一

3）将横梁移至 Y 轴离激光管远的位置（见图 4-3-9），按点射，在 2# 反射镜的胶纸上再打上一个标记。确保两个位置的光斑重合（见图 4-3-10）；如果位置有偏移，请按图 4-3-6 对 #1 反射镜进行调节，使得远近光斑重合。

图 4-3-9　2#反射镜位置二

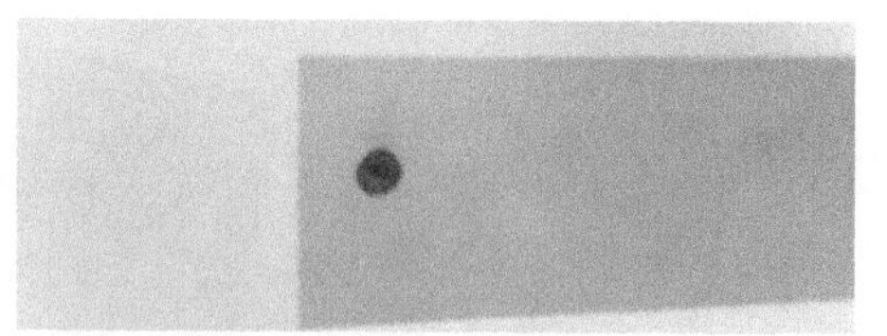
图 4-3-10　2#反射镜调整后的光斑图像

4）调节 3# 反射镜。在 3# 反射镜前贴上双面胶纸，在 X 轴方向，将激光头移至最靠近 2# 反射镜的位置（见图 4-3-11），按点射，使激光在 3# 反射镜的胶纸上打上一个光斑。

5）在 X 轴方向，将激光头移至距离 2# 反射镜最远的位置（见图 4-3-12），按点射（先用一块纸板测出光斑的大概位置，以防伤人），再在 3# 反射镜的胶纸上打上一个标记。使得两个光斑重合（见图 4-3-13）。如果不重合，同样按图 4-3-6 进行调节，使得两个远近光斑重合。

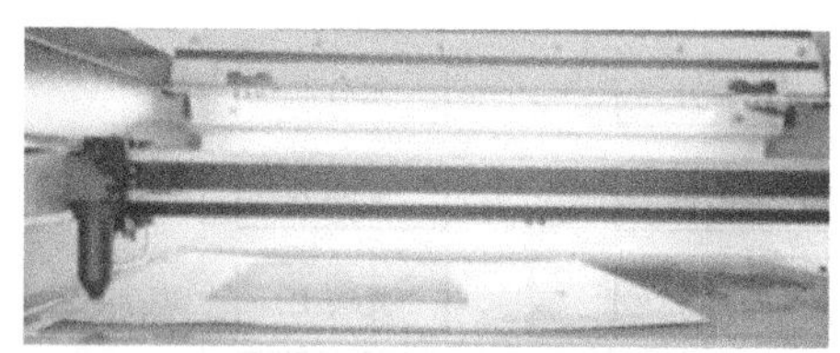
图 4-3-11　3#反射镜位置一

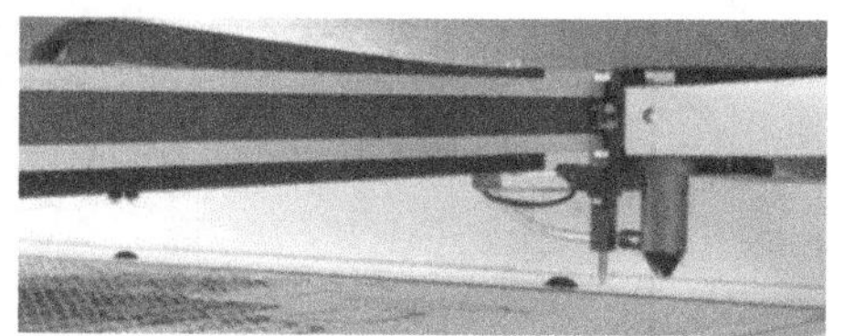
图 4-3-12　3#反射镜位置二

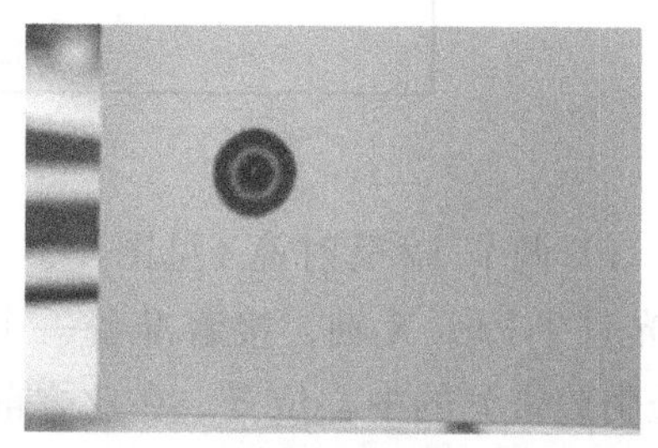
图 4-3-13　3#反射镜调整后的光斑图像

6）调节激光头出光口。在 3# 反射镜下面聚焦镜筒入光口处贴透明胶带（见图 4-3-14），按点射。如果标记在胶纸的中心处，则光路调整完成。如果不在正中心，请按照图 4-3-6 调整 3# 反射镜的调节螺钉。

7）调试完成。调试完成的光斑图像如图 4-3-15 所示。

图 4-3-14　3#反射镜调整时胶带粘贴示意图

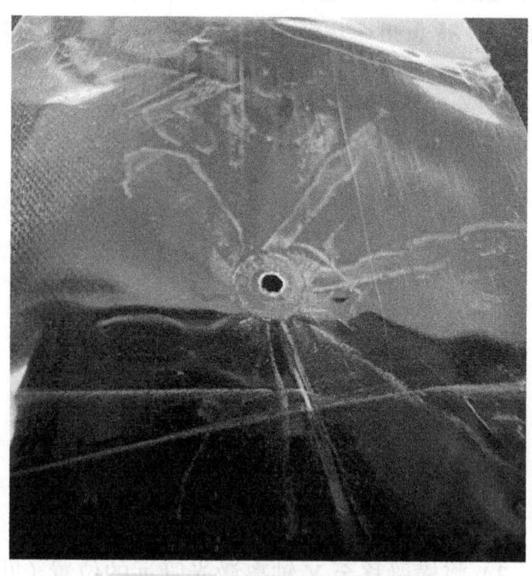
图 4-3-15　调试完成的光斑图像

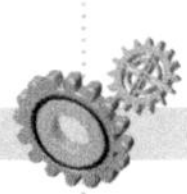

学习任务描述

非金属激光雕切设备的光路部分安装与调试是通过对 CO_2 激光雕切机光路的组成结构、安装与调试方法进行学习，使学习者掌握此类设备从激光器开始，至激光切割头为止的光路器件安装与调试技能，并能独立完成整个操作步骤。

学习目标

◆ 知识目标

1. 了解 CO_2 激光雕切机的光路部分有哪些元器件。
2. 了解光路部分元器件的功能。
3. 掌握光路部分元器件的安装与调试方法。

◆ 技能目标

1. 能够完成光路部分元器件的安装与调试。
2. 能够准确判断光路问题。
3. 能够采取相应的措施调试和解决故障。

◆ 素质目标

1. 培养学习者求真务实的精神。
2. 培养学习者细心和专注力。
3. 提升安全意识。

任务书

某激光企业希望对客户进行一场关于 CO_2 激光雕切设备的安装调试培训，需要拟写本次培训中关于 CO_2 激光雕切设备光路部分装调指导手册，并给出相应的安装与调试指导。

任务分组

将班级学员分组，可 4~8 人为一组，轮值安排组长，使每个人都有培养组织协调能力和管理能力的机会。各组任务可以相同或不同，明确每组的人员和任务分工，注意培养团队协作能力。任务分工表见表 4-3-1。

表 4-3-1　任务分工表

<table>
<tr><td>班级</td><td></td><td>组号</td><td></td><td>任务</td><td colspan="2"></td></tr>
<tr><td>组长</td><td></td><td>时间段</td><td></td><td>指导教师</td><td colspan="2"></td></tr>
<tr><td>姓名</td><td>学号</td><td colspan="4">任务分工</td><td>备注</td></tr>
<tr><td></td><td></td><td colspan="4"></td><td></td></tr>
<tr><td></td><td></td><td colspan="4"></td><td></td></tr>
<tr><td></td><td></td><td colspan="4"></td><td></td></tr>
<tr><td></td><td></td><td colspan="4"></td><td></td></tr>
<tr><td></td><td></td><td colspan="4"></td><td></td></tr>
<tr><td></td><td></td><td colspan="4"></td><td></td></tr>
<tr><td></td><td></td><td colspan="4"></td><td></td></tr>
<tr><td></td><td></td><td colspan="4"></td><td></td></tr>
</table>

获取信息

引导问题 1：查阅资料，描述 CO_2 激光雕切机光路部分的主要元器件。

引导问题 2：以某 CO_2 激光雕切机为例，说明 CO_2 激光雕切机激光管的产地、品牌、型号，它的功率有多大？长度有多长？

引导问题 3：以某 CO_2 激光雕切机为例，说明 CO_2 激光雕切机的光路传输途径。

引导问题 4：CO_2 激光管的进水口和出水口分别在哪个位置？为什么如此设置？

引导问题 5：简述 CO_2 激光雕切设备光路调试的主要流程。

工作计划

按照任务书要求和获取的信息，每位组员根据自己的认知和理解，制订 CO_2 激光雕切机光路部分的安装与调试工作计划，包含材料、工具、器件准备，安装顺序和步骤、检查调试等工作内容。CO_2 激光雕切机光路部分安装调试工作计划见表 4-3-2，材料、工具、器件计划清单见表 4-3-3。

表 4-3-2　CO_2 激光雕切机光路部分安装调试工作计划

步骤名称	工作内容	负责人

表 4-3-3　材料、工具、器件计划清单

序号	名称	型号和规格	单位	数量	备注

工作决策

对不同组员（或不同组别）的工作计划进行选材、工艺、施工方案的对比、分析、论证，整合完善，形成小组决策，作为工作实施的依据。计划优缺点对比分析见表 4-3-4，小组决策方案见表 4-3-5，材料、工具、器件最终清单见表 4-3-6。

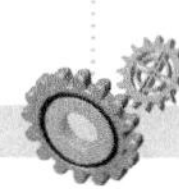

表 4-3-4　计划优缺点对比分析

小组 / 组员	计划中的优点	计划中的缺陷	优化方案

表 4-3-5　决策方案

步骤名称	工作内容	负责人

表 4-3-6　材料、工具、器件最终清单

序号	名称	型号和规格	单位	数量	备注

工作实施

CO_2 激光雕切机光路部分安装调试步骤如下。

1）拆卸旧激光管。

2）安装新激光管。

3）调试设备光路。

①调节 1# 反射镜；②调节 2# 反射镜；③调节 3# 反射镜。

检查验收

根据 CO_2 激光雕切机光路安装与调试的工作情况，每组选出一名验收代表，由教师组织按照验收标准对每组的任务完成情况进行检查验收和评价，包括施工质量、任务完成度等，并对验收问题及其整改措施、完成时间进行记录。验收标准及评分表见表 4-3-7，验收过程问题记录见表 4-3-8。

表 4-3-7　验收标准及评分表

序号	验收项目	验收标准	分值	教师评分	备注
1	拆卸旧激光管	拆除符合要求，无损坏	10		
2	安装新激光管	摆放符合要求，方向正确，安装牢固，无滑动现象	20		
3	1# 反射镜	反射镜干净无污渍，调试后光斑重合，是否居中	20		
4	2# 反射镜	反射镜干净无污渍，调试后光斑重合，是否居中	20		
5	3# 反射镜	反射镜干净无污渍，调试后光斑是否居中	20		
6	施工规范	符合操作规程，无人员受伤或设备损坏，工具使用规范，无工具掉落、损坏、遗留，环境整洁有序	10		
合计			100		

表 4-3-8　验收过程问题记录

序号	验收问题记录	整改措施	完成时间	备注

评价与反馈

各组介绍任务的完成过程并提交阐述材料，进行学员自评、学员组内互评、教师评价，完成考核评价表（见表 4-3-9）。

引导问题 1：通过本任务的检查验收，谈一谈你对反射镜调节中工匠精神的理解。

引导问题 2：CO_2 激光雕切机光路部分的哪块内容你觉得感悟最深？感悟是什么？

表 4-3-9　考核评价表

评价项目	评价内容	分值	自评 20%	互评 20%	教师评分 60%	合计
职业素养 40 分	爱岗敬业、安全意识、责任意识、服从意识	10				
	积极参加任务活动，按时完成工作页	10				
	团队合作、交流沟通能力、集体主义精神	10				
	劳动纪律，职业道德	5				
	现场 6S 标准，行为规范	5				
专业能力 60 分	专业资料检索能力，中外品牌分析能力	10				
	制订计划能力，严谨认真	10				
	操作符合规范，精益求精	15				

（续）

评价项目	评价内容	分值	自评 20%	互评 20%	教师评分 60%	合计
专业能力 60 分	工作效率，分工协作	10				
	任务验收质量，质量意识	15				
合计		100				
创新能力加分	创新性思维和行动	20				
总计		120				

习题测评

一、选择题

1. 本任务中涉及的光路属于什么类型？（　　）

A. 软光路　　B. 硬光路　　C. Z 字光路　　D. V 字光路

2. 光路中反射镜的作用是（　　）。

A. 聚焦光束　　B. 发散光束

C. 改变光束方向　　D. 折射光束

二、判断题

1. 激光管的进水方式是上进下出。（　　）

2. CO_2 激光管的输出光是可见光。（　　）

三、简答题

如何判断激光管的输出光斑位置？

任务四　CO_2 激光雕切设备总装联调

知识储备

一、CO_2 激光雕切设备的组成

CO_2 激光雕切设备广泛应用于非金属材料的切割加工（如亚克力、皮革、木材等）。设备主要由激光切割机主机、激光器、冷却系统、光路系统、运控系统等组成。采用玻璃管二氧化碳激光器作为工作光源。计算机雕刻切割程序一方面控制工作台做相应运动，另一方面控制激光输出，输出的激光经反射、聚焦后，在非金属材料表面形成高密度光斑，使加工材料表面瞬间气化，从而实现激光雕刻切割的目的。CO_2 激光雕切设备集激光、自动控制、精密机械、计算机控制软件等高技术于一体，具有科技含量高、性能价格比高的特点。

二、CO_2 激光雕切设备总装联调的工具

（1）内六角扳手和螺钉旋具套装　内六角扳手也称为艾伦扳手，通过对螺钉施加扭矩可极大降

低使用者的用力强度，是工业及生活中不可或缺的便利工具。

（2）无水酒精　无水酒精是一种无色澄清液体，有特殊香味。它是重要的有机溶剂，广泛应用于医药、涂料、卫生用品、化妆品、油脂等各个领域。在光路调试过程中，无水酒精主要用于镜片的清洗。

（3）拭镜纸　拭镜纸是擦拭光学镜片的专用纸张，由于光学镜片表面大都有多层膜，若使用一般的纸张有可能将多层膜刮伤，所以切勿用非专业纸张擦拭光学镜片。拭镜纸看起来与一般的半透明纸张差别不大，但它更细致，具有不磨损镜片表面镀膜的优点，可以用于清洁光学镜片。

（4）吹气球　常用于光学镜头、数码相机、数码摄像机等高精密设备及计算机硬件、光学设备电子、电器等的清洁除尘。

三、CO_2 激光雕切设备总装联调设备认知与操作流程

1. 设备认知

（1）激光器　CO_2 激光雕切设备中的激光器是其最核心的组件。其主要原理：激光电源产生瞬间高压（约 20kV）激发激光管内部的 CO_2 气体，激发的粒子流在激光管内的谐振腔产生振荡，并输出连续激光。激光管通常由四部分组成：放电管、水冷管、储气管、谐振腔（由半反镜片与全反镜片构成），如图 4-4-1 所示。

1）放电管：激光器最里层玻璃管，两端连接激光电源。工作时，电源产生瞬间高压激发激光器内部的二氧化碳气体，激发的粒子流在激光管内的谐振腔产生振荡，形成激光。在一定的长度范围内，放电管长度与输出功率成正比。

2）水冷管：位于激光器中间层，包围着放电管。激光器工作时，其内部充满循环冷却水，用于冷却工作气体，保护激光器。

3）储气管：激光器最外层玻璃管，一端通过小孔与放电管相连，另一端通过螺旋管与放电管连接。激光器工作时可以使气体在放电管中与储气管中循环流动，从而提高转换效率。

4）谐振腔：安装在激光管两端，由全反镜片和半反镜片组成。激光器工作时，提供光学正反馈，使受激辐射持续振荡增强，形成激光输出。

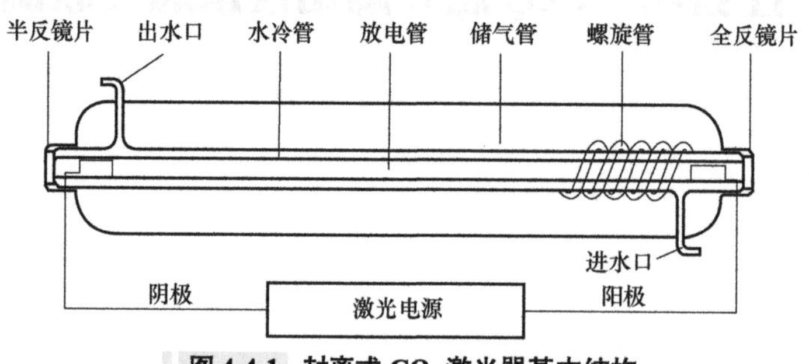

图 4-4-1　封离式 CO_2 激光器基本结构

（2）光路系统　CO_2 激光切割设备采用半飞行光路系统，通过反射镜片改变光束传播路径，引导光束到达工件表面进行加工。

（3）冷却系统　CO_2 激光器在工作时会产生大量的热量，须冷却介质进行冷却，否则会造成激光管损坏。同时，激光管温度的稳定有利于稳定激光器输出功率。其中，水冷机实物如图 4-4-2 所示。

2. 总装联调操作流程

（1）安装激光电源　把激光电源放进工作台后面的箱体中，先连接正极线，旋松激光管正极线的白色塑胶螺盖，将铜孔对着激光电源的正极铜柱，然后慢慢地拧紧白色塑胶螺帽。接下来把负极线与激光电源负极端连接好，并把正极高压接头固定在绝缘支架上。最后，打开切割设备侧门，把

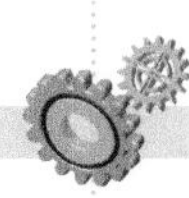

控制线穿过工作台小孔，与激光电源控制端口相连接并固定，即完成了激光电源的安装。

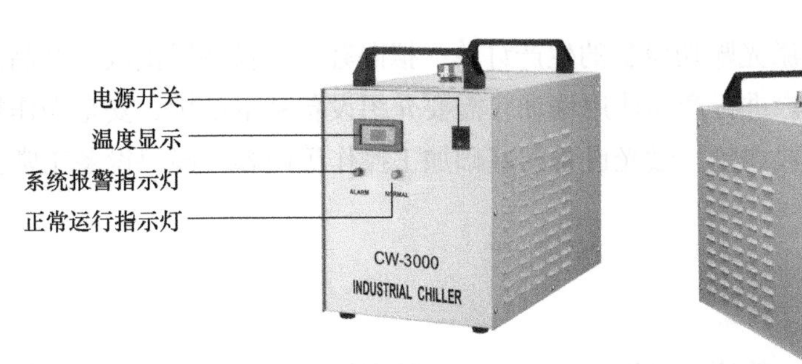

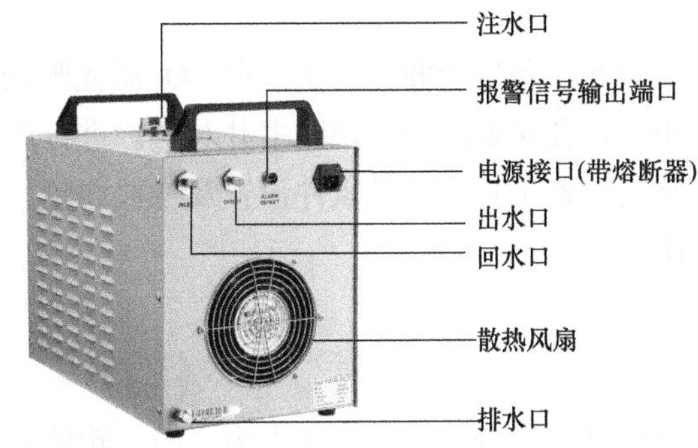

图 4-4-2　水冷机实物

（2）安装水冷机　将水箱注满纯净水，将出水口和进水口接头用水管连接好，水泵放进水箱里，将与水泵相连的水管穿过水箱盖上的小孔连接到切割机进水口，再用另一根水管接到切割机的出水口并放到水箱里，至此便完成了水循环管路的连接。

接上水泵电源，可以看见水逐渐充满激光管，出水管口水流顺畅，说明水泵工作正常。为保证激光管冷却水流正常，水循环系统中安装了水保护传感器，当水流不畅或水泵工作异常时，切割机会自动进入保护状态，激光管将无激光发出。因此，日常维护过程中应注意水泵及水管的清洁。

（3）安装空气压缩机　用一根气管把空气压缩机的出气口与切割机的进气口相连，接上电源保证出风口出气正常。空气压缩机在系统中的作用十分重要，高压气体通过气管从激光头出光口喷出，一方面可以保证聚焦镜片的清洁，另一方面还起到防止材料被激光引燃的作用。因此，在日常维护中应注意气管不能打折或破损，否则吹风异常可能会引起材料燃烧。

（4）安装风机　先用一根风管把风机的吸风口与切割机的吸尘口连接，并用锁紧扣固定好，然后用另一根风管接上风机的出风口并引向室外，连接好风机的电源线。

学习任务描述

前面几个任务是对 CO_2 激光雕切设备电气部分和光路部分的安装与调试，本任务需要学习剩余部分的安装与调试，包括激光电源、水泵、空气压缩机、风机等的安装与调试，掌握 CO_2 激光雕切设备的总装与联调技能。

学习目标

◆ 知识目标

1. 了解 CO_2 激光雕切设备的组成及功能。
2. 掌握 CO_2 激光雕切设备的总装方法。
3. 掌握 CO_2 激光雕切设备的调试方法。

◆ 技能目标

1. 能完成 CO_2 激光雕切设备的总装。
2. 能完成 CO_2 激光雕切设备的联调。
3. 具备良好的解决问题的能力。

◆ 素质目标

1. 培养学习者良好沟通的能力与协作精神。
2. 培养学习者独立思考的习惯。

任务书

某激光设备生产商完成了一批 CO_2 激光雕切设备的生产订单，拟向客户交付并提供成套产品使用说明书，公司要求撰写说明书并对客户进行产品使用培训，需要介绍设备基本结构、安全操作规范、常用设备工具、基础软件设置及参数调整、激光设备的基础加工操作等内容，确保设备正常交付使用。

任务分组

将班级学员分组，可 4~8 人为一组，轮值安排组长，使每个人都有培养组织协调能力和管理能力的机会。各组任务可以相同或不同，明确每组的人员和任务分工，注意培养团队协作能力。任务分工表见表 4-4-1。

表 4-4-1　任务分工表

班级		组号		任务	
组长		时间段		指导教师	
姓名	学号	任务分工			备注

获取信息

引导问题 1：以某 CO_2 激光雕切设备为例，说明 CO_2 激光雕切设备主要由哪些部件构成。

引导问题 2：简述水冷机的功能。

引导问题 3：简述空气压缩机的功能及使用注意事项。

引导问题 4：如果不使用空气压缩机，可以有什么更好的替代方法？

工作计划

按照任务书要求和获取的信息，每位组员根据自己的认知和理解，制订 CO_2 激光雕切设备总装联调工作计划，包含材料、工具、器件准备，安装顺序和步骤、检查调试等工作内容。CO_2 激光雕切设备总装联调工作计划见表 4-4-2，材料、工具、器件计划清单见表 4-4-3。

表 4-4-2　CO_2 激光雕切设备总装联调工作计划

步骤名称	工作内容	负责人

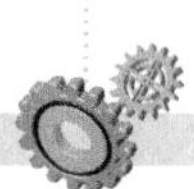

（续）

步骤名称	工作内容	负责人

表 4-4-3　材料、工具、器件计划清单

序号	名称	型号和规格	单位	数量	备注

工作决策

对不同组员（或不同组别）的工作计划进行选材、工艺及施工方案的对比、分析、论证，整合完善，形成小组决策，作为工作实施的依据。计划优缺点对比分析见表 4-4-4，小组决策方案见表 4-4-5，材料、工具、器件最终清单见表 4-4-6。

表 4-4-4　计划优缺点对比分析

小组 / 组员	计划中的优点	计划中的缺陷	优化方案

表 4-4-5　决策方案

步骤名称	工作内容	负责人

（续）

步骤名称	工作内容	负责人

表 4-4-6 材料、工具、器件最终清单

序号	名称	型号和规格	单位	数量	备注

工作实施

1）安装激光电源；2）安装水冷机；3）安装空气压缩机；4）安装风机。

引导问题 1：CO_2 激光雕切设备的总装联调过程中有哪些安全注意事项？

引导问题 2：在任务实施中，有没有遇到意想不到的事情？有什么收获？

引导问题 3：在任务实施中，你觉得哪些地方特别需要注意？

引导问题 4：对于本任务的实施，你认为还可以改进的地方有哪些？

检查验收

根据 CO_2 激光雕切设备总装联调的工作情况，每组选出一名验收代表，由教师组织按照验收标准对每组的任务完成情况进行检查验收和评价，包括施工质量、任务完成度等，并对验收问题及其整改措施、完成时间进行记录。验收标准及评分表见表 4-4-7，验收过程问题记录见表 4-4-8。

表 4-4-7 验收标准及评分表

序号	验收项目	验收标准	分值	教师评分	备注
1	激光电源	布局摆放符合要求，无歪斜，线路连接正确	20		
2	水冷机	摆放符合要求，无歪斜，安装牢固，无滑动现象，连接良好，无漏水	20		
3	空气压缩机	摆放符合要求，无歪斜，安装牢固，无滑动现象	20		
4	风机	布局摆放符合要求，无歪斜，安装牢固，无松动，接口无松动，无漏风	20		
5	施工规范	符合操作规程，无人员受伤或设备损坏，工具使用规范，无工具掉落、损坏、遗留，环境整洁有序	20		
合计			100		

表 4-4-8 验收过程问题记录

序号	验收问题记录	整改措施	完成时间	备注

评价与反馈

各组介绍任务的完成过程并提交阐述材料，进行学员自评、学员组内互评、教师评价，完成考核评价表（见表 4-4-9）。

引导问题 1：通过本任务的检查验收，谈一谈对任务分工的理解。

引导问题 2：本任务中你印象最深的环节是哪个？

表 4-4-9 考核评价表

评价项目	评价内容	分值	自评 20%	互评 20%	教师评分 60%	合计
职业素养 40 分	爱岗敬业、安全意识、责任意识、服从意识	10				
	积极参加任务活动，按时完成工作页	10				
	团队合作、交流沟通能力、集体主义精神	10				
	劳动纪律，职业道德	5				
	现场 6S 标准，行为规范	5				
专业能力 60 分	专业资料检索能力，中外品牌分析能力	10				
	制订计划能力，严谨认真	10				
	操作符合规范，精益求精	15				
	工作效率，分工协作	10				
	任务验收质量，质量意识	15				
合计		100				
创新能力加分	创新性思维和行动	20				
总计		120				

知识拓展

世界第一台 CO_2 激光雕切机是 20 世纪 70 年代诞生的。五十多年来，由于应用领域的不断扩大，CO_2 激光雕切机不断改进，国际国内已有多家企业从事生产各种 CO_2 激光雕切机以满足市场的需求，有二维平板切割机、三维空间曲线切割机、管材切割机等。

习题测评

一、选择题

1. 切割设备的常见气源不包括（　　）。

A. 氧气　　B. 氮气　　C. 空气　　D. 二氧化碳

2. 激光管里的主要工作气体指的是（　　）。

A. 二氧化碳　　B. 空气　　C. 氮气　　D. 氧气

二、判断题

1. 螺旋管的目的是为了增大冷却面积。（　　）

2. 不开启水冷机也可以直接进行切割动作。（　　）

三、简答题

水冷机的主要作用是什么？

任务五　CO_2 激光雕切工艺分析

知识储备

CO_2 激光切割是激光切割加工应用中十分广泛的一种切割技术，具有激光切割的诸多优点，如切割速度快、切割缝隙窄、切割质量好等。但是在实际加工过程中，激光切割的过程并不是一蹴而就的，切割质量更是不易预测。影响切割效果的因素很多，如加工材质、激光功率、切割速度、焦点位置、辅助气体的类型及压力、激光模式和喷嘴与工件表面的距离等。

一、工艺参数

在实际应用中，最常见的 CO_2 激光切割工艺参数的设置主要有以下几项。

1. 加工材质

非金属材料多种多样，最常见的切割材料有塑料、木材、纸张、皮革、纺织品及石英等。由于不同的材料对激光的吸收效果不同，其热效应也不尽相同。因此，根据不同的材料特性，激光切割工艺参数的设置也会有所差异。图 4-5-1 分别展示了亚克力板材和木材的切割效果，前者的工艺参数：最大功率为 100%，最小功率为 85%，切割速度为 2mm/s；后者的工艺参数：最大功率为 42%，最小功率为 35%，切割速度为 18mm/s。

图 4-5-1　亚克力板材和木材的切割效果

2. 激光功率

激光功率对切割效果的影响是十分巨大的，激光功率越高，其对材料的热效应就越强，在其他参数不变的情况下，所需的作用时间就越短。图 4-5-2 展示了不同的切割功率下，木材的切割情况。图 4-5-2a 的切割工艺参数：最大功率为 42%，最小功率为 35%，切割速度为 18mm/s；图 4-5-2b 的切割工艺参数：最大功率为 100%，最小功率为 80%，切割速度为 18mm/s；图 4-5-2c 的切割工艺参数：最大功率为 20%，最小功率为 10%，切割速度为 18mm/s。可以发现，当功率大于最优功率时，木材切面会出现较为明显的烧焦现象；当功率小于最优功率的时候，木材会出现无法切透的现象。

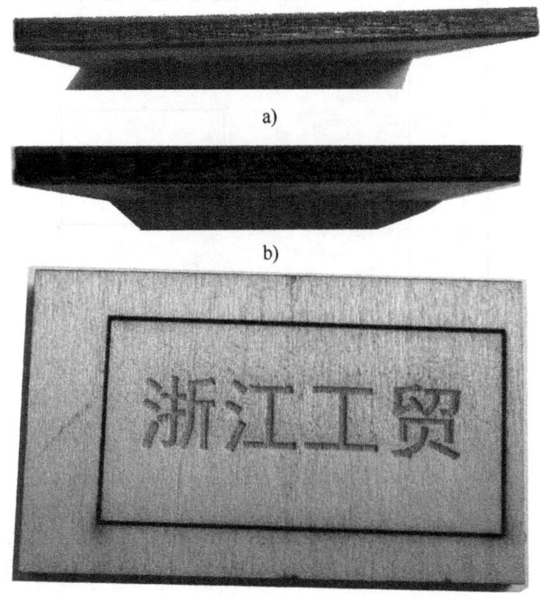

图 4-5-2　不同的切割功率对木材的切割效果

3. 切割速度

切割速度越快，切割材料的深度就会越低。因此，在调整切割效果的过程中，需要设置一个合适的切割速度与激光功率相匹配，以达到较好的切割效果。

4. 辅助气体

激光切割加工过程中，辅助气体主要有两个作用，其一为加速非金属材料的氧化，提高切割效率；其二为吹走切割的残渣，保持切割面的清洁。

二、工艺流程

CO_2 激光切割参数的调整主要通过软件来设置。学习者应提前了解要加工的材质和工艺要求等，在明确相关要求后合理规划相关操作流程。切割工艺的主要流程如图 4-5-3 所示。

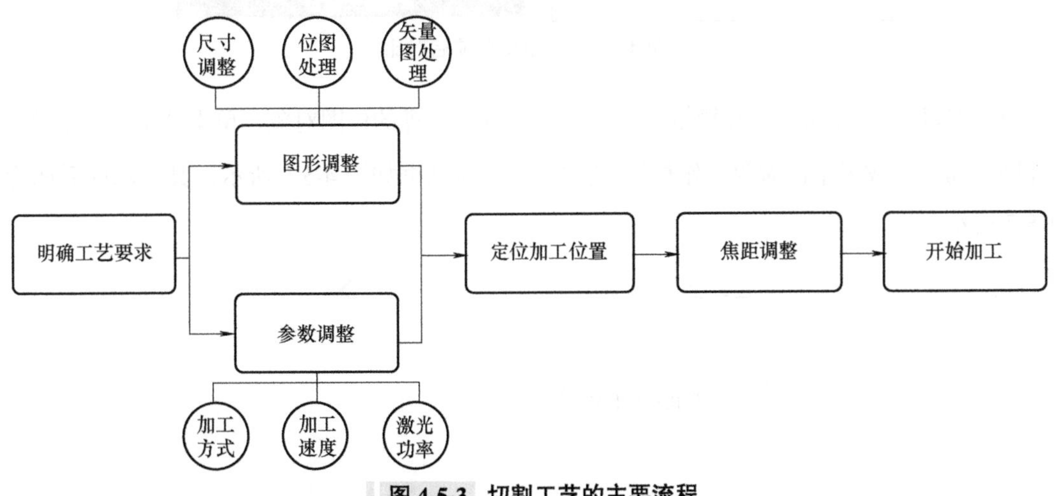

图 4-5-3　切割工艺的主要流程

设备控制系统界面如图 4-5-4 所示。

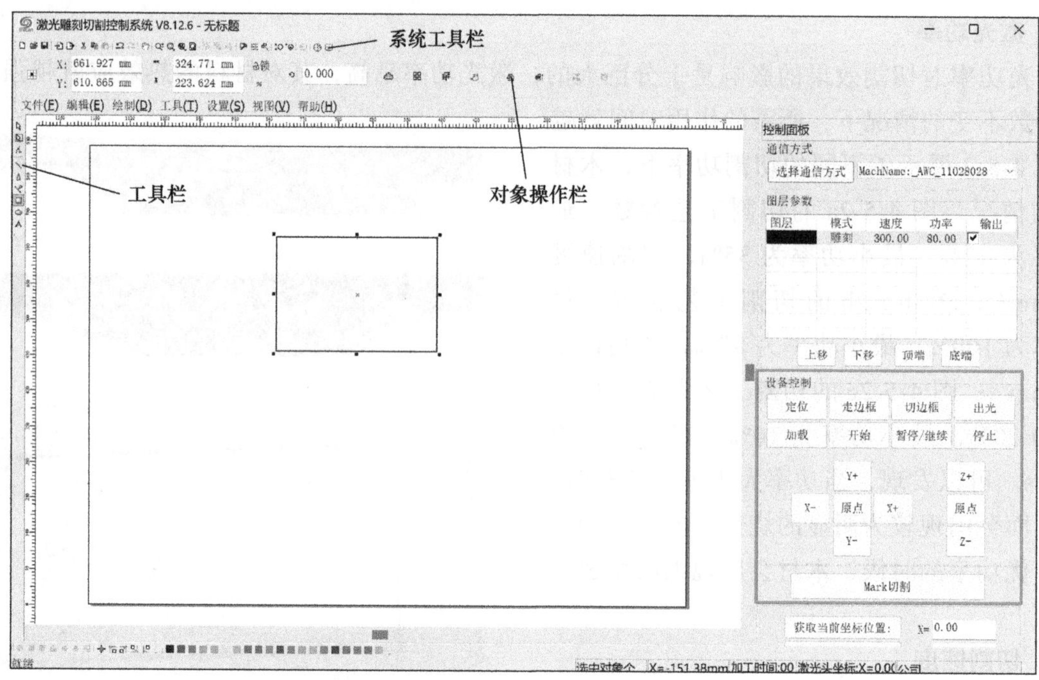

图 4-5-4 设备控制系统界面

1. 图形调整

（1）位图反色　单击编辑工具栏按钮，选取要反色处理的位图对象，单击“工具”菜单，选择“位图反色”命令，或者单击对象操作栏按钮即可，反色前后对比如图 4-5-5 所示。

图 4-5-5 位图反色前后对比

（2）位图挂网　单击编辑工具栏按钮，选取要挂网处理的位图对象，单击“工具”菜单，选择“位图挂网”命令，或者单击对象操作栏按钮。弹出对话框如图 4-5-6 所示，其挂网前后图像对比如图 4-5-7 所示。

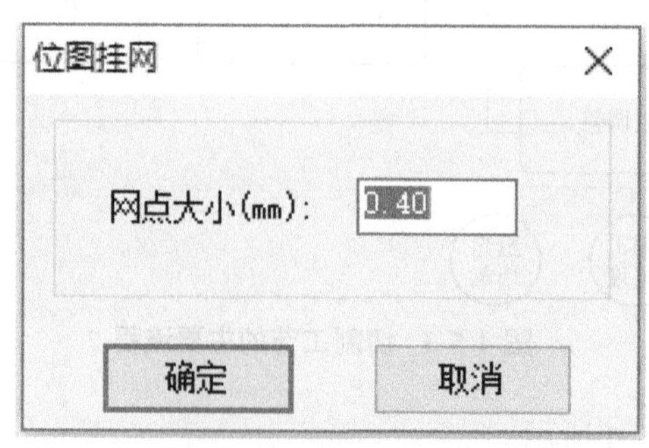

图 4-5-6 位图挂网对话框

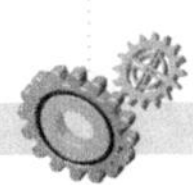

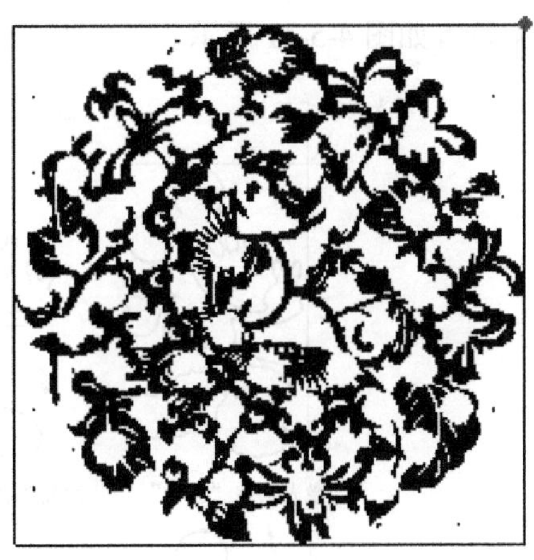

图 4-5-7 位图挂网前后图像对比

（3）平行偏移 平行偏移是对矢量图形数据外扩或内缩。选中需要处理的数据后，单击“工具”菜单，选择“平行偏移”命令，或者单击对象操作栏按钮，将出现图 4-5-8 所示对话框。

选择需要的参数，然后单击“确定”按钮即可生成平行偏移线，同时自动将平行偏移线生成为一个图层，如图 4-5-9 所示。

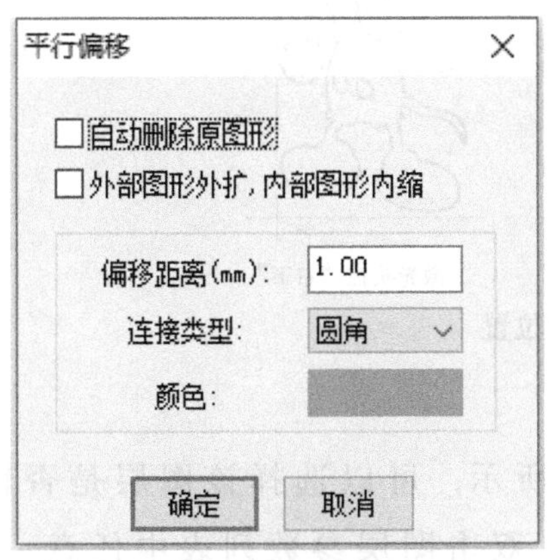

图 4-5-8 平行偏移对话框

图 4-5-9 平行偏移效果

（4）图形相对位置 图形相对位置表明输出加工的图形与激光头的相对位置关系。单击“设置”菜单，选择“图形相对位置”命令，或者单击系统工具栏按钮，出现图 4-5-10 所示对话框，单击“确认”按钮即可。

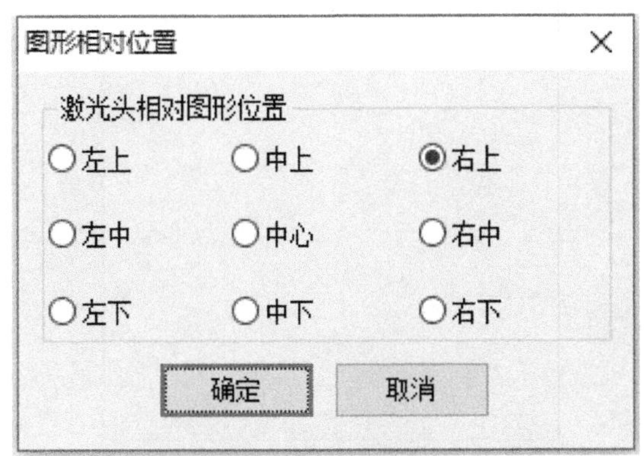

图 4-5-10 “图形相对位置”对话框

图形各相对位置如图 4-5-11 所示。

图 4-5-11 图形各相对位置

2. 参数调整

（1）图层参数　单击“输出”栏，如图 4-5-12 所示，可以选择该图层是否输出加工。☑ 表示该图层输出，☐ 表示该图层不输出。双击图层参数列表中任意一行（如 ■ 激光切割 150.00 80.00 ☑），将出现图 4-5-13 所示对话框。

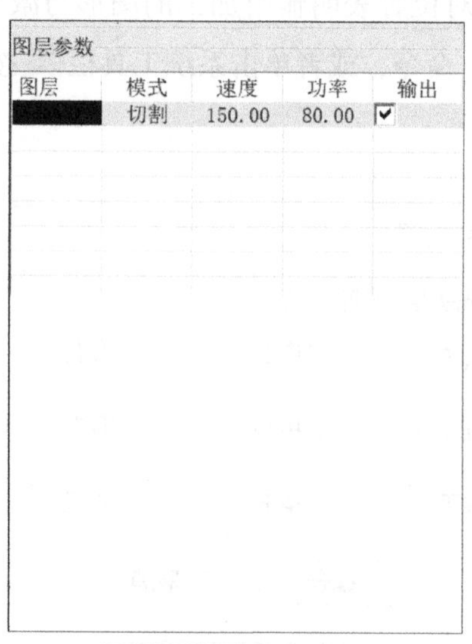

图 4-5-12 图层参数

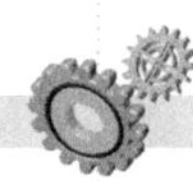

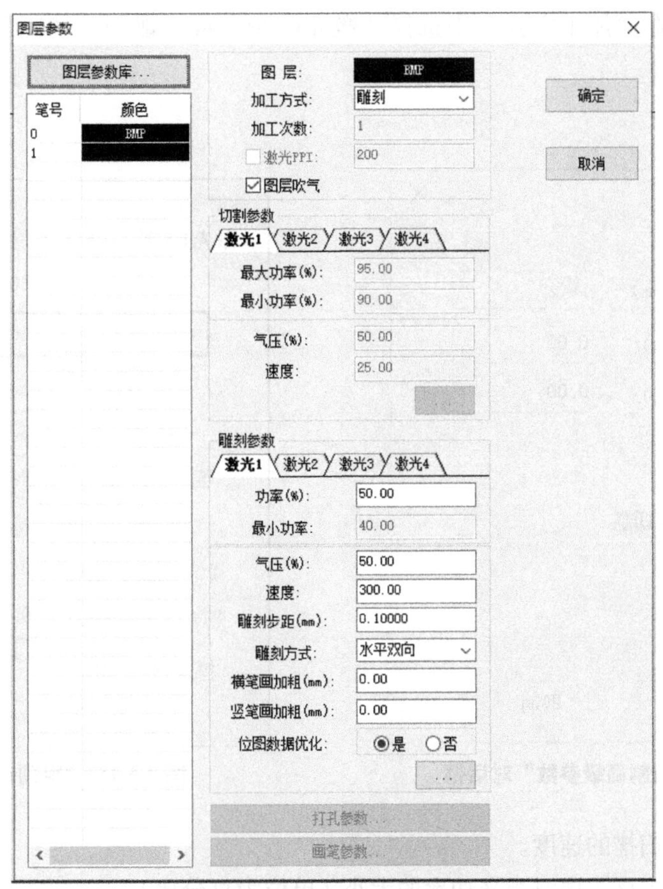

图 4-5-13　图层参数对话框

1）图层：表示当前要修改参数的图层，可以单击左边图层栏来切换要修改的图层。

2）加工方式：包括“激光切割”“激光雕刻”“雕刻后切割”“激光打孔”“画笔功能”。如果当前图层为 BMP 图层（BMP），即位图图层，则只包括“激光雕刻”（因为位图图层只能用于激光雕刻）。

3）图层吹气：选中时，在切割此图层时吹气。

（2）切割参数　在“加工方式”中选择“激光切割”或“雕刻后切割”，切割参数有效，如图 4-5-14 所示。

1）速度：切割时激光头的工作速度。

2）最大功率：机器工作时的功率（单位为百分比）。对应 AWC608 控制板 Laser1 的功率。

3）最小功率：变速运动时，速度最低时的功率值。对应 AWC608 控制板 Laser1 的功率。通过调整以上两个参数可以保证加工过程中激光强度不变。

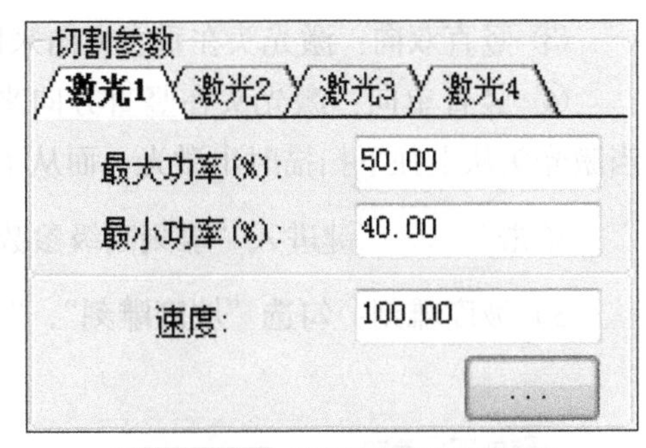

图 4-5-14　“切割参数”对话框

设置切割高级参数时，单击 ... 按钮，出现图 4-5-15 所示对话框。

4）封口重叠长度：因为机械上的误差，可能会出现封闭图形切不下来的现象，此参数有助于解决这个问题。但是这个参数不宜过大，建议调整机械装配精度来解决该问题。

5）激光开延时：设置开激光前延时时间。

6）激光关延时：设置关激光后延时时间。

7）虚线切割：切割图形时以虚线方式切割，勾选虚线切割后，可设置实线长度与虚线长度。

（3）雕刻参数 在“加工方式”中选择“激光雕刻”或“雕刻后切割”，雕刻参数有效，如图 4-5-16 所示。

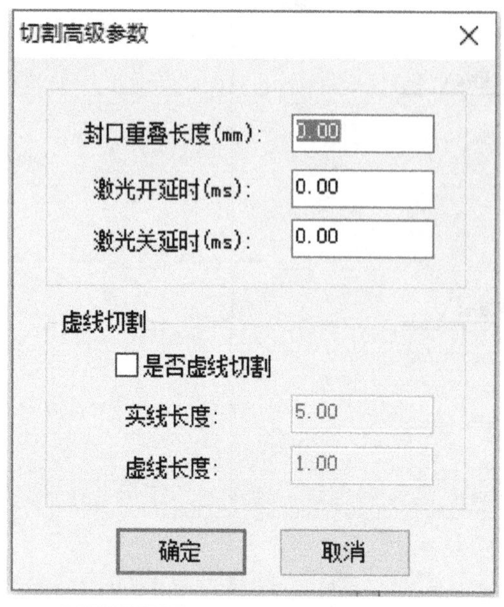

图 4-5-15 “切割高级参数”对话框

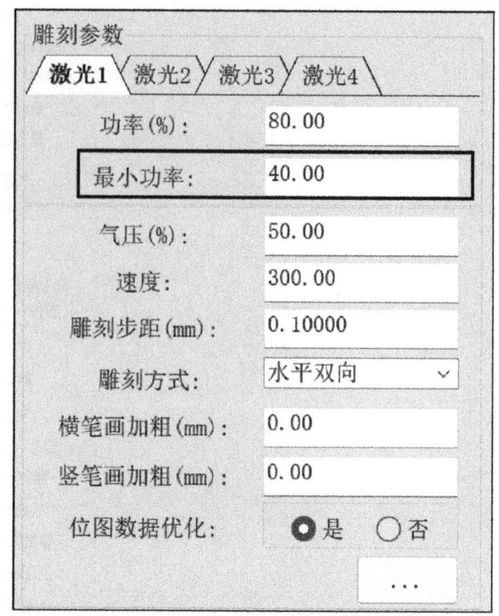

图 4-5-16 “雕刻参数”对话框

1）速度：雕刻时扫描的速度。

2）功率：调整加工该图层时激光功率的大小（单位为百分比）。

3）雕刻步距：扫描线的间隔。

4）雕刻方式：包括“水平双向”“水平单向”“竖直双向”“竖直单向”。

① 水平双向：激光头在水平方向来回出激光扫描图形。

② 水平单向：激光头在水平方向来回扫描图形，但只往一个方向扫描时才出激光。例如，当激光头从右往左扫描时出激光，而从左往右扫描时不出激光。

③ 竖直双向：激光头在垂直方向来回出激光扫描图形。

④ 竖直单向：激光头在竖直方向来回扫描图形，但只往一个方向扫描时才会出激光。例如，当激光头从上往下扫描时出激光，而从下往上扫描时不出激光。

单击 ... 键进入“雕刻高级参数”对话框，如图 4-5-17 所示。

5）坡度雕刻：勾选“坡度雕刻”，“坡长”有效。坡度雕刻示意图如图 4-5-18 所示。

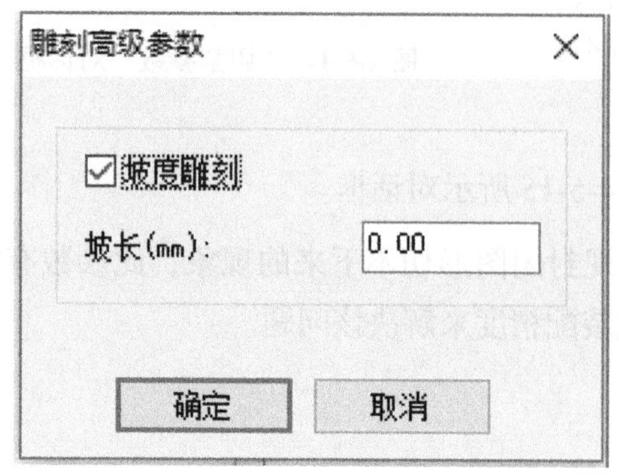

图 4-5-17 “雕刻高级参数”对话框

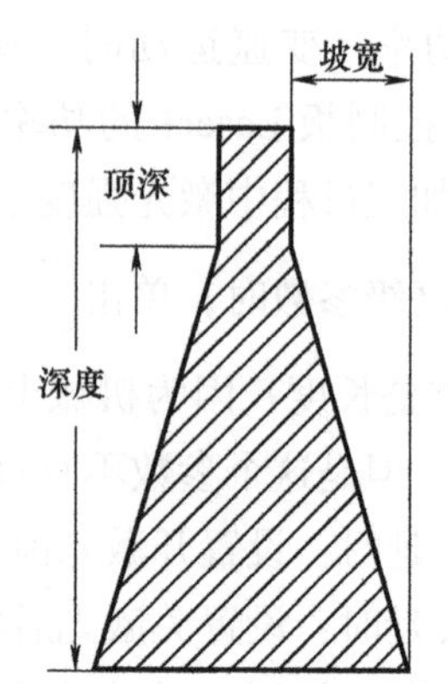

图 4-5-18 坡度雕刻示意图

6）坡长：即示意图中的“坡度”。

7）最小功率：调整坡度雕刻时激光功率的最小值，此值确定坡度的顶深。功率确定雕刻的深度。

（4）打孔参数　在“加工方式”中选择“激光打孔”，打孔参数有效。单击“打孔参数”按钮，弹出的对话框如图 4-5-19 所示。

1）功率：调整加工该图层时激光功率的大小（单位为百分比）。

2）速度：激光头移动速度。

3）布孔距离：孔之间的距离。

4）出光时间：打孔时，激光头停留的时间。

（5）画笔参数　“画笔参数”对话框如图 4-5-20 所示。

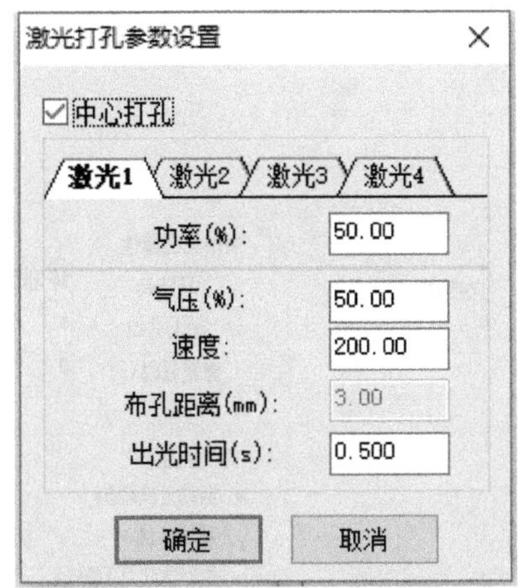

图 4-5-19 “激光打孔参数设置”对话框

图 4-5-20 “画笔参数”对话框

1）速度：画笔移动速度。

2）落笔延时：开始书写的延时时间。

3）抬笔延时：书写结束的延时时间。

4）点时间：点胶时间。

5）点距：点之间的距离。

（6）调整图层的加工顺序　加工顺序为在图层列表里面从上向下加工（见图 4-5-21），如果需要改变加工顺序，只需选中其中一行后，单击 上移 或 下移 或 顶端 或 底端 按钮即可。（**注意：只有在路径优化参数里选择了“按图层顺序”，此设置的图层加工顺序才有效。**）

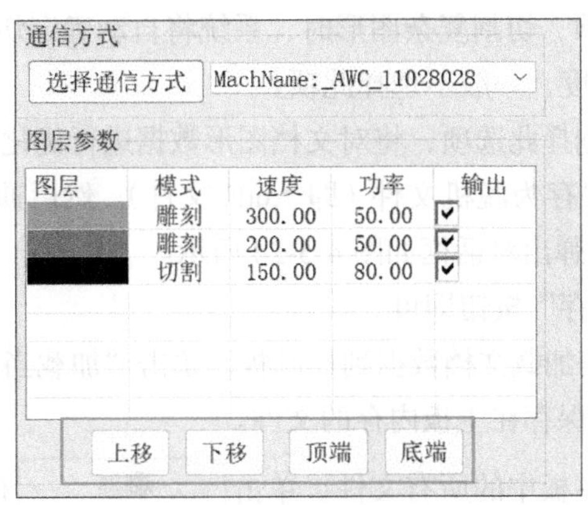

图 4-5-21 调整图层加工顺序

三、设备控制

通过“设备控制”功能区（见图 4-5-22）完成图形的加载，启动加工和一些简单的机器操作的控制。

1. 加载图形数据以及设备文档管理

单击 加载 按钮，弹出图 4-5-23 所示对话框。

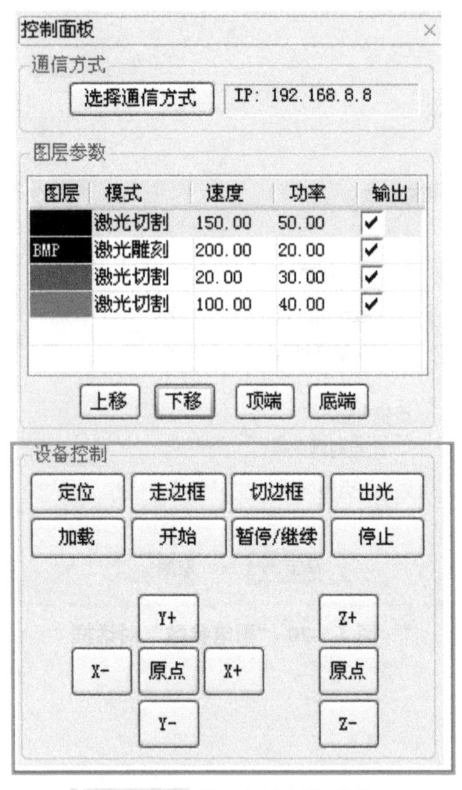

图 4-5-22 “设备控制”功能区

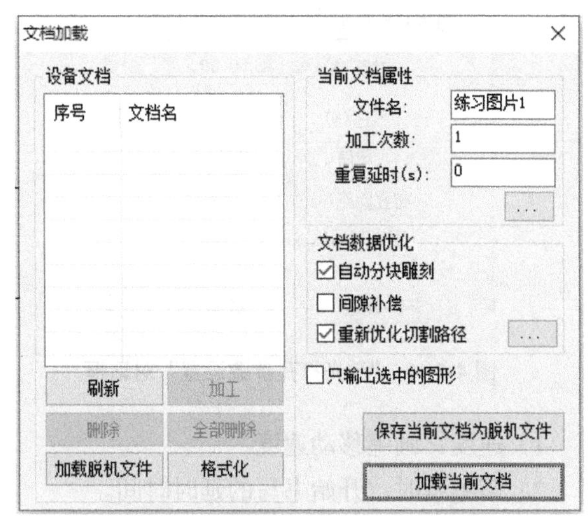

图 4-5-23 “文档加载”对话框

（1）当前文档属性

1）文件名：加载到主板的文件的名字。

2）加工次数：加载的文件的加工次数。启动加工，系统可以自动重复加工该文档数据。

3）重复延时：重复加工时，加工完一次后的延时时间。

（2）文档数据优化

1）间隙补偿：选择此选项，切割复杂图形时，系统将自动确定切割方向以补偿机械反向间隙，但是会大大增加空程运行的长度，一般不选择此项。

2）重新优化切割路径：选择此选项，将对文档图形数据进行优化排序的功能处理。

（3）输出文档数据　先保存为脱机文件（即 *.ud5 文件），然后通过 U 盘复制到控制板。单击“保存当前文档为脱机文件”，弹出对话框如图 4-5-24 所示。

输入文件名后，单击“保存”按钮即可。

直接通过 USB 或网络通信加载文档数据到控制板。单击“加载当前文档”按钮即可。

（4）设备文档管理　管理保存在主板内存的文件。

1）刷新：即查询保存在主板中的所有文件。单击 刷新 按钮，设备文档的文件列表中

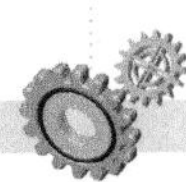

会显示保存在主板中的所有文件名称，并且“加工”“删除”“全部删除”按钮将有效，如图 4-5-25 所示。

图 4-5-24 “另存为”对话框

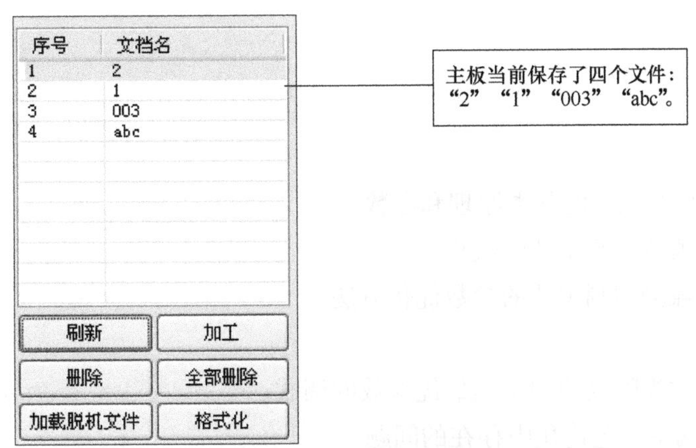

图 4-5-25 设备文档管理

2）加工：选中文件列表中的某个文件，单击 加工 按钮，可以启动该文件的加工。

3）删除：选中文件列表中的某个文件，单击 删除 按钮，可以从主板内存中删除该文件。

4）全部删除：删除主板内存中的所有文件。

5）格式化：格式化主板内存。保存在主板的所有文件将丢失。

6）加载脱机文件：加载保存在计算机的脱机文件（ud5 文件）到主板。单击 加载脱机文件 按钮，选择要加载的脱机文件（ud5 文件），再单击“打开”按钮即可。

2. 启动加工及相关控制（见图 4-5-26）

1）定位：设置当前激光头停靠的位置为定位点。

2）开始：启动控制板中当前选择的文件加工。

3）暂停 / 继续：如果机器处于工作状态，单击“暂停/继续”按钮，工作将暂停；如果机器处于暂停状态，单击“暂停/继续”按钮，工作将继续。

4）停止：机器停止当前的工作。

5）走边框：激光头将根据加工数据空走一个矩形。该功能主要用于确定待加工工件摆放的位置。

6）切边框：将加工好的工件从加工材料上切下来。

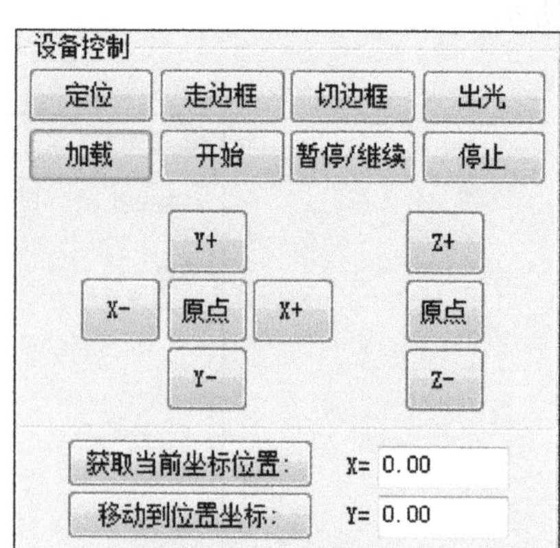

图 4-5-26 “设备控制”对话框

7）出光：按下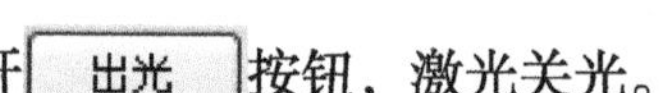按钮，激光出光；松开“出光”按钮，激光关光。

8）原点：单击该按钮后，激光头（或者 Z 轴）会先慢速向机器原点移动，当到达机器限位后，快速移动到定位位置。该功能可以消除累计误差，一般开始加工前须进行一次。

9）X−、X+、Y−、Y+、Z−、Z+：移动激光头（或 Z 轴）。按下按钮，激光头（或 Z 轴）开始移动；松开按钮，激光头（或 Z 轴）停止移动。

学习任务描述

CO_2 激光雕切工艺分析是为了获得更好的雕刻切割效果和更高的加工效率。本学习任务要求掌握 CO_2 激光雕切设备工艺调试分析方法，具备解决雕刻切割过程中出现的工艺问题，养成良好的环保意识和节约意识。

学习目标

◆ 知识目标

1. 了解激光雕刻切割工艺的基本原理和参数。
2. 熟悉 CO_2 激光雕刻切割工艺的流程。
3. 掌握 CO_2 激光雕刻切割工艺的参数优化方法。

◆ 技能目标

1. 能够完成 CO_2 激光雕刻切割工艺最优参数的调试。
2. 能够解决雕刻切割工艺优化中存在的问题。
3. 具备良好的解决问题的能力。

◆ 素质目标

1. 培养学习者的节约意识。
2. 培养学习者的环保意识。

任务书

某激光设备生产制造商完成 CO_2 激光雕切设备成套订单，拟向客户编制 CO_2 激光雕刻切割工艺优化手册，客户工程师须分任务向客户介绍激光控制系统软件的设置及参数调整、CO_2 激光雕刻

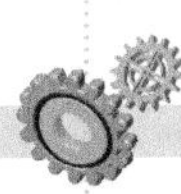

切割工艺分析和优化调试等内容，确保设备能实现最优的雕刻切割效果。

任务分组

将班级学员分组，可 4~8 人为一组，轮值安排组长，使每个人都有培养组织协调能力和管理能力的机会。各组任务可以相同或不同，明确每组的人员和任务分工，注意培养团队协作能力。任务分工表见表 4-5-1。

表 4-5-1　任务分工表

<table>
<tr><td>班级</td><td></td><td>组号</td><td></td><td>任务</td><td colspan="2"></td></tr>
<tr><td>组长</td><td></td><td>时间段</td><td></td><td>指导教师</td><td colspan="2"></td></tr>
<tr><td>姓名</td><td>学号</td><td colspan="4">任务分工</td><td>备注</td></tr>
<tr><td></td><td></td><td colspan="4"></td><td></td></tr>
<tr><td></td><td></td><td colspan="4"></td><td></td></tr>
<tr><td></td><td></td><td colspan="4"></td><td></td></tr>
<tr><td></td><td></td><td colspan="4"></td><td></td></tr>
<tr><td></td><td></td><td colspan="4"></td><td></td></tr>
</table>

获取信息

引导问题 1：以某 CO_2 激光雕切设备为例，说明 CO_2 激光雕切设备软件的基本操作方法。

引导问题 2：请叙述 CO_2 激光雕刻切割工艺优化的一般步骤。

引导问题 3：影响雕刻切割工艺的因素有哪些？

引导问题 4：你认为雕刻切割工艺优化最重要的是什么？

工作计划

按照任务书要求和获取的信息，每位组员根据自己的认知和理解，制订 CO_2 激光雕刻切割工艺分析工作计划，包含材料、工具、器件准备，安装顺序和步骤、检查调试等工作内容。CO_2 激光雕刻切割工艺分析工作计划见表 4-5-2，材料、工具、器件计划清单见表 4-5-3。

表 4-5-2　CO_2 激光雕切设备工艺分析工作计划

步骤名称	工作内容	负责人

表 4-5-3　材料、工具、器件计划清单

序号	名称	型号和规格	单位	数量	备注

工作决策

对不同组员（或不同组别）的工作计划进行选材、工艺、施工方案的对比、分析、论证，整合完善，形成小组决策，作为工作实施的依据。计划优缺点对比分析见表 4-5-4，小组决策方案见表 4-5-5，材料、工具、器件最终清单见表 4-5-6。

表 4-5-4　计划优缺点对比分析

小组 / 组员	计划中的优点	计划中的缺陷	优化方案

表 4-5-5　决策方案

步骤名称	工作内容	负责人

表 4-5-6　材料、工具、器件最终清单

序号	名称	型号和规格	单位	数量	备注

工作实施

1）图形调整。

2）参数调整。

引导问题 1：参数调整中有哪些注意事项？

引导问题 2：在任务实施中遇到了哪些计划中没有考虑到的问题？是如何解决的？

引导问题 3：通过任务的实施，你觉得是否还有可以优化改进的地方？

检查验收

根据 CO_2 激光雕刻切割工艺分析的工作情况，每组选出一名验收代表，由教师按照验收标准对每组的任务完成情况进行检查验收和评价，包括施工质量、任务完成度等，并对验收问题及其整改措施、完成时间进行记录。验收标准及评分表见表 4-5-7，验收过程问题记录见表 4-5-8。

表 4-5-7　验收标准及评分表

序号	验收项目	验收标准	分值	教师评分	备注
1	图形调整	调整步骤正确，调整效果良好	30		
2	参数调整	调整步骤正确，调整效果良好	50		
3	施工规范	符合操作规程，无人员受伤或设备损坏，工具使用规范，无工具掉落、损坏、遗留，环境整洁有序	20		
合计			100		

表 4-5-8　验收过程问题记录

序号	验收问题记录	整改措施	完成时间	备注

评价与反馈

各组介绍任务的完成过程并提交阐述材料，进行学员自评、学员组内互评、教师评价，完成考核评价表（见表 4-5-9）。

引导问题 1：通过本任务的检查验收，谈一谈你对工艺分析的理解。

引导问题 2：本任务你最大的收获是什么？

表 4-5-9　考核评价表

评价项目	评价内容	分值	自评 20%	互评 20%	教师评分 60%	合计
职业素养 40 分	爱岗敬业、安全意识、责任意识、服从意识	10				
	积极参加任务活动，按时完成工作页	10				
	团队合作、交流沟通能力、集体主义精神	10				
	劳动纪律，职业道德	5				
	现场 6S 标准，行为规范	5				
专业能力 60 分	专业资料检索能力，中外品牌分析能力	10				
	制订计划能力，严谨认真	10				
	操作符合规范，精益求精	15				
	工作效率，分工协作	10				
	任务验收质量，质量意识	15				
合计		100				
创新能力加分	创新性思维和行动	20				
总计		120				

习题测评

一、选择题

1. 影响切割效果的因素有（　　）。

A. 激光功率　　B. 切割速度

C. 辅助气体气压　　D. 以上都是

2. 走边框的目的是（　　）。

A. 确定切割图案　　B. 确定切割范围

C. 确定切割功率　　D. 确定切割速度

二、判断题

1. 切割速度越快，切割效果越好。（　　）

2. 切割工艺优化应该遵循先粗后细的原则。（　　）

三、简答题

影响切割参数最大的因素有哪些？

任务六　CO_2 激光雕切设备维护

知识储备

CO_2 激光雕切设备的维护是为了保证设备能长期稳定正常的使用，维护是激光设备使用过程中必不可少的一个环节。

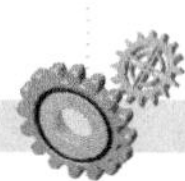

一、风机清洁

风机长时间的使用会使其内部积累很多的灰尘，在风机运行时产生很大噪声，也不利于排气和除味。当出现风机吸力不足、排烟不畅时，首先应关闭电源，将风机上的入风管与出风管卸下，除去里面的灰尘，然后将风机倒立，并拨动里面的风叶，直至清洁干净，最后将风机安装好。

二、镜片清洁（建议每天工作前清洁，设备须处于关机状态）

切割机上有三块反射镜与一块聚焦镜（1 号反射镜位于激光管的发射出口处，也就是机器的左上角，2 号反射镜位于横梁的左端，3 号反射镜位于激光头固定部分的顶部，聚焦镜位于激光头下部可调节的镜筒中），激光通过这些镜片反射、聚焦后从激光头发射出来。镜片很容易沾上灰尘或其他污染物，造成激光的损耗或镜片损坏，1 号与 2 号镜片清洗时无须取下，只须用蘸有清洗液的擦镜纸小心地沿镜片中央向边缘旋转式擦拭。3 号镜片与聚焦镜需要从镜架中取出，用同样的方法擦拭，擦拭完毕后原样装回即可。

注意：①镜片应轻轻擦拭，不可损坏表面镀膜；②擦拭过程应轻拿轻放，防止跌落；③安装聚焦镜时请务必保持凹面向下。

三、导轨清洁（建议每半个月清洁一次，关机操作）

导轨、直线轴作为设备的核心部件之一，其功用是导向和支承。为了保证机器有较高的加工精度，要求其导轨、直线轴具有较高的导向精度和良好的运动平稳性。设备在运行过程中，由于被加工件在加工中会产生大量的腐蚀性粉尘和烟雾，且这些烟雾和粉尘长期大量沉积于导轨、直线轴表面，对设备的加工精度有很大影响，并且会在导轨直线轴表面形成蚀点，缩短设备使用寿命。为了让机器正常稳定工作，确保产品的加工质量，要认真做好导轨、直线轴的日常维护。

清洁导轨请准备干棉布、润滑油。

四、螺钉、联轴器的紧固

运动系统在工作一段时间后，运动连接处的螺钉、联轴器会产生松动，从而影响机械运动的平稳性，所以在机器运行中要观察传动部件有没有异响或异常现象，发现问题要及时紧固和维护。同时，机器使用一段时间后须用工具逐个紧固螺钉。每次紧固应在设备使用后一个月左右。

五、光路检查

激光切割机的光路系统是由反射镜的反射与聚焦镜的聚焦共同完成的，在光路中聚焦镜不存在偏移问题，但三个反射镜是由机械部分固定的，偏移的可能性较大，虽然通常情况下不会发生偏移，但建议用户每次工作前务必检查光路是否正常。

六、常见故障及其解决方法（见表 4-6-1）

表 4-6-1　常见故障及其解决方法

故障	解决方法
激光头不发光	1）按操作面板测试键观察电流表状态 2）检查激光电源状态 3）检查水冷机状态 4）检查光路状态

（续）

故障	解决方法
雕刻深浅不一或雕刻深度不深	1）检查水流状态（水管弯折或水管破裂） 2）检查焦距状态 3）检查光路状态 4）检查板材状态（含水量等） 5）检查横梁是否平行 6）检查镜片状态（污染情况、完整性等） 7）检查水温是否高于 30℃ 8）检查激光头或聚焦镜是否松动 9）检查激光电流情况 10）检查激光管状态
复位异常	1）检查传感器 2）检查柔性导带数据线 3）检查地线和高压线 4）检查电动机线
漏刻	1）检查初始化正确性 2）检查操作顺序 3）检查地线
工控计算机输出异常	1）检查软件参数设置 2）检查是否先按定位起动再输出 3）检查复位情况 4）检查输出串口与软件设置串口一致性 5）检查地线 6）检查软件状态

学习任务描述

CO_2 激光雕切设备的维护是为了让设备使用更长久，设备能够长期稳定运行。本学习任务要求掌握对 CO_2 激光雕切设备易损部件的维护方法，掌握常见故障的排查与处理。

学习目标

◆ 知识目标

1. 了解激光雕切设备各元件的结构和工作原理。
2. 掌握 CO_2 激光雕切设备易损部件的维护方法。
3. 掌握 CO_2 激光雕切设备易损部件的维护步骤。

◆ 技能目标

1. 具备故障诊断和排除的能力。
2. 能够维护 CO_2 激光雕切设备易损部件。
3. 具备良好的沟通协调和组织能力。

◆ 素质目标

1. 培养学习者创新和批判精神。
2. 培养学习者环境保护意识。

任务书

某客户有部分 CO_2 激光雕切设备出现了故障，企业安排你前往客户方对故障设备进行排查检

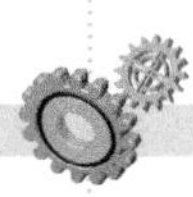

修，并对正常使用的设备进行例行维护，给客户举办一场设备一般维护和常见故障检修的培训。

任务分组

将班级学员分组，可 4~8 人为一组，轮值安排组长，使每个人都有培养组织协调能力和管理能力的机会。各组任务可以相同或不同，明确每组的人员和任务分工，注意培养团队协作能力。任务分工表见表 4-6-2。

表 4-6-2　任务分工表

<table>
<tr><td>班级</td><td></td><td>组号</td><td></td><td>任务</td><td colspan="2"></td></tr>
<tr><td>组长</td><td></td><td>时间段</td><td></td><td>指导教师</td><td colspan="2"></td></tr>
<tr><td>姓名</td><td>学号</td><td colspan="4">任务分工</td><td>备注</td></tr>
<tr><td></td><td></td><td colspan="4"></td><td></td></tr>
<tr><td></td><td></td><td colspan="4"></td><td></td></tr>
<tr><td></td><td></td><td colspan="4"></td><td></td></tr>
<tr><td></td><td></td><td colspan="4"></td><td></td></tr>
<tr><td></td><td></td><td colspan="4"></td><td></td></tr>
</table>

获取信息

引导问题 1：简述 CO_2 激光雕切设备维护的基本操作。

引导问题 2：举例简述某 CO_2 激光雕切设备光路维护的详细步骤和注意事项。

引导问题 3：设备不出光的可能原因有哪些？

引导问题 4：维护的注意事项有哪些？

引导问题 5：CO_2 激光雕切设备须维护的各组成部件有哪些？

工作计划

按照任务书要求和获取的信息，每位组员根据自己的认知和理解，制订 CO_2 激光雕切设备维护工作计划，包含材料、工具、器件准备，安装顺序和步骤、检查调试等工作内容。CO_2 激光雕切设备维护工作计划见表 4-6-3，材料、工具、器件计划清单见表 4-6-4。

表 4-6-3　CO_2 激光雕切设备维护工作计划

步骤名称	工作内容	负责人

表 4-6-4　材料、工具、器件计划清单

序号	名称	型号和规格	单位	数量	备注

工作决策

对不同组员（或不同组别）的工作计划进行选材、工艺、施工方案的对比、分析、论证，整合完善，形成小组决策，作为工作实施的依据。计划优缺点对比分析见表 4-6-5，小组决策方案见表 4-6-6，材料、工具、器件最终清单见表 4-6-7。

表 4-6-5　计划优缺点对比分析

小组 / 组员	计划中的优点	计划中的缺陷	优化方案

表 4-6-6　决策方案

步骤名称	工作内容	负责人

表 4-6-7　材料、工具、器件最终清单

序号	名称	型号和规格	单位	数量	备注

（续）

序号	名称	型号和规格	单位	数量	备注

工作实施

1）风机清洁；2）镜片清洁；3）导轨清洁；4）螺钉、联轴节的紧固；5）光路检查。

引导问题 1：风机清洁中有哪些安全注意事项？

引导问题 2：如何清洁镜片？

引导问题 3：导轨的常见故障有哪些？

引导问题 4：光路异常会有哪些现象？

检查验收

根据 CO_2 激光雕切设备的工作情况，每组选出一个验收代表，由教师组织按照验收标准对每组的任务完成情况进行检查验收和评价，包括施工质量、任务完成度等，并对验收问题及其整改措施、完成时间进行记录。验收标准及评分表见表 4-6-8，验收过程问题记录见表 4-6-9。

表 4-6-8　验收标准及评分表

序号	验收项目	验收标准	分值	教师评分	备注
1	风机清洁	清洁方法正确，清洁效果良好	10		
2	镜片清洁	清洁方法正确，清洁效果良好	10		
3	导轨清洁	清洁方法正确，清洁效果良好	10		
4	螺钉、联轴节的紧固	紧固方法正确，紧固效果良好	20		
5	光路检查	光路正常，出光效果良好	20		
6	施工规范	符合操作规程，无人员受伤或设备损坏，工具使用规范，无工具掉落、损坏、遗留，环境整洁有序	30		
合计			100		

表 4-6-9　验收过程问题记录

序号	验收问题记录	整改措施	完成时间	备注

评价与反馈

各组介绍任务的完成过程并提交阐述材料，进行学员自评、学员组内互评、教师评价，完成考核评价表（见表 4-6-10）。

引导问题 1：通过本任务的检查验收，谈一谈你对设备维护的理解。

引导问题 2：本任务你最大的收获是什么？

表 4-6-10　考核评价表

评价项目	评价内容	分值	自评 20%	互评 20%	教师评分 60%	合计
职业素养 40 分	爱岗敬业、安全意识、责任意识、服从意识	10				
	积极参加任务活动，按时完成工作页	10				
	团队合作、交流沟通能力、集体主义精神	10				
	劳动纪律，职业道德	5				
	现场 6S 标准，行为规范	5				
专业能力 60 分	专业资料检索能力，中外品牌分析能力	10				
	制订计划能力，严谨认真	10				
	操作符合规范，精益求精	15				
	工作效率，分工协作	10				
	任务验收质量，质量意识	15				
合计		100				
创新能力加分	创新性思维和行动	20				
总计		120				

习题测评

一、选择题

1. 激光头不出光的原因可能是（　　）。

A. 电源未开　　B. 水冷机未开　　C. 光源损坏　　D. 以上都是

2. 清洗镜片可以使用的有（　　）

A. 蒸馏水　　B. 无水乙醇　　C. 自来水　　D. 洗洁精

二、判断题

1. 可以用医用酒精直接清洗镜片。（　　）

2. 可以用嘴直接吹掉镜片上的灰尘等杂物。（　　）

三、简答题

1. 二氧化碳切割设备不出光的一般原因有哪些？

2. 镜片清洁需要注意哪些内容？

项目五 激光焊接设备装调技术

项目导入

激光焊接是以高功率聚焦的激光束为热源，熔化材料形成焊接接头的高精度、高效率焊接方法。作为高精度、高效率焊接的主要方法之一，激光焊接被广泛应用在汽车、轮船、飞机、高铁等高端制造领域，也广泛应用于生活用品、工业零件等生产生活中，给人们的生活带来了便捷，更是引领家电行业进入了精工时代。

通过本项目的学习，让学习者对激光焊接设备的基本结构及焊接工艺有更深入的了解，熟悉激光焊接设备的基本运行流程，能对激光焊接设备的电气部分和机械部分进行安装与调试，以及能对激光焊接工艺进行分析和设备维护。最终掌握激光焊接设备的生产流程、激光焊接工艺的质量检测等相关技能。

激光焊接设备安装调试项目包含以下 5 个任务。

任务一　激光焊接技术认知

任务二　光纤激光焊接设备电气部分装调

任务三　光纤激光焊接设备总装联调

任务四　光纤激光焊接工艺分析

任务五　光纤激光焊接设备维护

完成上述 5 个任务学习，将有助于学习者掌握激光焊接知识及焊接设备安装与调试技能，为从事激光焊接设备装配、调试、操作、售后等工作奠定扎实的基础。图 5-0-1 所示为本项目思维导图。

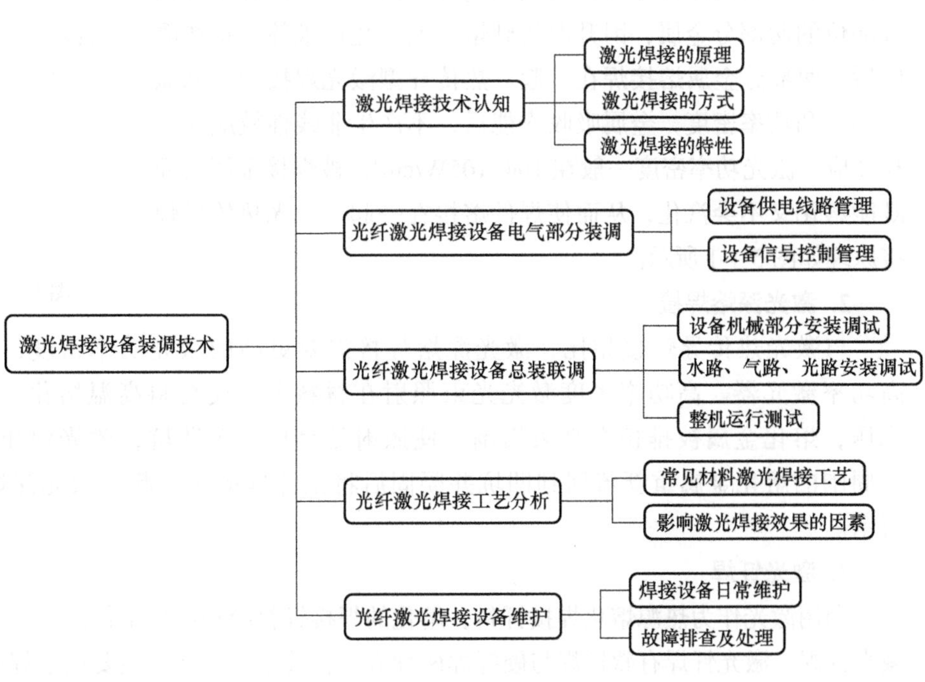

图 5-0-1 思维导图

任务一　激光焊接技术认知

知识储备

一、激光焊接的物理作用原理

激光焊接是将高强度的激光束辐射至被焊金属表面（焦平面上的功率密度可达 105~1013W/cm^2），通过激光与被焊金属的相互作用，使被焊处形成一个能量高度集中的局部热源区，从而使被焊物熔化并形成牢固的焊点和焊缝。激光焊接热影响区小、工件变形小，且易于获得大深宽比焊缝等优点。

二、激光焊接的主要方式

激光焊接是一种材料连接方法，主要是金属材料之间连接的技术，它和传统的焊接技术一样，通过将连接区的部分材料熔化而将两个零件或部件连接起来。因为激光能量高度集中，加热、冷却过程极其迅速，一些普通焊接技术难以焊接的脆性大、硬度高或柔软性强的材料，用激光很容易实施焊接。激光焊接方式主要有以下几种。

1. 激光热传导焊接

进行激光热传导焊接时，激光辐射能量作用于材料表面，激光辐射能在材料表面转换为热量。热传导焊接的过程：焊件结合部位被激光照射，金属表面吸收光能而使温度升高，热量依据固体材料的热传导理论向金属内部传播扩散。被焊工件结合部位的两部分金属，因升温达到熔点而熔化成液体，很快凝固后，两部分金属熔接焊在一起。热传导型激光焊接须控制激光功率和功率密度，金属吸收光能后，不产生非线性效应和小孔效应。激光功率密度一般在 104~105W/cm^2，被焊接金属表面既能熔化又不会汽化，从而使焊件熔接在一起。激光热传导焊接原理如图 5-1-1 所示。

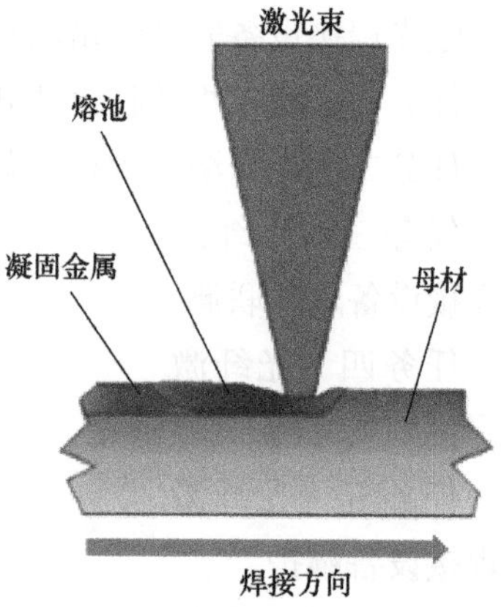

激光束
熔池
凝固金属
母材
焊接方向

图 5-1-1　激光热传导焊接原理

2. 激光深熔焊接

与激光热传导焊接相比，激光深熔焊接需要更高的激光功率密度，一般需用连续输出的高功率激光器。高功率密度激光光束照射在材料上，使材料高温熔化，以至气化，并产生蒸汽压，熔化金属被排挤在光束周围，使照射处呈现一个凹坑，激光停止照射后，被排挤在凹坑周围的熔化金属重新流回到凹坑并凝固后将工件焊接在一起，激光深熔焊接原理如图 5-1-2 所示。

3. 激光钎焊

利用激光作为热源熔化焊接钎料，熔化的焊接钎料冷却后将工件连接起来，这种焊接方法称为激光钎焊。激光钎焊有软钎焊与硬钎焊两种方式，其中，软钎焊主要用于焊接强度较低的材料，如焊接印制电路板的片状元件，硬钎焊主要用于焊接强度较高的材料。

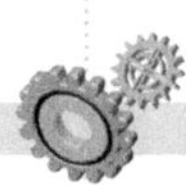

三、激光焊接的特性

焊接特性是金属材料通过加热、加压或两者并用的焊接方法把两个或两个以上的金属材料焊接在一起的特性。激光焊接属于熔融焊接，以激光束为能源，冲击在焊件接头上。激光束可由平面光学元件导引，随后再以反射聚焦元件或镜片将光束投射在焊缝上。激光焊接属非接触式焊接，作业过程不需加压，但需使用惰性气体以防熔池氧化，填料金属偶有使用。

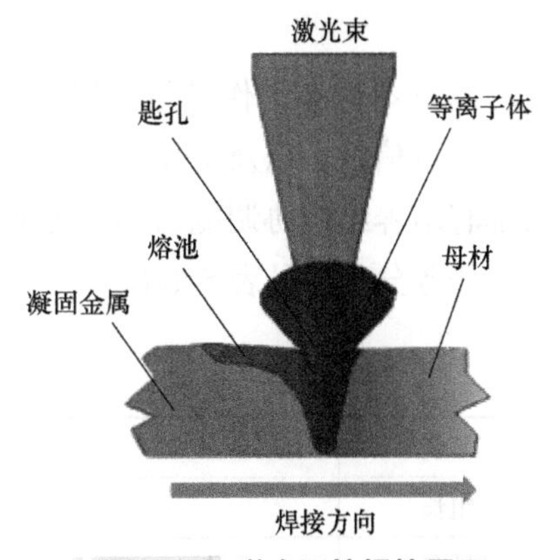

图 5-1-2 激光深熔焊接原理

与其他焊接方式相比，激光焊接具有以下特性：

1）能量集中、焊接效率高、加工精度高、焊缝深宽比大。

2）热输入量小、热影响区小、工件残余应力和变形小。

3）非接触式焊接、光纤传输、可达性较好、可与机器人配合、自动化程度高。

4）焊接夹具灵活、工件夹紧方便。

5）焊接能量可精确控制、焊接效果稳定、焊接外观好。

学习任务描述

自 20 世纪 60 年代激光器诞生不久便开始了激光焊接的技术研究。从开始的薄小零件或器件焊接到目前大功率激光焊接在工业生产中的大量应用，经历了 60 多年的发展。激光焊接具有能量密度高、变形小、热影响区窄、焊接速度高、易实现自动控制、无后续加工等优点，近年来正成为金属材料加工与制造的重要手段，焊接技术广泛地应用在工业生产各个领域。

本任务力求通过任务引领的方式，使学习者掌握激光焊接技术的基本原理特性及主要加工方式，为接下来的设备操作和加工生产做好知识储备。

学习目标

◆ 知识目标

1. 了解激光焊接的原理与特性。
2. 了解激光焊接的主要方式。
3. 了解常见材料激光焊接工艺。

◆ 技能目标

1. 具备激光焊接效果分析能力。
2. 具备解决常见的激光焊接缺陷的能力。
3. 针对焊接缺陷，能够提出优化方案的能力。

◆ 素质目标

1. 具有调查研究及学习新知识与新技术转移的能力。
2. 能独立完成团队分配的工作，能胜任团队成员的角色和责任。

任务书

激光及光电行业从业人数已超数十万，其中绝大部分员工从事激光及光电设备制造、使用、维修及服务等岗位的工作。对这些从业人员来说，他们需要掌握基本的激光加工技术原理和专业知识，因此，某企业想要聘请你编制一份激光焊接技术方面的培训材料，为企业激光和光电产业技术技能型人才的培养提供重要的支撑。

任务分组

制订本任务工作计划，以搜集、检索本任务相关书籍、网站、公众号等形式，搜集本任务主要知识点信息，以及工作计划中遇到的问题和解决方案。将班级学员分组，轮值安排组长，使每个人都有培养组织协调能力和管理能力的机会。各组任务可以相同或不同，明确每组的人员和任务分工。任务分工表见表 5-1-1。

表 5-1-1　任务分工表

<table>
<tr><td>班级</td><td></td><td>组号</td><td></td><td>任务</td><td></td></tr>
<tr><td>组长</td><td></td><td>时间段</td><td></td><td>指导教师</td><td></td></tr>
<tr><td>姓名</td><td>学号</td><td colspan="3">任务分工</td><td>备注</td></tr>
<tr><td></td><td></td><td colspan="3"></td><td></td></tr>
<tr><td></td><td></td><td colspan="3"></td><td></td></tr>
<tr><td></td><td></td><td colspan="3"></td><td></td></tr>
<tr><td></td><td></td><td colspan="3"></td><td></td></tr>
<tr><td></td><td></td><td colspan="3"></td><td></td></tr>
<tr><td></td><td></td><td colspan="3"></td><td></td></tr>
</table>

获取信息

引导问题 1：了解激光焊接技术的发展及应用。

引导问题 2：激光焊接物理作用的原理、特点是什么？最新的焊接方式有哪些？

引导问题 3：引起焊接缺陷的因素有哪些？常见材料焊接工艺有哪些？

引导问题 4：焊接用激光器类型及主要加工参数有哪些？

引导问题 5：了解激光焊接加工危险知识。

工作计划

按照任务书要求和获取的信息，每位组员根据自己的认知和理解制订工作计划，包含搜索资料、任务工作记录、实施过程中遇到的问题及解决方案等工作内容。工作计划见表 5-1-2。

表 5-1-2　熟悉激光焊接技术工作计划

步骤名称	工作内容	负责人

工作决策

对不同组员（或不同组别）的工作计划进行方案的对比、分析、论证，整合完善，形成小组决策，作为工作实施的依据。计划优缺点对比分析见表 5-1-3，小组决策方案见表 5-1-4。

表 5-1-3 计划优缺点对比分析

小组 / 组员	计划中的优点	计划中的缺陷	优化方案

表 5-1-4 决策方案

步骤名称	工作内容	负责人

工作实施

一、焊接技术方法分类

首先通过搜集、检索本任务相关书籍、网站、公众号，整理出与熔接、压焊、钎焊相关的焊接方法、应用推广分析，以及其各自的特点。

二、影响激光焊接效果的因素分析及解决方案的制定

影响激光焊接性能的因素包括两个方面：外界因素和钢材自身因素。从这两方面查找案例，着手分析，制定有效解决缺陷的方案。

三、焊接用激光器类型及主要加工参数

焊接常用的激光器类型有脉冲 Nd：YAG、CO_2 激光器、碟式激光器、半导体激光器、光纤激光器等，通过对其加工参数的对比，罗列出各自的应用环境。

引导问题 1：在任务实施中遇到了哪些计划中没有考虑到的问题？是如何解决的？

引导问题 2：在任务的实施中，你最大的收获是什么？

引导问题 3：本任务的实施，你认为有哪些需要改进的地方？

检查验收

根据激光焊接技术任务的工作的熟悉情况，每组选出一个验收代表，由教师按照验收标准

对每组的任务完成情况进行检查验收和评价，包括资料收集情况、任务完成度等，并对验收问题及其整改措施、完成时间进行记录。验收标准及评分表见表 5-1-5，验收过程问题记录见表 5-1-6。

表 5-1-5 验收标准及评分表

序号	验收项目	验收标准	分值	教师评分	备注
1	激光焊接技术的发展及应用	与最新激光发展趋势是否相吻合	20		
2	焊接方法分类	熔接、压焊、钎焊等技术分类是否清晰正确	20		
3	激光焊接效果的因素分析	外界因素和材料自身因素分析，案例的罗列及问题的查摆	20		
4	焊接用激光器类型及主要加工参数	最大熔深、最大深宽比、功率范围（kW）及对应应用环境分析	20		
5	激光焊接加工危险知识	激光加工危险分类、激光辐射危险分级、激光加工危险防护	20		
合计			100		

表 5-1-6 验收过程问题记录

序号	验收问题记录	整改措施	完成时间	备注

评价与反馈

各组介绍任务的完成过程并提交阐述材料，进行学员自评、学员组内互评、教师评价，完成考核评价表（见表 5-1-7）。

引导问题 1：通过本任务的检查验收，谈一谈你对焊接技术发展的展望。

引导问题 2：谈一谈你在本任务中的收获？

表 5-1-7 考核评价表

评价项目	评价内容	分值	自评 20%	互评 20%	教师评分 60%	合计
职业素养 40 分	爱岗敬业、安全意识、责任意识、服从意识	10				
	积极参加任务活动，按时完成工作页	10				
	团队合作、交流沟通能力、集体主义精神	10				
	劳动纪律，职业道德	10				

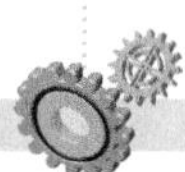

（续）

评价项目	评价内容	分值	自评 20%	互评 20%	教师评分 60%	合计
专业能力 60 分	专业资料检索能力	15				
	制订计划能力，严谨认真	10				
	操作符合规范，精益求精	15				
	工作效率，分工协作	10				
	任务验收质量，质量意识	10				
合计		100				
创新能力加分	创新性思维和行动	20				
总计		120				

习题测评

简答题

1. 简述激光焊接的特点。
2. 简述常见金属焊接工艺。
3. 影响激光焊接性能的因素有哪些？
4. 常见的激光焊接缺陷有哪些？
5. 激光焊接设备外部影响（干扰）造成的危险有哪些？

任务二　光纤激光焊接设备电气部分装调

知识储备

以激光焊接装配调试平台为例，如图 5-2-1 所示，其控制系统主要包括电路系统、伺服系统、冷却系统和辅助系统，其中，电路系统是整个平台的控制核心，可对整机进行电源管理和信号控制。

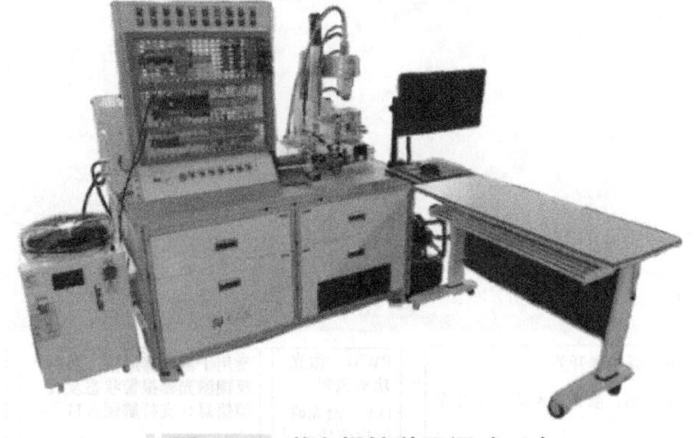

图 5-2-1　激光焊接装配调试平台

激光焊接装配调试平台电气部分的系统组成如图 5-2-2 所示。

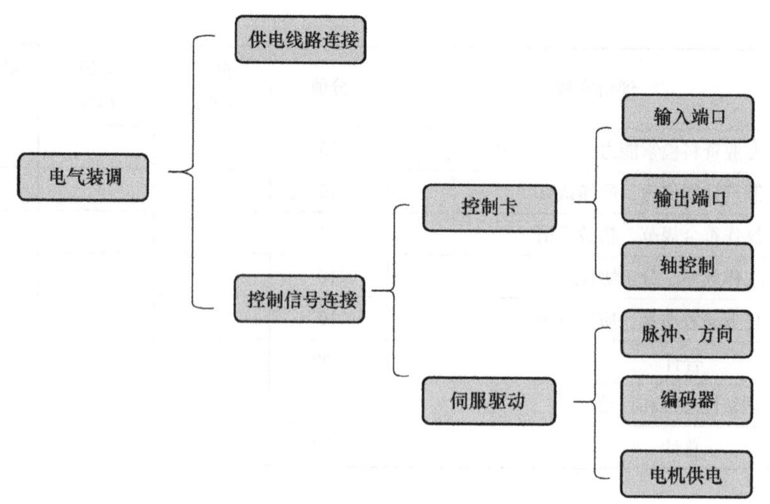

图 5-2-2 电气装调系统图

一、供电线路管理

电源管理提供整机设备供电，同时可对伺服系统、冷却系统、辅助系统等供电进行管理和控制。电源主电路采用自锁电路，并设有紧急停止按钮，可在紧急情况下对设备进行整机断电，典型激光焊接设备一般采用交流 220/380V 低压配电方式供电。电路连接主要完成设备供电、控制卡输入、输出、通信等线路连接操作，电路连接均采用冷压方式，压接时应保证端子压接紧实。

二、信号控制（以 C6L 板卡为例）

工控系统的核心单元主要为控制卡和工控计算机。工控计算机通常采用网线、RS232 串口或 DB 接口与控制卡进行信息交互。工控计算机装有相应的控制软件，用以人机交互。加工时，控制软件将用户指令传输至控制板卡，由控制板卡处理后通过各输入、输出端口完成相应的路径移动、信息采集等动作，从而实现加工生产。图 5-2-3 为常用的 C6L 焊接控制卡接口示意图。

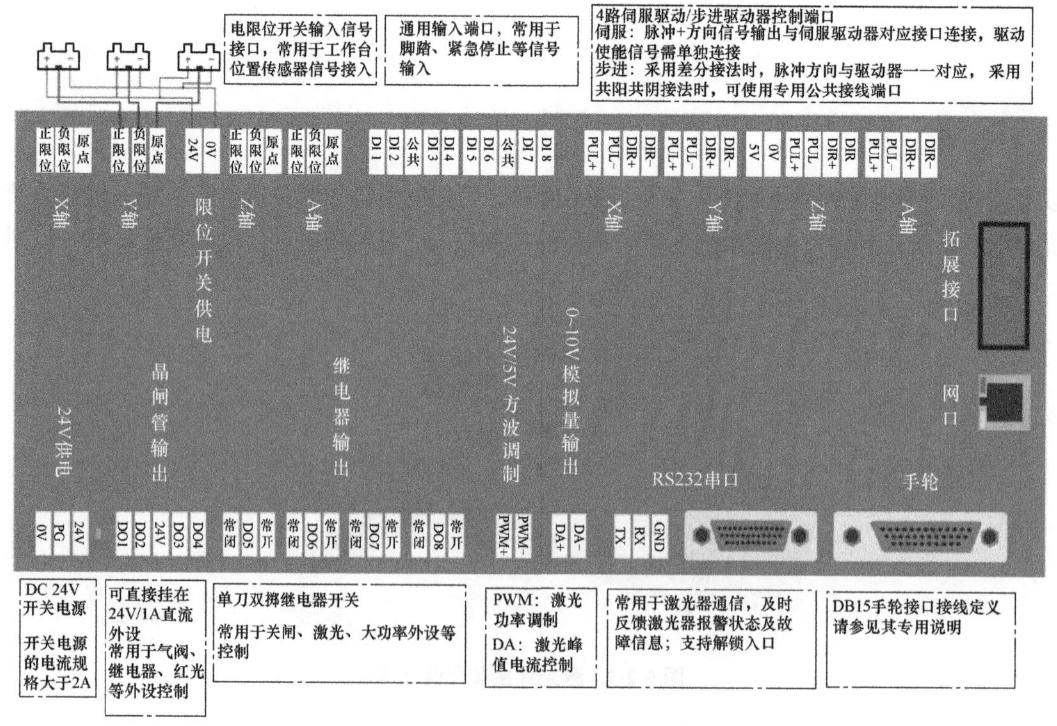

图 5-2-3 C6L 焊接控制卡接口示意图

控制卡的接口可分为通信接口、RJ45 网口、电源接口、轴输出控制端口、轴限位、零位端口及激光控制端口。通信接口采用 RS232 串口，主要用于各类激光器远程运行控制。RJ45 网口用于运动控制卡与工控 PC 通信，保持上位控制软件与运动控制卡的实时交互。电源接口采用直流 24V 供电，装调过程可使用电路模块中已有的 24V 开关电源进行供电连接。轴输出控制端口可用于三维工作台 X\Y\Z 以及拓展轴的运动控制。轴限位、零位端口用于工作台行程轴上各位置传感器的信号输入。激光控制端口用于各类激光器非串口远程运行控制，1 路 0~10V 模拟量输出用于激光输出功率控制和 1 路 24V/5VPWM 调制方波信号用于激光输出频率控制。输入 / 输出接口定义如图 5-2-4 所示，控制卡外围接线如图 5-2-5 所示。

端口类型	名称	作用	备注
电源输入	+24V	DC24V输入正极	推荐使用24V/10A直流电源供电
	PG	保护接地	
	0V	DC输入负极，电源地	
轴限位输入	X正限	X轴正限位输入	专用限位输入口，低电平有效接线推荐：光电开关，直接接入；机械开关，0V口串联开关后接入
	X负限	X轴负限位输入	
	X原点	X轴原点信号输入	
	……	依次类推Y、Z、A轴	
轴控制端口	X轴	X轴控制信号	输出：脉冲+方向信号(5V方波，最大频率2MHz。差分信号)；差分接法：与驱动器的脉冲方向信号一一对应；单端接法：请务必使用专用的5V/0V接口
	Y轴	Y轴控制信号	
	5V	单端接法时公共线5V	
	0V	单端接法时公共线0V	
	Z轴	Z轴控制信号	
	A轴	A轴控制信号	
输出晶闸管有源	DO 1	第1路通用输出口	有源输出口；直流24V输出，驱动电流1A，COM口为24V，与输出口构成电源的正负极；可驱动24V直流继电器、24V直流气阀等辅助设备
	DO 2	第2路通用输出口	
	24V	通用输出口公共端	
	DO 3	第3路通用输出口	
	DO 4	第4路通用输出口	
继电器输出	DO 5	第5路继电器输出口	继电器触点输出与单刀双掷开关等同效果
	DO 6	第6路继电器输出口	
	DO 7	第7路继电器输出口	
	DO 8	第8路继电器输出口	
8路通用输入口	DI 1	第1路通用输入口	低电平有效
	DI 2	第2路通用输入口	
	DI 3	第3路通用输入口	
	DI 4	第4路通用输入口	
	DI 5	第5路通用输入口	
	DI 6	第6路通用输入口	
	DI 7	第7路通用输入口	
	DI 8	第8路通用输入口	
激光控制	PWM+	24V/5V PWM调制信号	PWM方波输出，24V/5V可通过旁边跳线配置，频率范围为1Hz~2MHz
	PWM-	PWM信号地	

图 5-2-4 控制卡输入 / 输出接口定义图

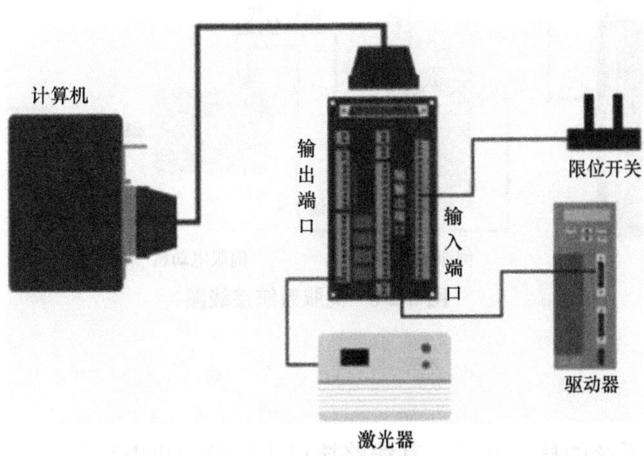

图 5-2-5 控制卡外围接线

三、运动轴信号控制

X 轴和 Y 轴受步进电动机驱动，轴运动控制信号的接线方式有“差分 / 共阳”两种，应用在支持“脉冲 + 方向”控制方式的步进电动机驱动器上，差分接线方式对抗干扰性较强，共阳接线方式接线较简单，尤其在同时控制多个驱动器时可以把多个驱动的公共信号线（+5V 或 0V）串接，装调时采用“脉冲 + 方向”的方式控制各轴的驱动器。脉冲信号与方向信号如图 5-2-6 所示，包含 PUL+ 与 PUL− 信号输出的差分信号，DIR+ 与 DIR− 为一对差分信号。驱动器接线图如图 5-2-7 所示。

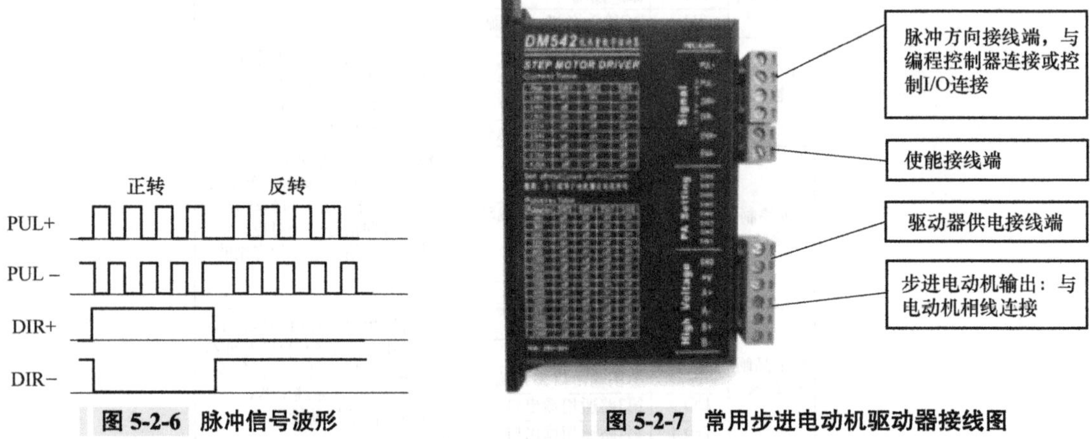

图 5-2-6 脉冲信号波形

图 5-2-7 常用步进电动机驱动器接线图

Z 轴伺服系统主要用于控制激光头升降，系统包含伺服驱动器、伺服电动机等控制器件以及工作台等执行机构。系统采用半闭环伺服系统，通过安装在电动机轴上的检测装置对运动数据进行实时反馈调整，提高系统运行精度。

驱动器连接主要分为三部分，起动器供电连接、驱动器控制信号连接和驱动器输出信号连接，伺服驱动器还要考虑编码器信号连接，部分带有刹车的驱动器还要考虑抱闸信号接线。Z 轴伺服系统接线如图 5-2-8 所示。

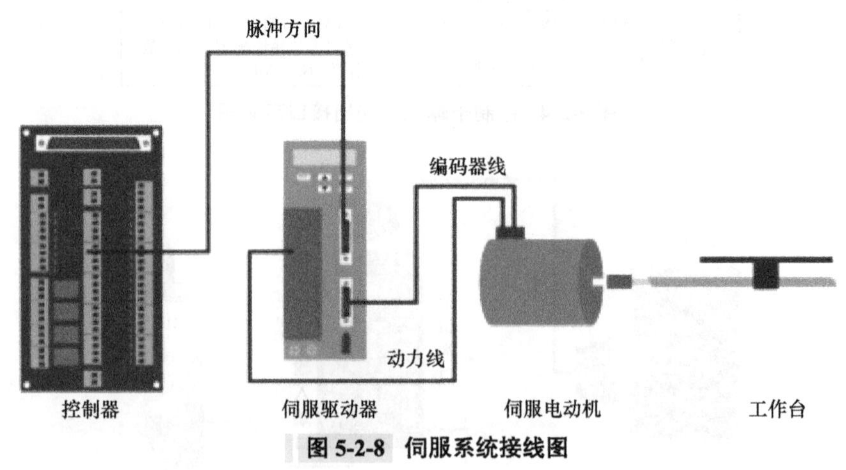

图 5-2-8 伺服系统接线图

四、激光器连接与调试

激光器是激光加工系统的核心部件，其线路接口主要分为供电线路、控制信号线路两大类。激

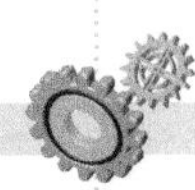

光器通常采用 220V 交流供电，部分大功率机组采用 380V 供电，安装时应注意区分。控制信号线常用于激光器外部控制，线路接口类型通常包括 DB 接头、航空接头、网口及 RS232 接口等，安装时应注意区分。

控制卡与激光器的连接主要分为串口连接、网口连接和 I/O 端口连接三种。部分激光器可使用串口直接进行连接，如锐科激光器，连接过程中，使用自带的 RS232 通信串口线直连即可。部分激光器须使用网口进行连接，如 IPG 激光器，连接过程中，须使用交换机进行网口拓展，将工控 PC、控制卡和激光器同时连接至交换机网口，连接时还须设置三个设备终端处于同一网段。由于控制卡 IP 地址固定不易修改，所以需要对工控 PC 和激光器的 IP 地址进行修改，修改过程中，可先设置工控 PC 与激光器处于同一网段，通过网口通信进入激光器状态配置界面对激光器 IP 地址进行修改，使激光器与控制卡处于同一网段，最后完成工控 IP 设置即可，如图 5-2-9 所示。

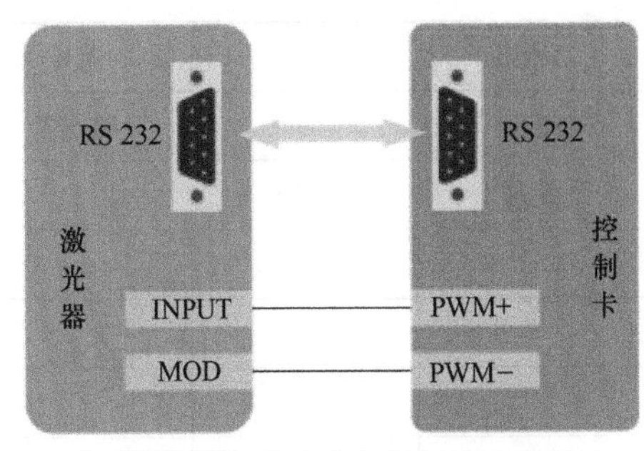

图 5-2-9 激光器与控制卡的连接

学习任务描述

本任务基于激光焊接加工技术装配调试平台展开焊接设备基本控制原理及控制流程内容的学习，帮助学生掌握电路安装规范。学习者在平台安装区域对各电气元器件进行安装调试，线路搭接，同时对已安装电路模块进行分析检测，优化安装工艺。检测安装完成后对电路进行通电检测，为激光焊接设备正常使用提供安全用电及信号通信保障。

学习目标

◆ 知识目标

1. 了解激光焊接设备电气系统的组成。
2. 了解设备工控系统的电源系统管理及信号输入、输出控制原理。

◆ 技能目标

1. 具备对电气原理图的读图、识图能力。
2. 能够完成电路系统的装接。
3. 具备对设备线路进行检查固定的能力。
4. 备解决安装过程中存在问题的能力。

◆ 素质目标

1. 具有从事本专业工作所需的专业知识和能力。
2. 培养爱岗敬业精神，拥有较强的质量意识和安全意识。

任务书

某激光设备制造企业准备生产一台光纤激光焊接机展示样机，请设计一份电控系统图，为激光电源和其他控制电源，以及信号电源、信号控制的安装提供参考。

任务分组

激光焊接系统设备电气部分安装与调试的第一步是进行主机控制器件的收集与分析，掌握主要电气元件的功能与作用；第二步通过将各种电气元件进行连接，形成供电电路，使设备获得供电电源；最后进行控制信号的连接。掌握相关的知识和技能，使各模块的供电电路和信号控制能正常工作。将班级学员分组，轮值安排组长，使每个人都有培养组织协调能力和管理能力的机会。各组任务可以相同或不同，明确每组的人员和任务分工。任务分工表见表 5-2-1。

表 5-2-1　任务分工表

班级		组号		任务	
组长		时间段		指导教师	

姓名	学号	任务分工	备注

获取信息

引导问题 1：以激光焊接加工技术装配调试平台为例，分析其电气结构与组成，各电气元件的作用。

引导问题 2：激光焊接设备供电电压为多少？

引导问题 3：C6L 运动控制板卡在整个控制系统中的作用是什么？

引导问题 4：如果想实现 X、Y、Z 轴的运动及限位控制，分别需要进行哪些设备端口的连接？

引导问题 5：对步进驱动器进行细分的主要目的是什么？如何进行细分设置？

引导问题 6：如何判断激光焊接设备是否具备运行条件？

引导问题 7：简述激光焊接设备的开关机流程。

工作计划

按照任务书要求和获取的信息，每位组员根据自己的认知和理解，制订激光焊接设备电气部分工作计划，包含材料、工具、器件准备，安装顺序和步骤，检查调试等工作内容。光纤激光焊接设备电气安装与调试工作计划见表 5-2-2，材料、工具、器件计划清单见表 5-2-3。

表 5-2-2　熟悉激光焊接设备电气安装与调试工作计划

步骤名称	工作内容	负责人

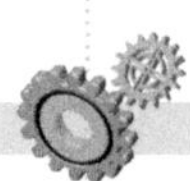

（续）

步骤名称	工作内容	负责人

表 5-2-3 材料、工具、器件计划清单

序号	名称	型号和规格	单位	数量	备注

工作决策

对不同组员（或不同组别）的工作计划进行方案的对比、分析、论证，整合完善，形成小组决策，作为工作实施的依据。计划优缺点对比分析见表 5-2-4，小组决策方案见表 5-2-5，材料、工具、器件最终清单见表 5-2-6。

表 5-2-4 计划优缺点对比分析

小组 / 组员	计划中的优点	计划中的缺陷	优化方案

表 5-2-5 决策方案

步骤名称	工作内容	负责人

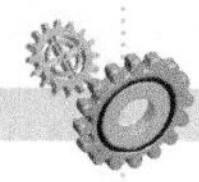

表 5-2-6　材料、工具、器件最终清单

序号	名称	型号和规格	单位	数量	备注

工作实施

一、操作准备

操作人员着装整洁；检查设备操作环境；检查设备工作台面是否水平，设备是否固定；检查设备总电源开关状态；清点激光加工装调平台安装调试工具及相关辅助器件。

二、操作进行

完成相关线路的连接，检查线路有无破损、松动等缺陷；整理插接线路，使线路整洁、有序；完成系统开关机线路、系统输入信号接线，如轴信号、水温信号等线路的连接；完成系统输出信号接线，如伺服控制信号、气阀控制信号、激光器控制信号等线路连接；最后整理设备走线，对线路进行检查固定。

检查验收

根据熟悉激光焊接技术任务的工作情况，每组选出一个验收代表，由教师按照验收标准对每组的任务完成情况进行检查验收和评价，包括资料收集情况、任务完成度等，并对验收问题及其整改措施、完成时间进行记录。验收标准及评分表见表 5-2-7，验收过程问题记录见表 5-2-8。

表 5-2-7　验收标准及评分表

序号	验收项目	验收标准	分值	教师评分	备注
1	电路接线操作规范	接线方式是否规范正确；接线是否整齐，有序；接线标识是否统一；有无线路裸露；线路是否连接牢固；输入、输出接线是否正确	10		
2	设备供电电源	供电电源接入是否正确	15		
3	伺服驱动调试	检查驱动连线，禁止将电源端（R、S、T）接到伺服驱动器的输出（U、V、W），否则将造成伺服驱动器损坏	15		
4	驱动器参数设置	重置当前驱动器参数，通过驱动器面板将使能更改为外部输入，将驱动器更改为位置模式，脉冲类型设为脉冲＋方向，并进行电子齿轮比设定	15		
5	步进驱动调试	确认电动机与驱动器之间的相关线路连接正确：A+、A−、B+、B− 与驱动器接线端口必须分别对应连接。如果接错，电动机运行将会出现不正常	15		

（续）

序号	验收项目	验收标准	分值	教师评分	备注
6	运行调试	X、Y、Z 轴限位信号正确有效，X、Y、Z 轴零位信号正确有效，控制模式选择正确，脉冲指令类型设置正确，运动方向与软件方向一致，滑台移动尺寸符合要求	30		
合计			100		

表 5-2-8　验收过程问题记录

序号	验收问题记录	整改措施	完成时间	备注

评价与反馈

各组介绍任务的完成过程并提交阐述材料，进行学员自评、学员组内互评、教师评价，完成考核评价表（见表 5-2-9）。

引导问题 1：通过本任务的检查验收，谈一谈你对激光焊接设备电气部分的认知。

引导问题 2：通过本任务的学习，你认为如何能正确快速实现电气线路的安装？

表 5-2-9　考核评价表

评价项目	评价内容	分值	自评 20%	互评 20%	教师评分 60%	合计
职业素养 40 分	爱岗敬业、安全意识、责任意识、工匠意识	10				
	积极参加任务活动，按时完成工作页	10				
	团队合作、交流沟通能力、集体主义精神	10				
	劳动纪律，职业道德	5				
	现场 7S 标准，行为规范	5				
专业能力 60 分	专业资料检索能力，电气安装调试能力	20				
	制订计划能力，严谨认真	10				
	操作符合规范，精益求精	10				
	工作效率，分工协作	10				
	任务验收质量，质量意识	10				
合计		100				
创新能力加分	创新性思维和行动	20				
总计		120				

习题测评

简答题

1. 简述激光焊接电气设备的组成。
2. 如何判断激光焊接设备接入工作电压等级？
3. 为什么要对步进驱动器进行电流及细分设定？
4. Z 轴伺服控制系统驱动器连接分哪几部分？

任务三 光纤激光焊接设备总装联调

知识储备

总装联调常见于激光设备的生产装配，通过对设备各系统的搭建与调试，熟悉设备组成结构，了解设备运行基本原理，掌握各系统安装工艺。在实际学习过程中，应提前了解设备运行结构，熟悉设备运行基本控制流程，根据相关工艺要求合理规划设备安装流程，检测设备功能是否正常，检测完成后可进行设备试运行。本任务主要针对机械部分及其他相关设备的装机联调展开实施。其总装联调流程如图 5-3-1 所示。

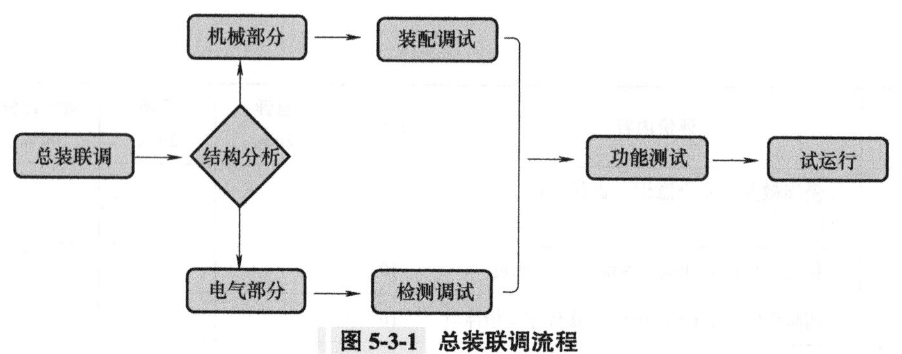

图 5-3-1 总装联调流程

一、机械部分（工作台）

工作台通常由电动滑台和工作台面组成，电动滑台通过电动机的驱动在特定方向上做往复直线运动。通过多方向轴组合，形成设备上的运动执行机构。滑台装配图如图 5-3-2 所示。

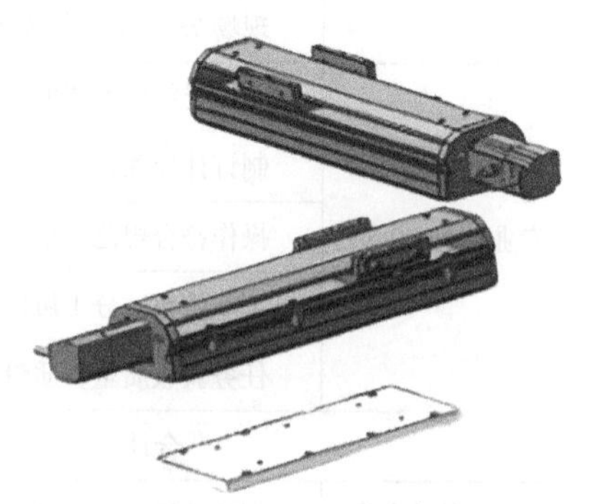
图 5-3-2 滑台装配图

二、机械部分（工件夹具）

工件夹具主要由气缸和压块组成，通过气缸下压和前推动作固定加工对象，提高加工精度和效率，同时可有效防止加工热变形。工件夹具平台如图 5-3-3 所示。

图 5-3-3 工件夹具平台

三、激光头的安装

激光头通过准直聚焦系统将激光器产生的激光束聚焦成高能量密度的激光光斑，用于激光加工。激光头主要包括准直聚焦系统、监视 CCD、光纤输入接口、冷却水路和吹气机构。激光头安装于运动轴的 Z 轴，安装过程中使用六角螺栓固定，固定过程中对激光头进行水平校准，并确保输出端面始终朝下，安装环境应保持洁净。激光焊接头如图 5-3-4 所示。

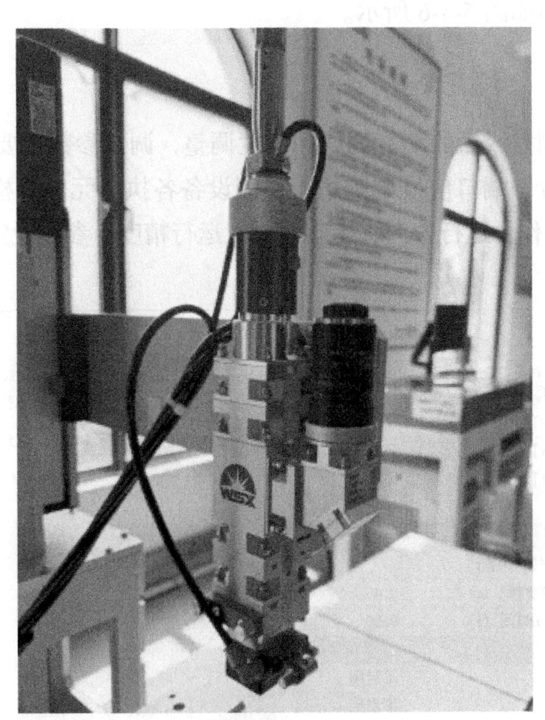

图 5-3-4 激光焊接头

四、气路安装

安装气路时，要正确将承压软管与空压机出气口、进气口进行连接，与减压阀正确连接，以及通过减压阀一路气经电磁阀与激光头吹气孔连接；一路气经电磁阀与下压气缸连接。气路安装系统框图如图 5-3-5 所示。

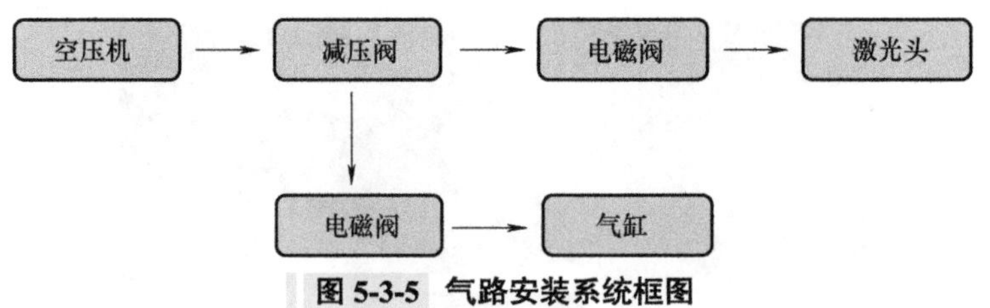

图 5-3-5　气路安装系统框图

五、冷却水路安装

激光水冷机是一种为激光行业提供冷却的设备，主要对激光发生器、激光谐振膜片、激光头等部件进行循环冷却。激光设备在长时间工作时，会产生大量的热量，高热量会严重影响激光器的工作效率和光束质量，甚至对激光器造成损坏。

其安装步骤为：将冷却水管和冷冻水管的进水口和出水口分别接到冷水箱对应的进水口和出水口，将连接冷水箱的冷冻水管连接至激光器的冷却进水口和冷却出水口，最后将连接冷水箱的冷却水管分别连接至激光头的进水口和冷却出水口。循环水温设定为25℃左右。水路安装系统图如图 5-3-6 所示。

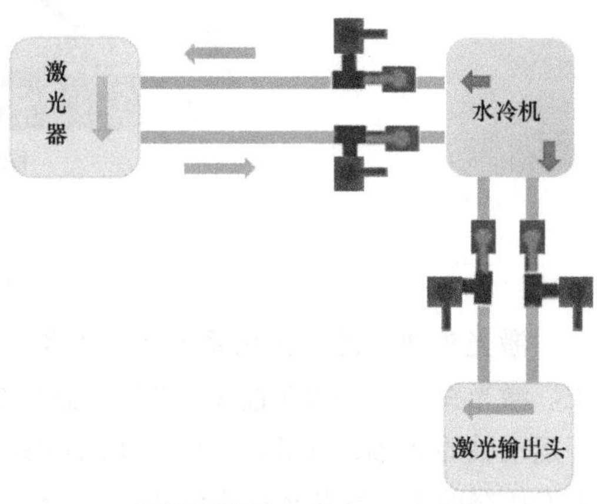

图 5-3-6　水路安装系统图

六、软件参数

参数调整用于设备装调完成后的功能调试和精度调整，调试参数主要包括 I/O 端口的信号输入 / 输出、轴参数的设定两部分。端口信号调整用于检测设备各执行元件、检测元件的功能是否完好有效，轴参数设定用于调整工作台运行方向、运动幅面及运行精度。参数设定界面如图 5-3-7 所示。

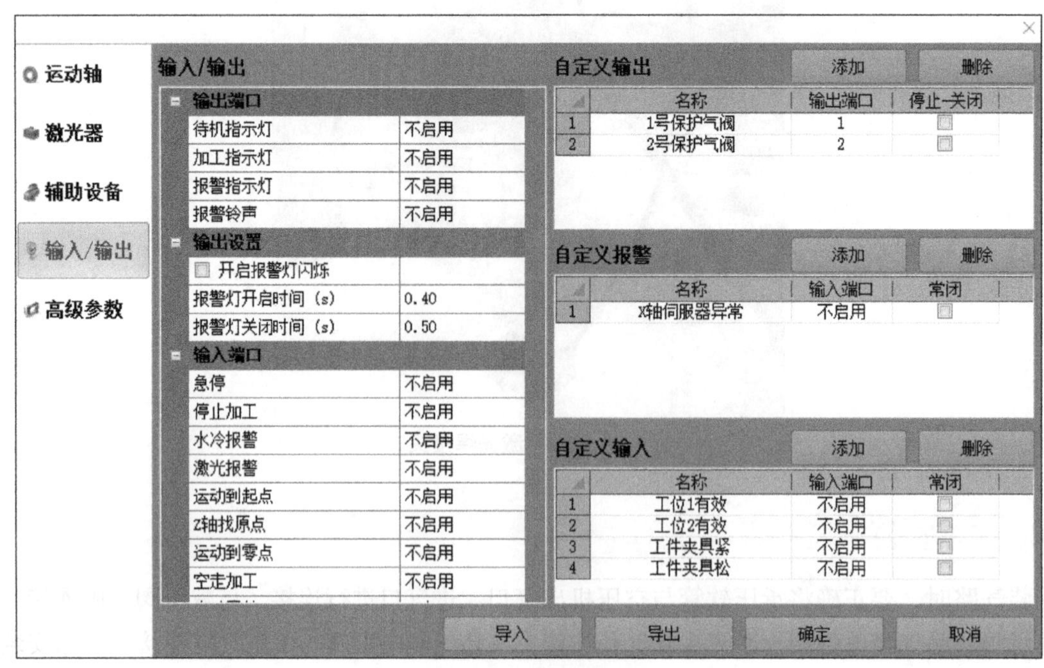

图 5-3-7　参数设定栏

七、功能测试

完成机械装调和电气装调后，可对平台进行相关功能测试。开启焊接控制软件，对滑台输入信号进行检测，检测对象包括：行程轴限位信号和零位信号，工装夹具气缸工作是否正确，气缸行程是否到位等。

在软件运动控制界面，使用鼠标对行程轴进行控制，观察行程轴运动方向、运动速度是否合理。超行程运行，观察控制卡超行程限制是否有效。使用鼠标对各控制端口进行启停，如红光、激光、气阀等，观察各控制端口是否有效，元器件工作是否正常。软件控制面板如图 5-3-8 所示。

八、整机运行

使用焊接软件绘制测试图形，编辑头、尾工艺参数，添加辅助输出端口，如工装夹具气缸控制端口，调整激光功率大小，调整激光头焦点位置，运行图形文件，观察运行流程是否正确，检测焊接轨迹是否正常，测量轨迹尺寸是否合理。总装联调测试图形如图 5-3-9 所示。

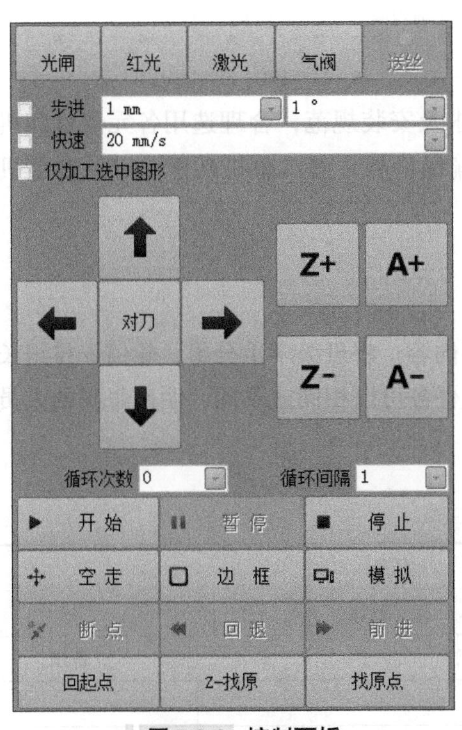

图 5-3-8 控制面板

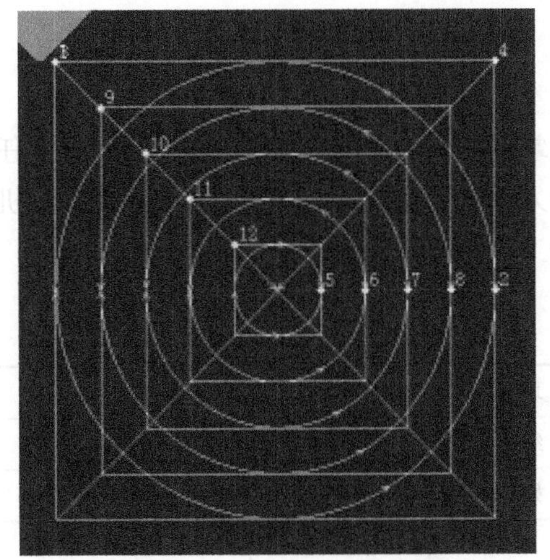

图 5-3-9 总装联调测试图形

学习任务描述

总装联调主要是针对激光加工设备各组成系统进行认知学习，对系统各元器件认知了解掌握基本结构、基本工作原理及运行流程等。需要掌握机械部分与电气部分的装调，水路、气路的安装，激光器的安装，整机输入 / 输出信号的检测，整机功能测试，以及整机运行调整。

本任务力求通过任务引领的方式，让学习者通过激光焊接软件对激光器出光和工作台的运动进行控制，实行焊接设备的运行。

学习目标

◆ 知识目标

1. 了解激光焊接设备的基本控制原理。
2. 了解激光焊接设备的基本组成结构，熟悉设备的安装工艺。
3. 掌握控制软件的操作方法。

◆ 技能目标

1. 具备对机械部分的结构图、安装图的读图、识图能力。
2. 能够完成机械部分的安装与调试。
3. 能够完成电气部分的安装与调试。
4. 具备设备总装联调的能力。

◆ 素质目标

1. 具有一定的组织管理能力，能组织团队成员开展工作。
2 具有责任担当，在工程实践中培养职业道德，遵守规范。

任务书

根据激光焊接设备产品说明书，对照职业技能要求及安装规范，合理选用各元器件和机械部件，并对其进行组装，安装激光器，检测整机输入 / 输出信号，测试整机功能，以及对整机运行调整。

任务分组

掌握相关的知识和技能，整机运行是本任务的主要内容。将班级学生分组，轮值安排组长，使每个人都有培养组织协调能力和管理能力的机会。各组任务可以相同或不同，明确每组的人员和任务分工。任务分工表见表 5-3-1。

表 5-3-1　任务分工表

<table>
<tr><td>班级</td><td></td><td>组号</td><td></td><td>任务</td><td></td></tr>
<tr><td>组长</td><td></td><td>时间段</td><td></td><td>指导教师</td><td></td></tr>
<tr><td>姓名</td><td>学号</td><td colspan="3">任务分工</td><td>备注</td></tr>
<tr><td></td><td></td><td colspan="3"></td><td></td></tr>
<tr><td></td><td></td><td colspan="3"></td><td></td></tr>
<tr><td></td><td></td><td colspan="3"></td><td></td></tr>
<tr><td></td><td></td><td colspan="3"></td><td></td></tr>
</table>

获取信息

引导问题 1：以激光焊接加工技术装配调试平台为例，除了电气部分外，还有哪些系统组成？

引导问题 2：设备的机械安装主要针对哪几个轴展开？

引导问题 3：设备的运动调试主要包含哪些内容？

引导问题 4：设备的功能测试主要包含哪些内容？

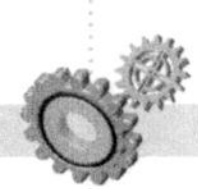

引导问题 5：整机运行前需要做哪些检查？

工作计划

按照任务书要求和获取的信息，每位组员根据自己的认知和理解，制订激光焊接设备电气部分工作计划，包含材料、工具、器件准备，安装顺序和步骤、检查调试等工作内容。光纤激光焊接设备总装联调工作计划见表 5-3-2，材料、工具、器件计划清单见表 5-3-3。

表 5-3-2 光纤激光焊接设备总装联调任务工作计划

步骤名称	工作内容	负责人

表 5-3-3 材料、工具、器件计划清单

序号	名称	型号和规格	单位	数量	备注

工作决策

对不同组员（或不同组别）的工作计划进行方案的对比、分析、论证，整合完善，形成小组决策，作为工作实施的依据。计划优缺点对比分析见表 5-3-4，小组决策方案见表 5-3-5，材料、工具、器件最终清单见表 5-3-6。

表 5-3-4 计划优缺点对比分析

小组 / 组员	计划中的优点	计划中的缺陷	优化方案

表 5-3-5　决策方案

步骤名称	工作内容	负责人

表 5-3-6　材料、工具、器件最终清单

序号	名称	型号和规格	单位	数量	备注

工作实施

1. 操作准备

操作人员着装整洁；检查设备操作环境；检查设备工作台面是否水平，设备是否固定；检查设备总电源开关状态；清点激光加工装调平台安装调试工具及相关辅助器件。

2. 操作进行

1）完成电气部分、机械部分、冷却系统、光路系统的安装。

2）开启设备剩余电流断路器，设备上电，电源指示灯点亮，此时，设备控制计算机可正常供电，电路面板前插线板可正常供电，设备激光器模块可正常供电，设备水冷机可正常供电。

3）开启设备控制计算机。

4）开启设备急停按钮，按下设备开机按钮，设备开机接触器吸合，此时，设备 24V 开关电源可正常供电，设备伺服驱动器可正常供电，电控部分开始供电。

5）打开设备控制软件，选择“硬件连接”命令，完成软、硬件通信连接；开启设备驱动按钮，伺服系统使能开启，设备驱动指示灯点亮，此时，设备行程轴可通过控制软件或手轮进行运动控制。

6）开启水冷机电源。

7）将激光器旋钮转到“REM”挡，激光器电源指示灯点亮，激光器将打开并进入自检工作。若 Interlock 没有短接或“LASER”按钮没有弹起，系统将无法通过自检。这种情况下，需要关断开关，处理问题，并重新上电。自检过程需要 30s 左右，之后用户即可通过上位机发送指令。

开启激光使能按键，激光器指示灯点亮，此时，激光器内部光闸开启，红光关闭，激光器可通过上位机指令进行出光操作，须注意激光使用安全。

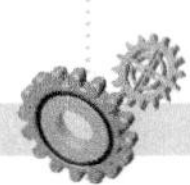

检查验收

根据熟悉激光焊接技术任务的工作情况，每组选出一个验收代表，由教师按照验收标准对每组的任务完成情况进行检查验收和评价，包括资料收集情况、任务完成度等，并对验收问题及其整改措施、完成时间进行记录。验收标准及评分表见表 5-3-7，验收过程问题记录见表 5-3-8。

表 5-3-7　验收标准及评分表

序号	验收项目	验收标准	分值	教师评分	备注
1	结构分析	设备安装流程符合规范	10		
2	电气部分	元器件安装位置正确，电路安装顺序做好正确规划	15		
3	机械部分	机械结构安装流程符合规范	15		
4	装配调试	安装工艺合格，各机械结构功能达标	15		
5	检测调试	电路连接各端口连接正确，强弱电连接正确，能调整伺服驱动控制模式，调整伺服驱动器控制方向、电子齿轮比等参数	15		
6	功能测试	通过控制软件检测设备各输入 / 输出口信号正常，检测设备各执行机构功能达标	15		
7	整机运行	使用控制软件绘制测试图形，调整设备参数，使设备按绘制轨迹正常运行，检测到设备运行方式正确，检查运行轨迹尺寸合格，检测设备运行稳定性	15		
合计			100		

表 5-3-8　验收过程问题记录

序号	验收问题记录	整改措施	完成时间	备注

评价与反馈

各组介绍任务的完成过程并提交阐述材料，进行学员自评、学员组内互评、教师评价，完成考核评价表（见表 5-3-9）。

引导问题 1：通过本任务的检查验收，谈一谈你对规范操作的理解。

引导问题 2：通过本任务的学习，你觉得该如何提高识图能力？

引导问题 3：你认为在设备安装与调试过程中应该注意的问题有哪些？

表 5-3-9　考核评价表

评价项目	评价内容	分值	自评 20%	互评 20%	教师评分 60%	合计
职业素养 40 分	爱岗敬业、安全意识、责任意识、工匠意思	10				
	积极参加任务活动，按时完成工作页	10				
	团队合作、交流沟通能力	10				
	劳动纪律，职业道德	5				
	现场 7S 标准，行为规范	5				
专业能力 60 分	设备安装与调试能力	20				
	制订计划能力，严谨认真	10				
	操作符合规范，精益求精	10				
	工作效率，分工协作	10				
	任务验收质量，质量意识	10				
合计		100				
创新能力加分	创新性思维和行动	20				
总计		120				

习题测评

简答题

1. 简述电气安装调试主要包括的工作内容。
2. 简述机械安装调试主要包括的工作内容。
3. 使用金属工具对滑台输入信号进行检测，检测对象主要包括哪些？
4. 在软件控制界面使用鼠标可对哪些控制端口实现启停？

任务四　光纤激光焊接工艺分析

知识储备

一、常见材料激光焊接工艺介绍

激光焊接适用于多种材料的焊接。激光的高功率密度及高焊接速度，使得激光焊缝、热影响区都很小。掌握好一些变化规律，就可以根据对焊缝组织的不同要求来调整焊缝的化学成分，通过控制焊接条件可以获得最佳的焊缝性能。常规焊接材料有以下几种。

（1）不锈钢　奥氏体不锈钢的导热系数只有碳钢的 1/3，吸收率比碳钢高。因此，奥氏体不锈钢可获得比普通碳钢深一点的焊接熔深。激光焊接热输入量小、焊接速度高，适合于 Ni-Cr 系列不

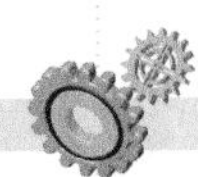

锈钢的焊接。激光焊接不锈钢样品如图 5-4-1 所示。

图 5-4-1 激光焊接不锈钢样品

（2）碳钢 低碳钢和低合金钢都具有较好的焊接性。但是采用激光焊接时，材料的含碳量不应高于 0.25%。对于碳当量超过 0.3% 的材料，焊接冷裂纹倾向会加大，设计中考虑到焊缝的一定收缩量，有利于降低焊缝和热影响区的残余应力和裂纹倾向。激光焊接碳钢样品如图 5-4-2 所示。

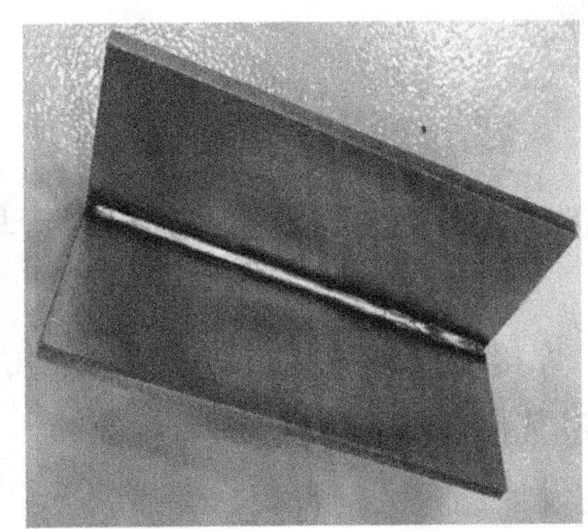

图 5-4-2 激光焊接碳钢样品

（3）铜、铝及其合金 铜对 CO_2 激光的反射率很高，但对 Nd：YAG 激光的反射率则很低，所以用激光焊接纯铜还是有可能的。通过表面处理来提高材料对激光的吸收。铜的不可焊性是因为其中锌的含量超出了激光焊接允许的范围。

由于铝合金的反射较高和导热系数很高。铝合金的激光焊接需要相对较高的能量密度。但是，许多铝合金中含有易挥发的元素，如硅、镁等，焊缝中都有很多气孔（激光焊接纯铝时不存在以上问题）。现阶段一般采用高能量、大脉宽、表面去除氧化、氩气充分保护等措施焊接时，效果还可以。激光焊接铜、铝合金样品如图 5-4-3 和图 5-4-4 所示。

图 5-4-3 激光焊接铜样品

图 5-4-4 激光焊接铝合金样品

（4）钛、镍及其合金　钛合金密度小、具有比强度高、耐高温、耐腐蚀等优良性质。钛和钛合金很适合激光焊接，可获得高质量、塑性好的焊接接头。但是钛对氧化很敏感，必须在惰性气氛中进行焊接。钛及钛合金对热裂纹是不敏感的，但是焊接时会在热影响区出现延迟裂纹，氢是引起这种裂纹的主要原因。镍及其合金具有良好的耐腐蚀性，在许多腐蚀性环境中表现稳定，并具有较高韧性和出色的耐磨性。在激光焊接应用中，可以形成牢固、连续且均匀的焊缝，焊接接头强度较高，热影响区小，因此能减少对母材料性能的不利影响。激光焊接镍样品如图 5-4-5 所示。

图 5-4-5　激光焊接镍样品

（5）异种金属焊接材料的焊接　异种金属的焊接，是指两种或两种以上不同金属（指其化学成分、金相组织及性能等不同）在一定工艺条件下进行焊接加工的过程。异种金属焊接接头的连接方式可分为直接连接和间接连接。

（6）黑色白色金属焊接　黑色白色金属焊接，指非合金钢或低合金钢与不锈钢之间的连接，如珠光体钢、铁索体和铁素体 - 马氏体钢以及奥氏体钢；奥氏体 - 铁素体钢与奥氏体钢。

二、影响激光焊接效果的因素

影响焊接性能的因素分为两大方面：外界因素与材料自身因素。

（1）外界因素

① 工艺因素：焊接前处理方式，处理的类型、方法、厚度、层数，处理后到焊接的时间内是否加热，剪切或经过其他的加工方式。

② 焊接工艺的设计：焊区、布线、焊接物。

③ 焊接条件：指焊接温度与时间，预热条件，加热、冷却速度，焊接加热的方式，热源载体的形式（波长、导热速度等）。

④ 焊接材料：焊剂、焊料、母材、焊膏的黏度，基板的材料。

（2）材料自身因素　钢材焊接性能的好坏主要取决于它的化学组成，而其中影响最大的是碳元素，也就是说，金属含碳量的多少决定了它的焊接性。钢中的其他合金元素大部分也不利于焊接，但其影响程度一般都比碳小得多。钢中含碳量增加，淬硬倾向就增大，塑性则下降，容易产生焊接裂纹。

1. 影响激光焊接的参数

一般激光焊接的参数见表 5-4-1 和表 5-4-2。

表 5-4-1　热传导焊接主要参数

工艺参数	解释	案例
功率密度	采用较高的功率密度，在微秒时间范围内，表层即可加热至沸点，产生汽化。因此，高功率密度对于材料去除加工，如打孔、切割、雕刻有利。对于较低功率密度，表层温度达到沸点需要经历数毫秒，在表层汽化前，底层达到熔点，易形成良好的熔融焊接	在传导型激光焊接中，功率密度范围在 10^4~10^6W/cm^2
激光脉冲波形	激光脉冲波形在激光焊接中是一个重要因素，尤其对于薄片焊接更为重要。当高强度激光束射至材料表面，金属表面将会有 60%~98% 的激光能量反射而损失掉，且反射率随表面温度变化而变化	在一个激光脉冲作用期间内，金属反射率的变化很大

影响激光焊接效果的因素——不同功率焊接过程

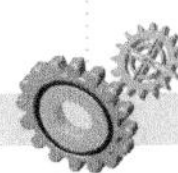

（续）

工艺参数	解释	案例
激光脉冲宽度	脉宽是脉冲激光焊接的重要参数之一，它既是区别于材料去除和材料熔化的重要参数，也是决定加工设备造价及体积的关键参数	在激光热传导焊接中，激光脉冲宽度与焊缝深度有直接关系，也就是说，脉冲宽度决定了材料熔化的深度和焊缝的宽度
离焦量	对焊接质量产生影响。激光焊接通常需要一定的离焦量，因为激光焦点处光斑中心的功率密度过高，容易蒸发成孔。离开激光焦点的各平面上，功率密度分布相对均匀。离焦方式有两种：正离焦与负离焦。以工件表面为准，焦平面深入工件内部称为负离焦，焦平面在工件之外称为正离焦	在实际应用中，当要求熔深较大时，采用负离焦；焊接薄材料时，宜采用正离焦

表 5-4-2 深熔焊接主要参数

工艺参数	解释	案例
激光功率	激光功率的大小是激光焊接技术的首选参数，只有保证了足够的激光功率，才能得到好的焊接效果。激光焊接中存在一个激光能量密度阈值，低于此值，熔深很浅，一旦达到或超过此值，熔深会大幅度提高。只有当工件上的激光功率密度超过阈值（与材料有关），等离子体才会产生，这标志着稳定深熔焊方可进行	激光功率较小时，虽然也能产生小孔效应，但有时焊接效果不好，焊缝内有气孔，激光功率加大时，焊缝内气孔消失，适当加大激光功率，可以提高焊接速度和熔深，只有在功率过大时，才会引起材料过分吸收，使小孔内气体喷溅，或焊缝产生疤痕，甚至使工件焊穿
光束焦斑	光束斑点大小是激光焊接最重要的变量之一	决定功率密度
透镜焦距	焊接时，通常采用聚焦方式会聚激光	一般选用 63~254mm 焦距的透镜
焦点位置	焊接时，为了保持足够的功率密度，焦点位置至关重要。焦点与工件表面相对位置的变化直接影响焊缝宽度与深度	正离焦和负离焦
焊接速度	对熔深影响较大，提高速度会使熔深变浅，但速度过低又会导致材料过度熔化、工件焊穿	对一定激光功率和一定厚度的某特定材料有一个合适的焊接速度范围，并在其中相应速度值时可获得最大熔深
保护气体	激光焊接过程常使用惰性气体来保护熔池。大多数应用场合常使用氦、氩、氮等气体做保护，保证工件在焊接过程中免受氧化。在一些对焊接技术要求严格的场合，如要求焊缝美观、密封、无氧化痕迹的产品，或是易于氧化难于焊接的铝合金材料，在焊接过程中就必须施加保护气体	氮气室上部有透光平板玻璃，允许波长为 1064nm 的激光光束射入焊件的焊缝上，氮气室内充满氮气，这样被焊接金属零件在加热熔化过程中就不会氧化，如焊接钢类零件或不锈钢类零件时，得到的焊缝是闪亮的，密封效果也好
材料吸收值	材料对激光的吸收取决于材料的一些重要性能	如吸收率、反射率、热导率、熔化温度、蒸发温度等，其中最重要的是吸收率

2. 影响激光焊接的金属性能

金属材料的性能通常包括物理性能、化学性能、力学性能和工艺性能等。表 5-4-3 为碳钢焊接性与含碳量的关系。

表 5-4-3 碳钢焊接性与含碳量的关系

名称	碳的质量分数（%）	典型硬度	典型用途	焊接性
低碳钢	≤ 0.15	60HRB	特殊板材和型材薄板、带材、焊丝	优
	0.15~0.25	90HRB	结构型用材、板材、棒材	良
中碳钢	0.25~0.60	25HRC	机器部件与工具	中（须预热、后热，推荐使用低氢焊接方法）
高碳钢	≥ 0.60	40HRC	弹簧、模具、钢轨	劣（须预热、后热，必须使用低氢焊接方法）

学习任务描述

激光焊接作为常用的加工方法，其加工流程、加工标准、成品检测等相关过程已趋于标准化，通过知识学习，了解激光焊接的基本原理，掌握激光焊接的基本分类、工艺分析，掌握标准产品基本加工流程、参数调试及工艺检测等相关技能。

学习目标

◆ 知识目标

1. 熟悉常见金属焊接工艺。
2. 了解异种金属材料的焊接方式。
3. 了解造成焊接缺陷的原因。

◆ 技能目标

1. 具备焊接加工工艺分析能力。
2. 具备解决激光焊接工艺缺陷的能力。
3. 具备防止激光焊接缺陷产生的能力。

◆ 素质目标

1. 具有良好的文化修养，具有正确的世界观、人生观、价值观。
2 培养健康的心理和乐观积极向上的人生态度。

任务书

因生产需要，某企业购进了大量金属钢材，通过激光焊接技术将这批材料按客户订单中的需求进行加工方案的设计，并针对不同属性的金属材料采用不同的焊接方法进行加工与制作，以达到加工工艺的完美性。本任务力求让学习者掌握常见金属激光焊接实施过程涉及的必要知识和主要技能。

任务分组

掌握相关的知识和技能，激光焊接工艺分析是本任务的主要内容。将班级学员分组，轮值安排组长，使每个人都有培养组织协调能力和管理能力的机会。各组任务可以相同或不同，明确每组的人员和任务分工。任务分工表见表 5-4-4。

表 5-4-4 任务分工表

<table>
<tr><td>班级</td><td></td><td>组号</td><td></td><td>任务</td><td></td></tr>
<tr><td>组长</td><td></td><td>时间段</td><td></td><td>指导教师</td><td></td></tr>
<tr><td>姓名</td><td>学号</td><td colspan="3">任务分工</td><td>备注</td></tr>
<tr><td></td><td></td><td colspan="3"></td><td></td></tr>
<tr><td></td><td></td><td colspan="3"></td><td></td></tr>
<tr><td></td><td></td><td colspan="3"></td><td></td></tr>
<tr><td></td><td></td><td colspan="3"></td><td></td></tr>
</table>

获取信息

引导问题 1：简述常见的焊接工艺。

引导问题 2：影响激光焊接性能的因素有哪些？

引导问题 3：常见的焊接缺陷有哪些？

引导问题 4：为了尽可能避免焊接缺陷的产生，加工前须做哪些方面的检查？

工作计划

按照任务书要求和获取的信息，每位组员根据自己的认知和理解，制订工作计划。光纤激光焊接工艺分析工作计划见表 5-4-5。

表 5-4-5 光纤激光焊接工艺分析工作计划

步骤名称	工作内容	负责人

工作决策

对不同组员（或不同组别）的工作计划进行方案的对比、分析、论证，整合完善，形成小组决策，作为工作实施的依据。计划优缺点对比分析见表 5-4-6，小组决策方案见表 5-4-7。

表 5-4-6 计划优缺点对比分析

小组 / 组员	计划中的优点	计划中的缺陷	优化方案

表 5-4-7　决策方案

步骤名称	工作内容	负责人

工作实施

1. 工件预处理

1）焊接工件预处理，检查原材料是否有缺陷，检查待焊接缝隙是否合格，对焊接是否产生影响。对焊位进行简单打磨。

2）将加工材料放入工件夹具内，开启夹具，测试夹具功能是否正常，检查气缸工作是否到位，检查夹具压紧后，焊接缝隙是否正常。

2. 工艺设置

通过对焊接进行相关工艺设置，如脉冲宽度、脉冲频率、切割起点、出光功率等。工艺设置完成后，可使用备用耗材进行出光测试。

3. 加工前的检查

在实际焊接之前，可以对加工轨迹进行检查。检查焊接程序是否有误。在正式加工前可以进行模拟加工。

4. 焊接加工

在正式加工前，需要检查设备各辅助系统工作是否正常。单击软件“开始”按钮，系统将控制气缸进行工件夹紧，然后焊接激光头沿待加工路径进行加工。

5. 工艺质量分析

对焊接加工产品展开加工工艺分析及评价，对存在的缺陷提出解决办法。

检查验收

根据对激光焊接工作任务的熟悉情况，每组选出一个验收代表，由教师组织按照验收标准对每组的任务完成情况进行检查验收和评价，包括资料收集情况、任务完成度等，并对验收问题及其整改措施、完成时间进行记录。验收标准及评分表见表 5-4-8，验收过程问题记录见表 5-4-9。

表 5-4-8　验收标准及评分表

序号	验收项目	验收标准	分值	教师评分	备注
1	工艺设置	调整时，应保证参数的合理性，参数调整应在允许范围内，应尽量避免满参数设置；激光参数调整方向应合理	20		
2	程序编辑	路径点合理，视教点无重复、多余，焊接流程正确（激光头移动到加工起点 - 开启吹气 - 焊接开始 - 焊接结束 - 停止吹气 - 激光头回原点）	20		

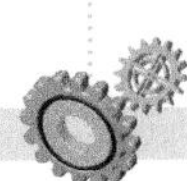

（续）

序号	验收项目	验收标准	分值	教师评分	备注
3	加工前检查	冷却系统、气路系统、光路系统符合规范	10		
4	加工成品	1）图形工艺符合加工要求 2）焊接路径与实际焊缝无偏差 3）焊接光斑大小（光斑大小合理、均匀连续） 4）焊接光斑密度（光斑无过密或过疏） 5）焊接焊缝清洁度（焊缝无氧化发黑） 6）焊缝表面质量（光滑、无塌陷、无未焊接区域） 7）焊接热影响区域（热影响区域合理、未产生热变形）	50		
合计			100		

表 5-4-9　验收过程问题记录

序号	验收问题记录	整改措施	完成时间	备注

评价与反馈

各组介绍任务的完成过程并提交阐述材料，进行学员自评、学员组内互评、教师评价，完成考核评价表（见表 5-4-10）。

引导问题 1：通过本任务的检查验收，你能想到哪些激光焊接工艺的优化提升方法？

引导问题 2：通过本任务的检查验收，谈一谈你对工艺分析的理解。

表 5-4-10　考核评价表

评价项目	评价内容	分值	自评 20%	互评 20%	教师评分 60%	合计
职业素养 40 分	爱岗敬业、安全意识、责任意识、工匠意识	10				
	积极参加任务活动，按时完成工作页	10				
	团队合作、交流沟通能力、集体主义精神	10				
	劳动纪律，职业道德	5				
	现场 7S 标准，行为规范	5				
专业能力 60 分	专业资料检索能力，产品工艺分析能力	30				
	制订计划能力，严谨认真	10				
	精益求精	5				
	分工协作	5				
	任务验收质量，质量意识	10				
合计		100				
创新能力加分	创新性思维和行动	20				
总计		120				

习题测评

简答题

1. 影响激光焊接的金属性能通常包含哪些?
2. 简述热传导焊接与深熔激光焊接的主要区别。

任务五 光纤激光焊接设备维护

知识储备

激光焊接设备在使用过程中会出现激光器功率下降、光路器件污染损坏、机械零件磨损、电气元器件损坏缺失等问题，直接影响设备的稳定性，甚至无法保证设备的正常运行工作。对激光焊接设备主要系统和设备进行日常的维护保养可以减少以上问题的发生，延长设备使用寿命。

一、激光焊接设备维护保养知识

日常维护保养主要包括以下几项内容。

1）防尘与去尘：灰尘会造成设备电气元器件绝缘性能降低或变坏。

2）防热与排热：温升会使设备绝缘性能下降、电气元器件性能参数变差，因而设备工作环境不宜超过40℃。

3）防振与防松：激光焊接设备对振动特别敏感，建议加装防振垫。

4）防干扰和防漏电：激光焊接设备电磁环境主要包括周围电磁场、供电设备品质、信号电气干扰等内容。

二、光学元器件维护保养知识

激光系统内部的光路采用封闭设计，一般不用清洁。如有污染情况，可参考以下方式进行处理。

1）针对光学元器件轻度污染，可通过吹气球用无水乙醇与乙醇按3∶1比例混合进行柔性清洁处理。

2）针对光学元器件中度污染，可使用含6%醋酸成分的蒸馏白醋轻微擦拭光学元器件表面。

3）针对光学元器件重度污染，需要使用光学抛光剂去除具有吸收作用的污染层。

三、机械传动部件维护保养知识

激光焊接设备的机械传动系统部件主要有电动机、滑台、导轨、滑块、工件底座、长短边焊压板支柱等。

1）导轨及滑块组件的维护保养：滑块是易磨损件，磨损会降低导向精度和运动平稳性，如需

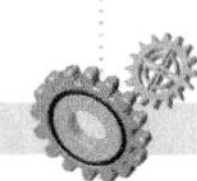

更换，应注意调整好导轨与滑块之间的间隙。

2）丝杠螺母、工件底座的维护保养：主要检查各连接件之间是否产生松动、有无异响，出现上述情况应及时紧固与维护。

四、电气元器件的维护保养

电气元器件主要指低压配电装置、限位开关、传感器、操作按钮、工作指示灯等。所有电气元器件建议每月检查一次，应检测其通断是否正常，按钮是否失效，触发各种工作的信号、报警，观察其指示灯是否正常。

五、辅助配件的维护保养

激光焊接设备主要由电路、光路、水路、气路和机械等系统组成，这些系统对应的一些辅助配件的维修保养以实际设备的说明书为准。

学习任务描述

激光焊接设备主要系统和器件维护保养是设备现场安装调试工作和设备日常运行之余须完成的重要工作之一。通过对其光学元件的维护保养、机械部分维护保养、电气系统元器件维护保养及设备辅助配件的维护保养，可以使激光焊接设备长期保持良好的运行状态，延长其使用寿命，从而获得最佳效益。

学习目标

◆ 知识目标

1. 掌握激光焊接设备日常保养的基础知识。
2. 了解激光焊接设备保养器件的组成。

◆ 技能目标

1. 能够准确识别激光焊接设备的系统器件。
2. 能够科学维护保养激光焊接设备的各大系统。

◆ 素质目标

1. 培养严谨务实的工作作风。
2. 拥有健康的身体素质，能适应岗位的要求。

任务书

激光焊接设备制造厂商向客户交付生产订单设备时，会一并提交设备使用说明书，并且向客户交接维护保养工具，演示维护保养过程，培训维护保养人员，检查维护保养结果并做好首次维护保养记录，确保设备正常交付使用及后期的正常运行。

任务分组

掌握相关的设备维护保养知识和技能是本任务的主要内容。将班级学生分组，轮值安排组长，使每个人都有培养组织协调能力和管理能力的机会。各组任务可以相同或不同，明确每组的人员和任务分工。任务分工表见表 5-5-1。

表 5-5-1 任务分工表

班级		组号		任务	
组长		时间段		指导教师	
姓名	学号	任务分工			备注

获取信息

引导问题 1：简述常见的激光焊接设备日常维护保养的方法。

引导问题 2：构成激光焊接设备工作稳定性的因素有哪些？

引导问题 3：列举常见的设备维护工具和相关的清洁试剂。

引导问题 4：列举激光焊接设备常见故障及排除方法。

工作计划

按照任务书要求和获取的信息，每位组员根据自己的认知和理解制订工作计划。光纤激光焊接设备维护工作计划见表 5-5-2。

表 5-5-2 光纤激光焊接设备维护工作计划

步骤名称	工作内容	负责人

工作决策

对不同组员（或不同组别）的工作计划进行方案的对比、分析、论证，整合完善，形成小组决策，作为工作实施的依据。计划优缺点对比分析见表 5-5-3，小组决策方案见表 5-5-4。

表 5-5-3 计划优缺点对比分析

小组 / 组员	计划中的优点	计划中的缺陷	优化方案

表 5-5-4 决策方案

步骤名称	工作内容	负责人

工作实施

1）电路系统维护保养。
2）水路系统维护保养。
3）光路系统维护保养。
4）气路系统维护保养。
5）辅助系统维护保养。
6）维护保养分析，故障排除解决方案制定。

检查验收

根据光纤激光焊接设备维护任务的工作情况，每组选出一个验收代表，由教师按照验收标准对每组的任务完成情况进行检查验收和评价，包括资料收集情况、任务完成度等，并对验收问题及其整改措施、完成时间进行记录。验收标准及评分表见表 5-5-5，验收过程问题记录见表 5-5-6。

表 5-5-5 验收标准及评分表

序号	验收项目	验收标准	分值	教师评分	备注
1	设备日常维护规范的执行	能够对激光器件、激光设备及其系统进行安全风险控制 能够遵循保养规范进行激光器件、激光设备及其系统的日常维护	25		
2	常规工具的使用	能够熟练操作使用各类工具	25		
3	调试与检测	能够根据设备故障精准维修调试并做好保养工作	25		
4	故障分析提升	设备要按规定时间做好日常维护，面对新故障能有效分析提出解决方案，并做好记录工作	25		
合计			100		

表 5-5-6 验收过程问题记录

序号	验收问题记录	整改措施	完成时间	备注

评价与反馈

各组介绍任务的完成过程并提交阐述材料，进行学员自评、学员组内互评、教师评价，完成考核评价表（见表 5-5-7）。

引导问题 1：通过本任务的检查验收，谈一谈激光焊接设备日常保养的必要性。

引导问题 2：通过本任务学习，谈一谈对设备安全规范操作的重要性。

引导问题 3：通过本任务学习，谈一谈对团队合作的理解。

表 5-5-7　考核评价表

评价项目	评价内容	分值	自评 20%	互评 20%	教师评分 60%	合计
职业素养 40 分	爱岗敬业、安全意识、责任意识、服从意识	10				
	积极参加任务活动，按时完成工作页	10				
	团队合作、交流沟通能力、集体主义精神	10				
	劳动纪律，职业道德	5				
	现场 7S 标准，行为规范	5				
专业能力 60 分	专业资料检索能力，设备故障查找及维修能力	20				
	制订计划能力，严谨认真	10				
	操作符合规范，精益求精	10				
	工作效率，分工协作	10				
	任务验收质量，质量意识	10				
合计		100				
创新能力加分	创新性思维和行动	20				
总计		120				

习题测评

简答题

1. 激光焊接设备受到电磁干扰主要包括哪几方面？
2. 光学元器件的维护保养按污染程度可分为哪几类？
3. 焊接设备出现无法起动现象，我们要选用什么工具做哪些方面的检查？
4. 简述按规定执行设备的日常保养计划的重要性。

项目六

金属激光切割设备装调技术

项目导入

金属激光切割是利用高功率密度激光作用于待加工材料，在极短的时间内将材料加热到几千至上万摄氏度，使金属材料迅速熔化，在高速同轴辅助气体的作用下将熔化物质吹掉，随着激光与材料的相对运动形成切缝，从而达到切割目的。金属激光切割主要用于碳钢、硅钢、不锈钢、铝合金、钛合金、镀锌板、酸洗板、镀铝锌板、铜等多种金属材料的快速切割，当前主流的金属激光切割设备以光纤激光切割设备为主。

本项目以金属激光切割设备典型代表光纤激光切割设备展开学习，通过光纤激光切割内容的学习，了解光纤激光切割设备的基本组成及相关工作原理；掌握光纤激光切割设备电气部分安装与调试；掌握光纤激光切割设备机械装调及切割相关的工艺参数优化；掌握切割设备的保养和维护。

金属激光切割设备装调技术项目包含以下五个任务：

任务一　熟悉金属激光切割技术

任务二　光纤激光切割设备电气部分装调

任务三　光纤激光切割设备总装联调

任务四　光纤激光切割工艺分析

任务五　光纤激光切割设备维护

完成上述五个任务，将对金属激光切割设备具有较为全面的认识，为后续从事激光切割设备制造及应用工作打下良好基础。图 6-0-1 所示为本项目思维导图。

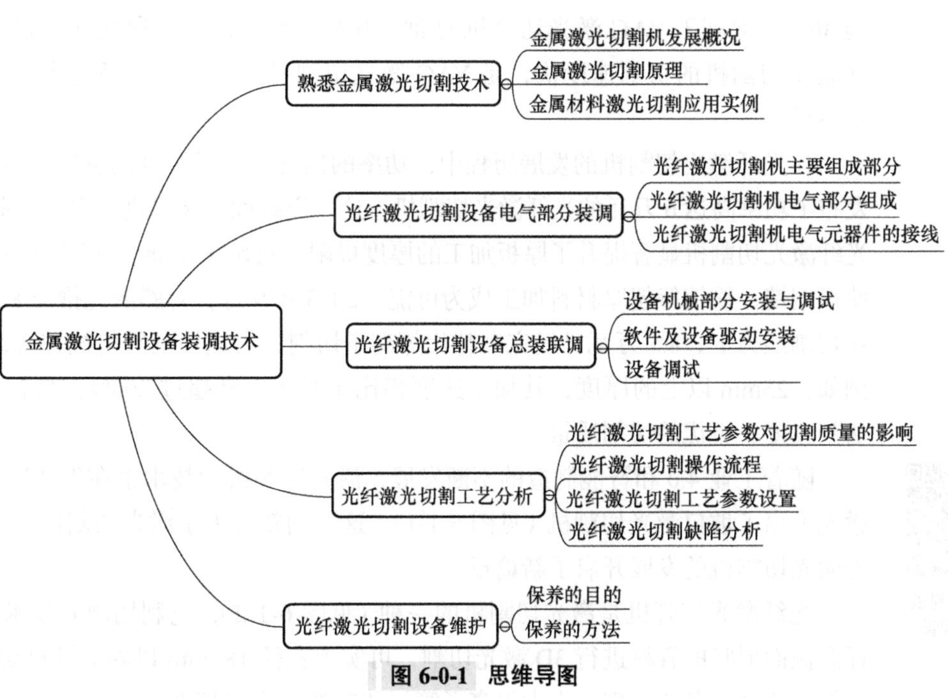

图 6-0-1　思维导图

任务一 熟悉金属激光切割技术

知识储备

一、金属激光切割机发展概况

金属激光切割机是专门用来切割金属材料的激光切割设备。市场上主流的有光纤激光切割机、CO_2激光切割机、YAG激光切割机。

从20世纪70年代起，CO_2激光切割机逐渐成为激光切割行业的主力，其功率一般为3kW左右，可用于切割碳钢、不锈钢、铝等金属板材，也可用于切割木材、亚克力、皮革、塑料泡沫、纺织品等非金属。然而，CO_2激光切割机在维护上的成本相对较高，主要体现在其关键部件，如前镜和尾镜的价格不菲，涡轮机轴承寿命较短且替换成本高昂。此外，CO_2激光切割的速度相对较慢，无法切割铜及其合金，其光电转换效率仅为8%~10%，进一步增加了运行成本。

为了解决这些问题，光纤激光切割机应运而生。光纤激光切割机的维护成本低，切割效率高，操作灵活，且光电转换率高，可以达到30%，这一性能远超过CO_2激光切割机。因此，在金属切割领域，光纤激光切割机已经超越了CO_2激光切割机。但在非金属领域，CO_2激光切割机仍然是首选。

YAG激光切割机是一种通过激光束将激光能量转换为极高热量的设备，这种热量足以使金属熔化或蒸发，从而实现精确切割。YAG激光切割机的输出功率通常低于800W，其输出能量较小，以前主要用于钻孔和切割8mm以内的薄板。随着技术的发展，YAG激光切割机已经被光纤激光切割机所替代。光纤激光切割机具有许多优势。首先，光纤激光切割机的电光转换效率高，可达到30%，远高于YAG激光切割机的8%~10%。其次，光纤激光切割机的维护成本低。此外，光纤激光切割机的切割速度快，是YAG激光切割机的4~5倍，适合大批量加工生产，同时还能加工厚板。

在光纤激光切割机的发展历程中，功率的提升一直是关键的发展方向。2023年3月，奔腾激光发布了功率高达6万瓦的光纤激光切割机，这一突破性的技术进步引发了业界的广泛关注。6万瓦的光纤激光切割机显著提升了厚板加工的厚度极限，打破了100mm以上不能稳定量产的“激光禁区”，使得钢锭、铁锭等超厚材料加工成为可能。2023年9月，奔腾激光推出8.5万瓦的光纤激光切割机，在切割能力上，8.5万瓦已经完全替代等离子切割、火焰切割等传统方式，加工速度有了质的飞跃。例如，25mm以上的厚度，其加工速度相比4万瓦提升超过200%，具备更强的切割能力、更快的切割速度、更优的切割质量。

随着工业4.0和智能制造的不断发展，激光切割机的技术也在不断进步和创新。2019年，奔腾激光推出了坡口激光切割机（见图6-1-1），这一创新打破了激光切割机只比功率的同质化竞争局面，为激光切割机的发展开启了新篇章。

激光切割机
切割钢管

光纤激光切管机是激光切割机的一种（见图6-1-2），它利用激光技术对管材进行切割，能够对任意截面形状的管材进行3D激光切割，可实现直径180mm以内的管材切割，并具备自动上下料的功能。这种设备的出现，大大提高了管材切割的效率和精度。

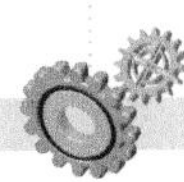

图 6-1-1 奔腾激光切割机坡口切割

图 6-1-2 奔腾激光切管机

三维光纤激光切割机是一种高精度、高效率的激光加工设备，它结合了自动化机器人技术和专业的激光头，能够对各种金属材料进行精准的切割加工。这种机器通常具备多轴运动能力，可以处理复杂的三维零件，进一步扩大了光纤激光切割机的应用范围。

更为先进的是三维五轴光纤激光切割机，它采用专业的三维五轴数控系统，能够进行复杂的三维切割（见图 6-1-3）。其中，X/Y 轴横梁移动式三维切割，Z 轴上下移动，C 轴 N×360° 无限旋转，B 轴左右 ±135° 摆动，可以实现复杂曲面三维件的高速切割。这种设备的出现，使得激光切割技术在处理复杂形状和曲面的切割任务上具有更高的精度和效率。

图 6-1-3 大族三维五轴激光切割机

二、金属激光切割原理

激光与金属材料相互作用时，材料吸收的热量远远超过被材料反射、传导或扩散的部分，材料很快被加热至汽化温度，蒸发形成孔洞。随着光束与材料相对线性移动，使孔洞连续形成宽度很窄（如 0.1mm 左右）的切缝。切边热影响很小，基本没有工件变形。切割过程中还可添加与被切材料相适应的辅助气体。碳钢切割时，用氧气作为辅助气体与熔融金属产生氧化燃烧反应释放大量热量，同时帮助吹走割缝内的熔渣。进入喷嘴的辅助气体还能冷却聚焦透镜，防止烟尘进入透镜座内污染镜片并导致镜片过热。

金属激光切割原理

在工业制造中，金属加工业占比较大，许多金属材料不管具有什么样的硬度，都可进行无变形切割，4 万瓦光纤激光切割机可切割 220mm 不锈钢、130mm 碳钢和 200mm 铝板。对于高反射率材料，如金、银、铜和铝合金，它们是很好的传热导体，利用激光很难进行切割，甚至不能切割，某些难切割的材料可使用脉冲激光进行切割，脉冲激光具有很高的峰值功率，会使材料对光束的吸收系数瞬间急剧提高。

三、金属材料激光切割应用实例

光纤激光切割机适用于金属材料的切割，特别是在处理薄金属板时，由于其波长在 1060~1070nm 之间，金属材料对这个波长范围的光吸收率高，且光纤激光切割机的电光转换效率高，可以通过光纤传输提高柔性化程度和加工速度。

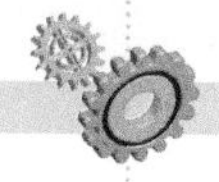

1. 碳钢

光纤激光切割机在切割碳钢方面具有显著的优势，能够输出高能量密度的激光束，聚焦在工件切割处，使工件材料瞬间熔化，从而实现切割。在碳钢加工中，光纤激光切割机能够确保高精度的切割效果，广泛应用于汽车、船舶、精密配件和家用电器等领域的五金零件制造。

在切割碳钢时，通常使用氧气作为辅助气体，这有助于冷却切割区域并加速燃烧过程，从而加快切割速度。氧气在切割过程中与金属发生氧化反应，释放出大量的热量，同时气体的压力会吹走氧化物和熔渣，形成切口。

切割应用实例（碳钢）——20mm碳钢亮面

此外，使用空气作为辅助气体进行切割也是一种成本效益较高的选择。例如，使用3000W光纤激光切割机，只需1.2MPa的空气压力就可以实现对2mm以下碳钢的高质量切割，而且切割速度可以显著提高。然而，使用空气切割时需要注意空压机和冷干机的定期保养，以确保空气洁净、无水无油。

2. 不锈钢

光纤激光切割机在切割不锈钢时通常选择氮气作为辅助气体，氮气可以起到冷却和保护材料的作用，使得切割金属的断面比较光亮、切割效果好。切割不锈钢时，氮气除了可防止材料被氧化和吹掉融熔物，还起到冷却材料和保护镜片的作用。氮气的纯度要求较高，特别是切割8mm以上的不锈钢时，氮气的纯度一般需要达到99.999%，如果氮气的纯度不足，混入的氧气和水分会影响切割质量，水分还可能对镜片造成损伤。

3. 合金钢

大多数合金钢都能用光纤激光切割，其切边质量良好。采用光纤激光切割机切割合金钢时，选择的辅助气体主要取决于切割材料的类型和厚度。例如，铝合金用氮气，铜合金用氧气。但含钨高的工具钢和热模钢，激光切割时会有熔蚀和粘渣，光纤激光切割时应使用高压无氧切割，从而获得清洁切口。

4. 铝及其合金

因铝材的高反射性和不耐高温，一直是光纤激光切割的难题。切割时，可在铝材表面涂黑色材料降低反射，且须控制工艺和切割速度以防毛刺和裂纹。建议使用氮气防止氧化，保留材料特性。切割厚度视设备功率而定，如3000W设备可切割8mm以下铝材。总的来说，切割铝材须耐心调试工艺并注意切割速度。

5. 钛及钛合金

钛及其合金因高强度、低密度、优异的耐腐蚀和耐热性，在海洋、航空航天等领域广泛应用。但其加工难度大，因热加工时易吸附杂质，抗磨性差，因而生产工艺复杂。采用光纤激光切割机切割钛合金时，常用氩气或氮气防止其与氧反应，避免过烧。

6. 铜及合金

当采用光纤激光切割机切割金属铜时，添加的辅助气体与材料在高温条件下产生反应，可增加切割速度，例如，使用氧气可以达到助燃的效果。对于激光切割来讲，氮气是提高切割效果的一种辅助气体，对于1mm以下的铜材料来讲，采用光纤激光切割机是完全可以进行加工的，采用氮气作为辅助气体最佳。当金属铜的厚度达到2mm，采用氮气则是无法进行加工的，这时必须添加氧气将其氧化才能够实现切割。

学习任务描述

通过本任务内容的学习，学习者可了解激光切割技术的基本知识及设备构造，在进行一些设备选型及应用场景中能够做出比较准确的判断，对一些新型激光切割设备具备跟踪能力，掌握激光切

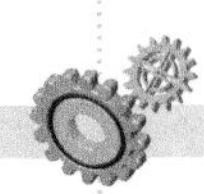

割技术最新发展动态。

学习目标

◆ 知识目标

1. 了解金属激光切割的概念。
2. 掌握金属激光切割的原理。
3. 掌握光纤激光切割的特点。

◆ 技能目标

1. 能对常见的金属激光切割提出大体解决方案。
2. 能根据用户需求推荐合适的金属激光切割设备。

◆ 素质目标

1. 培养学习者养成严谨认真的做事态度。
2. 培养学习者具备新技术视野。

任务书

某激光企业希望向潜在客户推销金属激光切割设备，拟写一份关于金属激光切割技术的方案，主要包含金属激光切割技术的基本原理、常见的金属切割设备及其特点。

任务分组

将班级学员分组，可 4~8 人为一组，轮值安排组长，使每个人都有培养组织协调能力和管理能力的机会。各组任务可以相同或不同，明确每组的人员和任务分工，注意培养团队协作能力。任务分工见表 6-1-1。

表 6-1-1 任务分工表

<table>
<tr><td>班级</td><td></td><td>组号</td><td></td><td>任务</td><td></td></tr>
<tr><td>组长</td><td></td><td>时间段</td><td></td><td>指导教师</td><td></td></tr>
<tr><td colspan="2">姓名</td><td>学号</td><td>任务分工</td><td colspan="2">备注</td></tr>
<tr><td colspan="2"></td><td></td><td></td><td colspan="2"></td></tr>
<tr><td colspan="2"></td><td></td><td></td><td colspan="2"></td></tr>
<tr><td colspan="2"></td><td></td><td></td><td colspan="2"></td></tr>
<tr><td colspan="2"></td><td></td><td></td><td colspan="2"></td></tr>
<tr><td colspan="2"></td><td></td><td></td><td colspan="2"></td></tr>
<tr><td colspan="2"></td><td></td><td></td><td colspan="2"></td></tr>
<tr><td colspan="2"></td><td></td><td></td><td colspan="2"></td></tr>
<tr><td colspan="2"></td><td></td><td></td><td colspan="2"></td></tr>
</table>

获取信息

引导问题 1：世界知名的光纤激光切割机生产商有哪些？我国自主生产的主流品牌有哪些？

引导问题 2：查阅资料，描述光纤激光切割机的主要特点和应用分类。

引导问题 3：以某光纤激光切割机为例，说明此光纤激光切割机的产地、品牌、型号，其切割速度有多快？切割范围是多大？切割精度是多少？

工作计划

按照任务书要求和获取的信息，每位组员根据自己的认知和理解，制订光纤激光切割机知识梳理工作计划，填入表 6-1-2。

表 6-1-2　光纤激光切割机知识梳理工作计划

序号	工作内容	负责人

工作决策

对不同组员（或不同组别）的工作计划进行对比、分析、论证，整合完善，形成小组决策，作为任务实施的依据。计划优缺点对比分析见表 6-1-3，小组决策方案见表 6-1-4。

表 6-1-3　计划优缺点对比分析

小组 / 组员	计划中的优点	计划中的缺陷	优化方案

表 6-1-4　决策方案

序号	工作内容	负责人

工作实施

一、金属激光切割技术原理

首先，通过查阅书籍，通过在网站、公众号检索等方式搜集、整理金属激光切割技术原理。

二、常见金属切割设备及其特点

搜集整理国内常见金属切割设备及其特点，并以表格的形式归纳总结。

引导问题 1：在任务实施中，遇到最大的困难是什么？

引导问题 2：通过本任务的实施，你学到了什么？

引导问题 3：在任务的实施过程中，哪些还有待提升和改进？

检查验收

完成任务后，每组选出一名验收代表，由教师对每组的任务完成情况进行检查验收和评价，包括内容丰富度、任务完成度等，并对验收问题及其整改措施、完成时间进行记录。验收标准及评分表见表 6-1-5，验收过程问题记录见表 6-1-6。

表 6-1-5　验收标准及评分表

序号	验收项目	验收标准	分值	教师评分	备注
1	金属激光切割技术的基本原理	内容准确度与完整度	20		
2	金属激光切割设备	设备类型与特点，不同类型设备优缺点	60		
3	总体情况	分工合理性、合作程度、总体完成质量	20		
		合计	100		

表 6-1-6　验收过程问题记录

序号	验收问题记录	整改措施	完成时间	备注

评价与反馈

各组介绍任务的完成过程并提交阐述材料，进行学员自评、学员组内互评、教师评价，完成考核评价表（见表 6-1-7）。

引导问题 1：通过本任务的完成情况，谈一谈你对合作精神的理解。

引导问题 2：本任务哪个环节你的收获最多？谈谈你收获了什么。

表 6-1-7　考核评价表

评价项目	评价内容	分值	自评 20%	互评 20%	教师评分 60%	合计
基础 30 分	责任意识、服从意识	10				
	参加任务活动情况	10				
	团队合作、交流沟通能力	10				
强化 50 分	专业资料检索能力	10				
	制订计划能力	10				
	工作效率、分工协作	10				
	任务验收质量，质量意识	20				
创新 20 分	创新性思维和行动	20				
总计		100				

知识拓展

光纤激光切割机是一种先进的金属切割设备，以其高效、精确、节能的特点，在全球范围内得到了广泛的应用。预计在未来几年内，全球光纤激光切割机市场将保持持续增长态势。

首先，随着科技的发展，光纤激光切割机的技术也在不断进步。例如，智能化、自动化的切割设备越来越多地出现在生产线上，大大提高了生产效率和产品质量。此外，新型光纤激光切割机还具有更低的能耗和更长的使用寿命，这将进一步推动其市场需求。

其次，全球各行业对高精度、高效率切割设备的需求正在增加。在汽车制造、航空航天、机械制造等领域，光纤激光切割机的应用越来越广泛。随着这些行业的发展，未来对光纤激光切割机的需求将进一步增加。

在行业就业方面，随着光纤激光切割机技术的普及，相关的职业教育也越来越受到重视。许多职业学校和技术培训机构都开设了光纤激光切割机操作和维护的课程，培养专业的技术人才。这不仅可以满足行业对人才的需求，也为广大求职者提供了更多的就业机会。

总的来说，光纤激光切割机作为一种高效、精确的金属加工设备，其全球范围内的应用将越来越广泛。同时，随着技术的不断进步和市场需求的不断增长，相关的职业教育也将得到更好的发展。这将为行业提供大量的就业机会，也将为求职者提供更广阔的职业发展空间。

习题测评

一、选择题

关于光纤激光切割机在切割钢、铝、铜等金属材料时的优势，以下哪些描述是正确的？（多选）（　　）

A. 光纤激光切割可以实现高精度的切割，切割表面光滑，没有切缝，切割质量较高

B. 光纤激光切割速度慢，不能在短时间内完成金属材料的切割任务

C. 光纤激光切割具有高精度的位置控制系统，能够实现精细的切割和复杂的图案加工

D. 光纤激光切割只适用于碳钢的切割，不能切割不锈钢、铝合金、铜等金属材料

E. 光纤激光切割采用激光束进行切割，切割过程中无须与金属材料接触，可以减少材料的损耗和污染

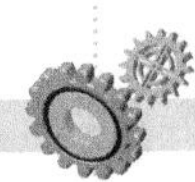

二、简答题

1. 简要描述 CO_2 激光和光纤激光的主要差异。
2. 简要描述光纤激光切割的工作原理。
3. 光纤激光切割在切割过程中可能遇到哪些问题？
4. 为什么采用光纤激光切割机切割厚度为 6~8mm 的金属材料时的表现优于 CO_2 激光切割机？

任务二　光纤激光切割设备电气部分装调

知识储备

一、光纤激光切割机的结构组成

光纤激光切割机的主要组成框图如图 6-2-1 所示。

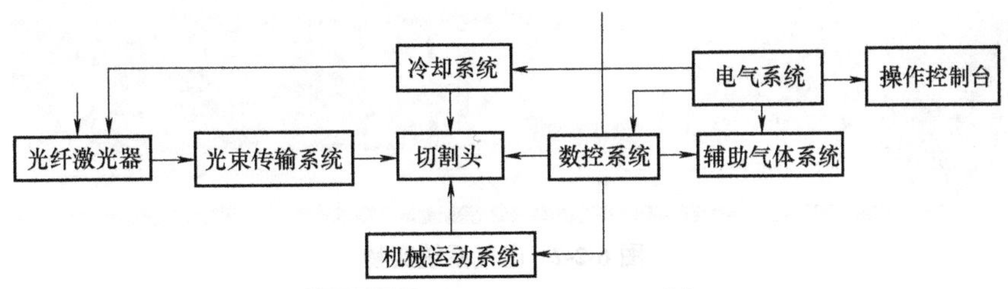

图 6-2-1　光纤激光切割机组成框图

1. 光纤激光器

光纤激光器用于产生激光束，光纤激光器具有高效率、紧凑、免维护等优点。

2. 光束传输系统

光束传输系统主要包括光束传输纤维、光纤连接器和光学元件。它用于将激光器产生的光束引导到切割头。

3. 切割头

切割头包括聚焦透镜、气体喷嘴、光纤连接器等组件。聚焦透镜将光束聚焦在材料上，产生高能量密度的焦点，从而实现切割。

4. 数控系统

数控系统包括操作控制台、控制器、伺服驱动器和伺服电动机等。它用于控制激光器的输出功率、切割头的位置和速度及辅助气体的压力等参数。

5. 机械运动系统

机械运动系统包括 X、Y、Z 轴线性导轨、滑块、齿轮、传输带等传动部件。它用于将数控系统的指令转换为切割头的实际运动。

6. 辅助气体系统

辅助气体系统包括气源、气体调压器、气体管道和切割头喷嘴。辅助气体用于吹走切割过程中产生的熔渣，保护光学元件免受烟尘污染。

7. 冷却系统

冷却系统主要用于冷却激光器、切割头和光学元件，以保证设备稳定运行。冷却系统通常采用水冷系统（包括冷却器、水泵、水箱和水管等）。

8. 电气系统

电气系统包括电源、控制柜、线缆、接口等。它为整个系统提供电力，并实现各部件之间的通信和控制。

激光器（光纤）通过光束传输系统将激光引导至切割头。切割头与机械运动系统相连，实现在加工过程中的精确运动。机械运动系统受数控系统的控制。数控系统负责控制激光器的输出功率、切割头的位置和速度及辅助气体的压力等参数，与切割头、机械运动系统和辅助气体系统相连。冷却系统与激光器、切割头相连，保持设备稳定运行。

二、光纤激光切割机电气部分

电气系统（见图 6-2-2）负责为整个设备提供电源，并与冷却系统、数控系统、辅助气体系统和操作控制台相连。操作控制台用于操作员与设备的交互。

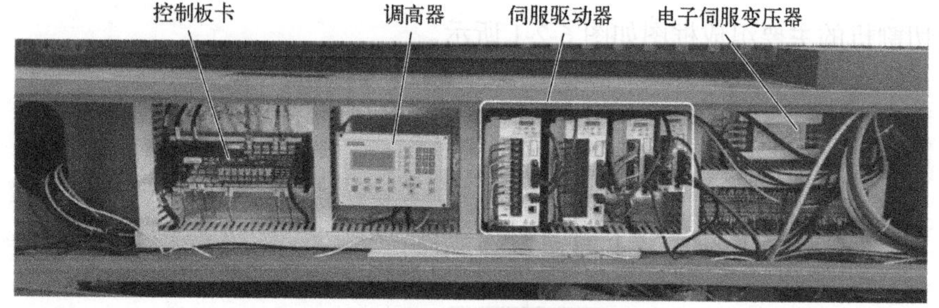

图 6-2-2　电气系统实物

1. 控制板卡与伺服驱动器的接线方法

光纤激光切割机的运动控制板主要负责接收指令并将其转换为电信号，驱动切割机的电动机精确运动。它控制切割机的运动速度和位置，确保切割精度和质量。同时，它还能进行故障检测和处理，保证切割机的正常运行。FSCUT2000C 控制板的接口示意图如图 6-2-3 所示。下面以 FSCUT2000C 光纤激光切割机控制系统上的 BCL3766 控制板为例讲解控制板的主要接口含义和作用。

控制板上的 4 个伺服控制接口均为 DB15 接口，其引脚定义及与之配套使用的伺服电缆线信号线定义如图 6-2-4 所示。

① 24V、0V：为伺服驱动器提供 DC24V 电源。

② SON：伺服 ON，输出伺服驱动器使能信号。

③ ALM：报警，接收伺服驱动器报警信号。

④ PUL+、PUL−：脉冲（PULS），差动输出信号。

⑤ DIR+、DIR−：方向（DIR），差动输出信号。

⑥ A+、A−、B+、B−、Z+、Z−：编码器三相输入信号。

FSCUT2000C 控制系统采用的是“脉冲＋方向”信号控制伺服驱动器，那么运动板卡和伺服驱动器是怎么连接的呢？下面以三洋 R 系列伺服驱动器进行介绍，驱动器的连接方式如图 6-2-5 所示。

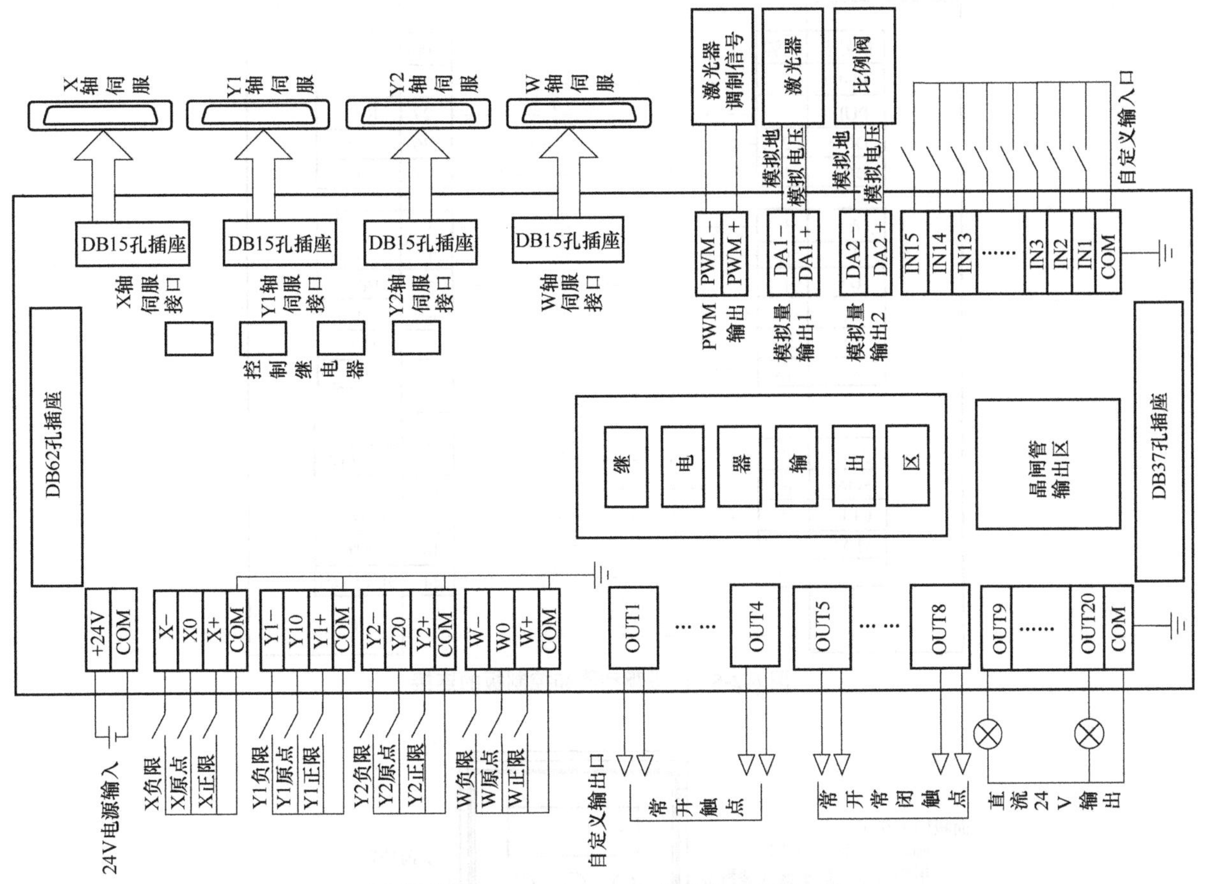

图 6-2-3 FSCUT2000C 控制板的接口示意图

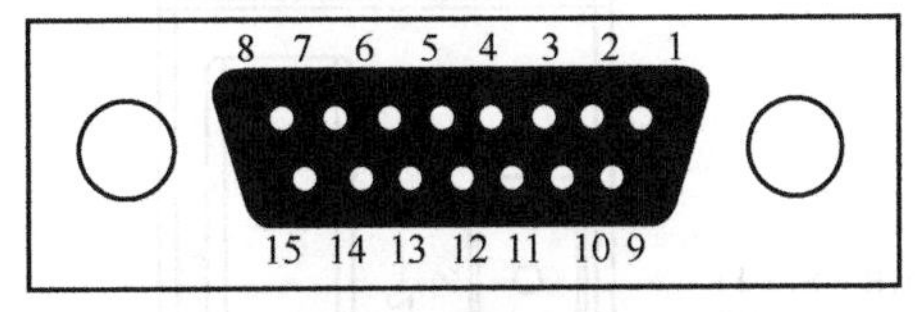

15芯伺服控制信号线					
引脚	线色	信号名	引脚	线色	信号名
1	黄	PUL+	9	黄黑	PUL−
2	蓝	DIR+	10	蓝黑	DIR−
3	黑	A+	11	黑白	A−
4	橙	B+	12	橙黑	B−
5	红	Z+	13	红黑	Z−
6	绿	SON	14	紫	ALM
7	绿黑	CLR	15	棕黑	0V
8	棕	24V			

图 6-2-4 伺服电缆信号线各引脚含义

下面以通用伺服驱动器（JASD 系列，见图 6-2-6）为例详细讲解驱动器其他位置的线路连接。

（1）再生电阻　再生电阻通常连接在伺服驱动器的再生端口上。当伺服电动机减速或停止时，电动机会产生再生电能，这部分电能通过再生电阻转换为热能散发出去，防止电能反馈到电源系统引起电源电压升高。

（2）PC 调试端口　用于连接伺服驱动器和 PC 的端口，用于调试和设置伺服驱动器的参数。

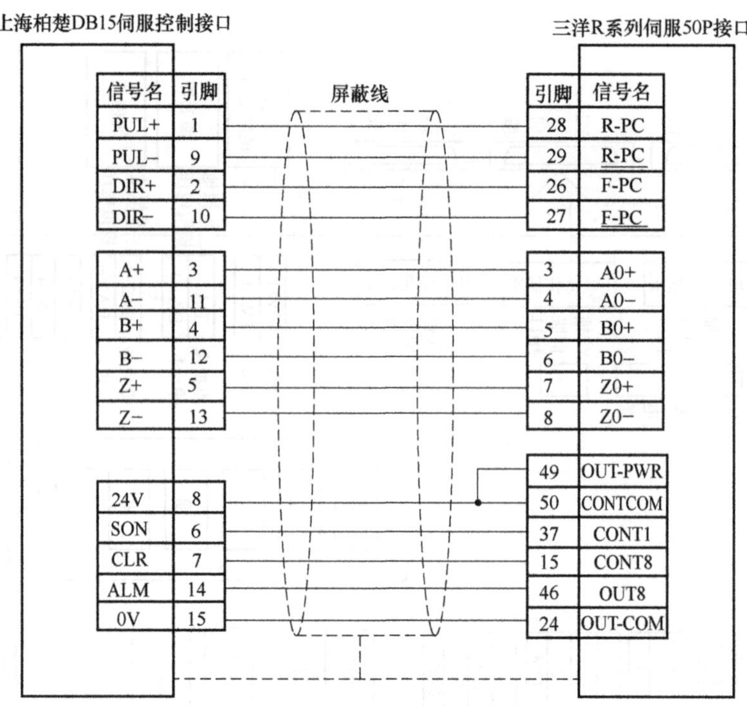

图 6-2-5　伺服驱动器和控制板的连接

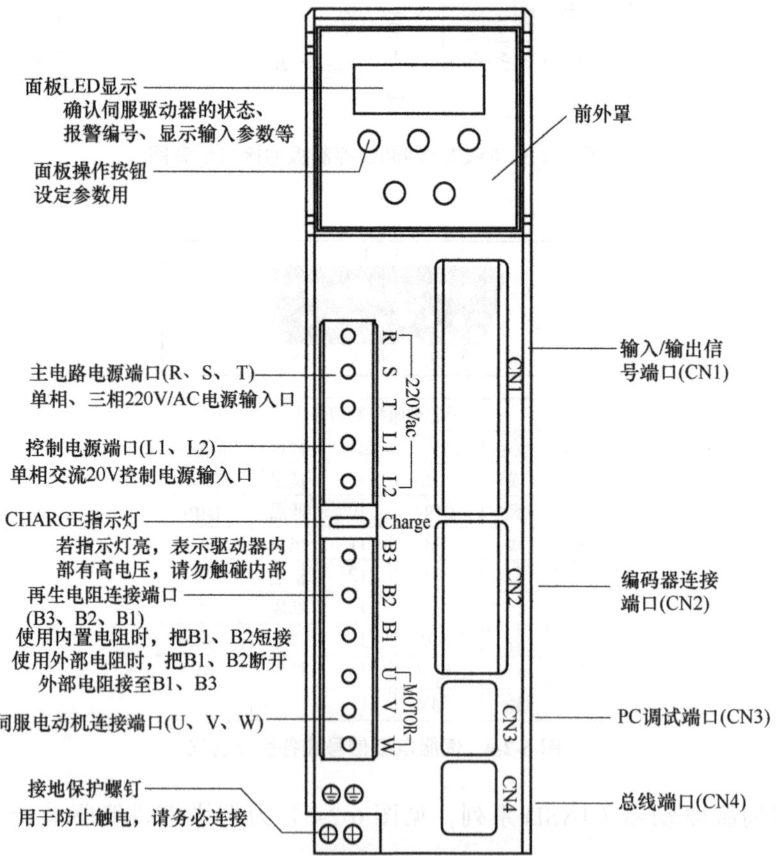

图 6-2-6　伺服驱动器各端口接线示意图

（3）编码器连接端口　用于连接伺服电动机的编码器，编码器可以提供电动机的位置、速度等反馈信息给伺服驱动器。

（4）控制电源端口　是伺服驱动器的控制电源输入端口，通常需要连接到稳定的直流电源。

（5）主电路电源端口　是伺服驱动器的主电源输入端口，通常需要连接到高电压的交流电源。

（6）接地保护　伺服驱动器的接地端口需要连接到电气系统的接地端，以确保系统的安全。

（7）总线端口　用于连接伺服驱动器和其他设备，如 PLC、工业 PC 等，用于数据通信。

光纤激光切割机的电源需求因设备规模、功率和制造商而异，但通常会使用三相电源。

三相电源有助于提供更稳定和连续的电力输出，这对于实现高效、高精度的激光切割非常重要。三相电源可以有效地平衡电动机和其他组件的负载，减少电压波动，提高设备的整体可靠性和性能。那么，三相电源和伺服驱动器应如何连接呢？如图 6-2-7 所示。

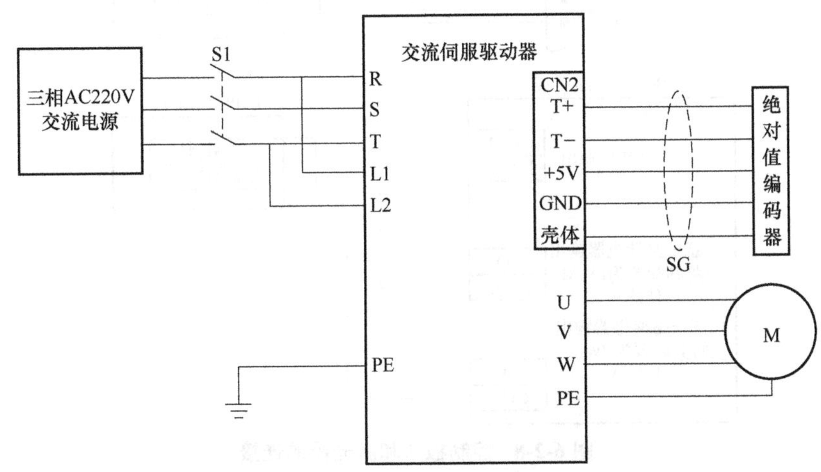

图 6-2-7　三相电源和伺服驱动器的连接

2. 控制板卡与激光器的接线方法

以锐科光纤激光器为例介绍控制板卡与激光器的接线方法。

（1）电源线接法　电源线一般有三根，分别是相线、中性线和地线。相线接激光器的 L 端子，中性线接 N 端子，地线接地端子。这些接口通常位于激光器的后部，标记清晰。

（2）控制线接法　控制线一般有两根，分别是正极和负极。正极接激光器的 + 端子，负极接 − 端子。这些接口通常位于激光器的前部或侧部，标记清晰。

（3）PWM 激光调制　PWM 是脉冲宽度调制的简称，用于控制激光器的输出功率。PWM 信号线接激光器的 PWM 端子。这个接口通常位于激光器的前部或侧部，标记清晰。

（4）安全互锁通道　安全互锁通道用于保证激光器的安全运行。当安全互锁通道被触发时，激光器会立即停止输出激光。安全互锁信号线接激光器的 LOCK 端子。这个接口通常位于激光器的前部或侧部，标记清晰。

（5）通信线接法　通信线一般有两根，分别是 RXD 和 TXD。RXD 接激光器的 RXD 端子，TXD 接 TXD 端子。这些接口通常位于激光器的前部或侧部，标记清晰。

（6）冷却水接口　冷却水接口一般有两个，分别是进水口和出水口。进水口接冷却水的出水口，出水口接冷却水的进水口。这些接口通常位于激光器的后部，标记清晰。

（7）光纤接口　光纤接口一般有一个，接光纤的一端。这个接口通常位于激光器的前部或侧部，标记清晰。

（8）保护气体接口　保护气体接口一般有一个，接保护气体的出气口。这个接口通常位于激光器的后部，标记清晰。

以锐科激光器为例，激光器和控制板卡的接线方式如图 6-2-8 所示。

新款锐科激光器须使用 24V PWM 信号实现控制，激光器钥匙开关拨到 REM 挡才可以使用串口控制。激光器的 PWM 接口上会标明是否是 24V 控制；未标明或者标明 5V 的一律采用 5V 控制方式。

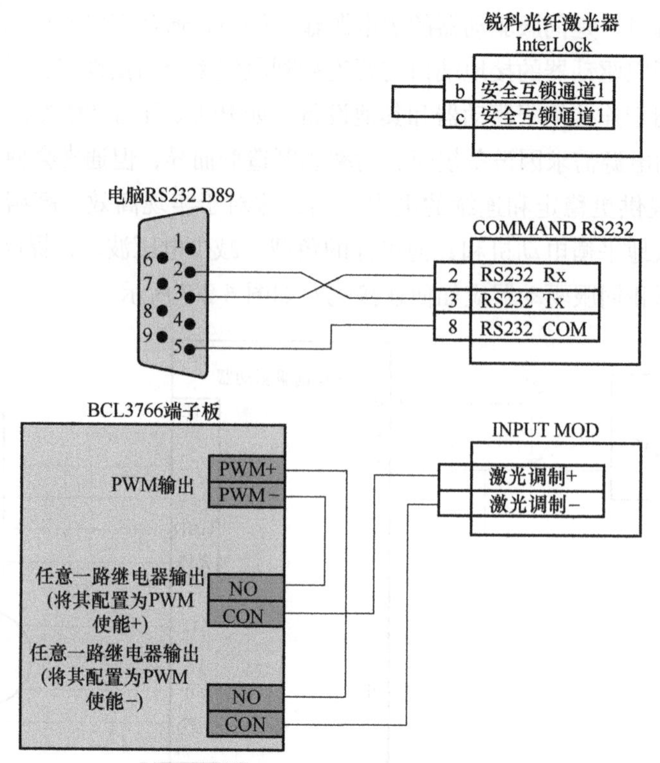

图 6-2-8 控制板卡和激光器的连接

除了伺服驱动器和激光器，其他电气元器件接线按照原理图进行。

学习任务描述

光纤激光切割设备的电气部分主要包括光纤激光器、伺服电动机和驱动器、数控系统、电源模块、开关电源、传感器和限位开关、急停按钮、断路器、接触器、继电器、线缆和连接器、冷却系统及电气柜。本学习任务要求学习者熟练掌握各个电气元器件的功能作用，准确将相应元器件对应接口用不同颜色的导线进行连接并调试，掌握相关的知识和技能，以保证光纤激光切割设备的电气部分在结构布局上合理美观，各模块电路连接后能正常工作。

学习目标

◆ 知识目标：

1. 掌握光纤激光切割机的组成部分和工作原理。
2. 熟悉伺服驱动器各个端口的功能及其线路连接。
3. 了解光纤激光切割机电气模块的安装、调试和维护过程。

◆ 技能目标：

1. 能够根据光纤激光切割机电气模块的实际应用需求选择合适的配置。
2. 能够完成光纤激光切割机电气模块的安装、调试和维护工作，确保设备正常运行。
3. 能够分析解决光纤激光切割机电气模块在生产过程中遇到的问题。

◆ 素质目标：

1. 具备良好的团队协作能力，能够在团队中发挥积极作用。
2. 具备创新思维和解决问题的能力，能够在实际工作中不断提高自己。
3. 具备良好的职业道德和职业素养，为未来职业生涯打下坚实基础。

任务书

某激光企业希望对客户进行一场关于光纤激光切割设备的安装调试培训，需要拟写本次培训中关于光纤激光切割设备电气部分培训模块，并提供相应的安装与调试指导。

任务分组

将班级学员分组，可4~8人为一组，轮值安排组长，使每个人都有培养组织协调能力和管理能力的机会。各组任务可以相同或不同，明确每组的人员和任务分工，注意培养团队协作能力。任务分工表见表6-2-1。

表6-2-1　任务分工表

班级		组号		任务	
组长		时间段		指导教师	
姓名	学号	任务分工			备注

获取信息

引导问题1：查阅资料，描述光纤激光切割机电气部分的结构，有哪些核心元器件？

引导问题2：解释什么是PWM激光调制，并说明其在光纤激光切割机中的作用。

引导问题3：光纤激光切割机中激光器的选型主要参考哪些技术指标？

引导问题4：我国有哪些厂商供应切割机控制板卡？切割机控制板卡的卖点是什么？

引导问题5：光纤激光切割机的电气部分由几部分组成？安装顺序是什么？

引导问题6：画出光纤激光切割机电气部分安装施工流程框图。

工作计划

按照任务书要求和获取的信息，每位组员根据自己的认知和理解，制订光纤激光切割机电气部分的安装工作计划，包含材料、工具、器件准备，安装顺序和步骤、检查调试等工作内容。光纤激光切割机电气部分安装工作计划见表6-2-2，材料、工具、器件计划清单见表6-2-3。

表6-2-2　光纤激光切割机电气部分安装工作计划

步骤名称	工作内容	负责人

（续）

步骤名称	工作内容	负责人

表 6-2-3　材料、工具、器件计划清单

序号	名称	型号和规格	单位	数量	备注

工作决策

对不同组员（或不同组别）的工作计划进行选材、工艺、施工方案的对比、分析、论证，整合完善，形成小组决策，作为工作实施的依据。计划优缺点对比分析见表 6-2-4，小组决策方案见表 6-2-5，材料、工具、器件最终清单见表 6-2-6。

表 6-2-4　计划优缺点对比分析

小组 / 组员	计划中的优点	计划中的缺陷	优化方案

表 6-2-5　决策方案

步骤名称	工作内容	负责人

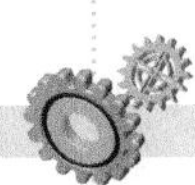

（续）

步骤名称	工作内容	负责人

表 6-2-6 材料、工具、器件最终清单

序号	名称	型号和规格	单位	数量	备注

工作实施

一、操作准备

1）操作人员着装整洁。

2）检查金属激光切割机的设备电气图纸是否完整。

3）检查设备操作环境。

4）检查设备工作台面是否水平，设备是否固定。

5）检查设备总电源开关是否开启。

6）清点激光加工平台安装调试工具及相关辅助器件。

二、实训器材

完成本任务所需实训器材包括压线钳、剥线钳、螺钉旋具、铡刀、虎口钳、号码管机、电钻、润滑油、丝锥、螺钉、垫片、接线帽、粗细连接线。

三、具体实施

市面上的光纤激光切割机种类很多，操作步骤大同小异，本教材以奔腾光纤激光切割机为例，介绍光纤激光切割机的电控安装与调试步骤。

1. 电控安装布局

电控安装布局是设计和安装电气控制系统的关键步骤。一个良好的电控安装布局可以提高系统的安全性、可靠性和易维护性，如图 6-2-9 和图 6-2-10 所示。

一体柜布局完成后将电气元器件选定点打孔，使电气元器件在铁板上可以更好地走线和布局，如图 6-2-11 所示。

2. 电气元器件走线

1）三相电源开关主要控制主电源的开关，三条相线分别是黄、绿、红色导线，如图 6-2-12 所示，将它们连接到端子排上，如图 6-2-13 所示。

图 6-2-9　一体柜布局前

图 6-2-10　一体柜布局完成

图 6-2-11　电气元器件固定整体布局完成

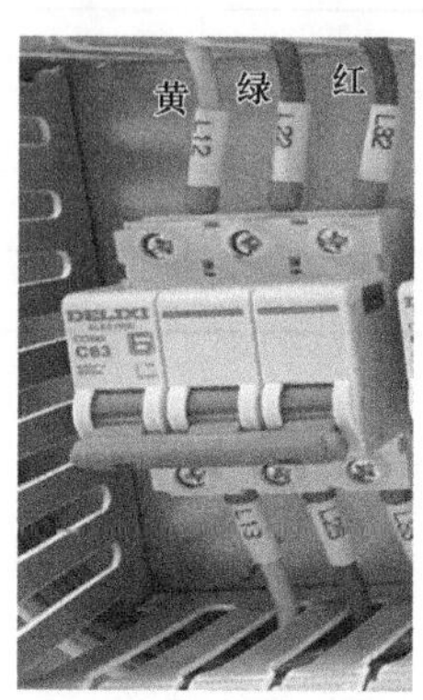

图 6-2-12　QF01 三相电源开关

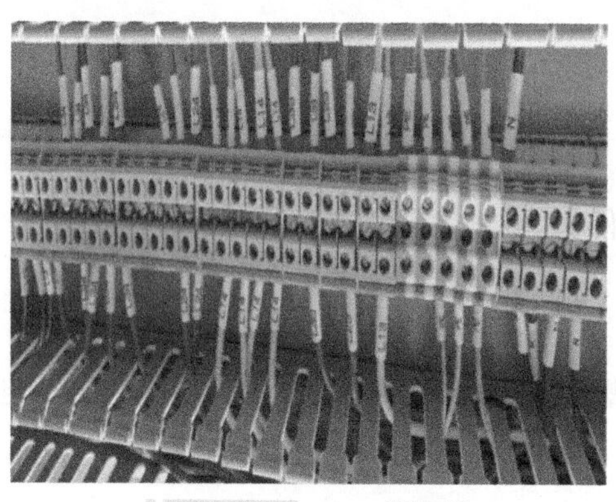
图 6-2-13　DZ-2 端子排

图 6-2-14　直流电源

2）直流开关电源的 L 端和 N 端连接端子排的 L 端和 N 端，其功能是将 220V 的交流电转换成 24V 直流电，提供给电气系统所需的 24V 直流电，如图 6-2-14 所示，需要三个电源，都是相同的连接方法。

3）在伺服系统中，当电动机制动或者快速停止时，会产生大量的再生能量。如果这些能量无法得到有效的处理，就会导致驱动器内部电压升高，可能会损坏驱动器。再生电阻（见图 6-2-15）就是用来吸收这些再生能量的，从而保护伺服驱动器，如图 6-2-16 所示。再生电阻的具体连接步骤如下：

① 找到伺服驱动器上标记为“+”和“−”的再生电阻接口。

② 将再生电阻的一端连接到“+”接口，另一端连接到“−”接口。

③ 确保连接牢固，没有松动。

④ 在接线过程中，要确保电源已经断开，避免触电。

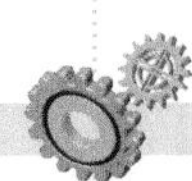

⑤ 接线完成后应进行测试，确认再生电阻能够正常工作。

图 6-2-15　再生电阻

图 6-2-16　伺服驱动器

4）控制板卡和伺服驱动器按照知识储备中的电路图完成连接。

5）其余电气元器件的连接较为简单，连接顺序按照图 6-2-17 进行。

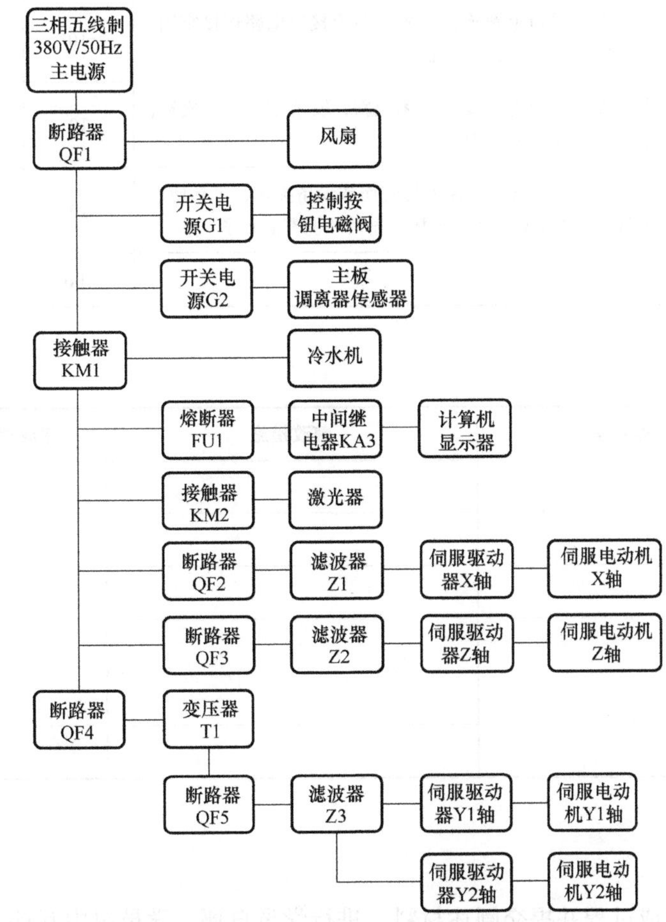

图 6-2-17　光纤激光切割机电气连接框图

检查验收

根据光纤激光切割机电气部分安装的工作情况，每组出一个验收代表，由教师按照验收标准对每组的任务完成情况进行检查验收和评价，包括施工质量、任务完成度等，并对验收问题及其整改措施、完成时间进行记录。验收标准及评分表见表 6-2-7，验收过程问题记录见表 6-2-8。

表 6-2-7　验收标准及评分表

序号	验收项目	验收标准	分值	教师评分	备注
1	电源与控制卡	布局摆放符合要求，无歪斜，各模块固定，无滑动现象	10		
2	主机	摆放符合要求，无歪斜，安装牢固，无滑动现象，导线与数据线连接良好	10		
3	激光器	摆放符合要求，无歪斜，安装牢固，无滑动现象	10		
4	控制开关	布局摆放符合要求，无歪斜，安装牢固，无松动，控制开关间的电路连接正确	20		
5	电路 1	各个接口电路连接正确，各个接口电路连接牢固，无松动导线布局美观	10		
6	电路 2	各个接口电路连接正确，各个接口电路连接牢固，无松动，导线布局美观	10		
7	电路 3	各个接口电路连接正确，各个接口电路连接牢固，无松动，导线布局美观	10		
8	风扇	布局摆放符合要求，无歪斜，安装牢固，无松动，电路连接正确且牢固	10		
9	施工规范	符合操作规程，无人员受伤或设备损坏，工具使用规范，无工具掉落、损坏、遗留环境整洁有序	10		
合计			100		

表 6-2-8　验收过程问题记录

序号	验收问题记录	整改措施	完成时间	备注

评价与反馈

各组介绍任务的完成过程并提交阐述材料，进行学员自评、学员组内互评、教师评价，完成考核评价表（见表 6-2-9）。

引导问题 1：通过本任务的检查验收，谈一谈你对责任意识和工匠精神的理解。

引导问题 2：写出电路部分的主要部件。

引导问题 3：电路部分的安装过程需要注意哪些安全问题？

引导问题 4：简述电路部分安装的大致顺序。

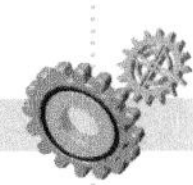

表 6-2-9　考核评价表

评价项目	评价内容	分值	自评 20%	互评 20%	教师评分 60%	合计
职业素养 40 分	爱岗敬业、安全意识、责任意识、服从意识	10				
	积极参加任务活动，按时完成工作页	10				
	团队合作、交流沟通能力、集体主义精神	10				
	劳动纪律，职业道德	5				
	现场 6S 标准，行为规范	5				
专业能力 60 分	专业资料检索能力	10				
	制订计划能力，严谨认真	10				
	操作符合规范，精益求精	15				
	工作效率，分工协作	10				
	任务验收质量，质量意识	15				
合计		100				
创新能力加分	创新性思维和行动	20				
总计		120				

习题测评

一、选择题

以下哪些选项是光纤激光切割机的主要组成部分？（多选）（　　）

A. 激光器　　B. 切割头　　C. 数控系统　　D. 音响系统

E. 冷却系统　　F. 电气系统

二、简答题

1. 简述光纤激光切割机工作原理。
2. 说出伺服电缆信号线各引脚的含义。
3. 简述电气安装的过程。
4. 光纤激光切割机是如何实现运动控制的？

任务三　光纤激光切割设备总装联调

知识储备

光纤激光切割机正常工作需要电气与机械部分的协调，其机械部分主要包括以下组件。

1. 机床床身

机床床身是整个切割机的基础结构，用于支承和固定其他机械部件，如图 6-3-1 所示。

2. X、Y 轴移动系统

激光切割机的工作原理是将激光束传输到切割头，并在 X、Y 轴上移动切割头以完成切割。X、Y 轴移动系统通常包括直线导轨、滑块、齿轮和齿条等部件。

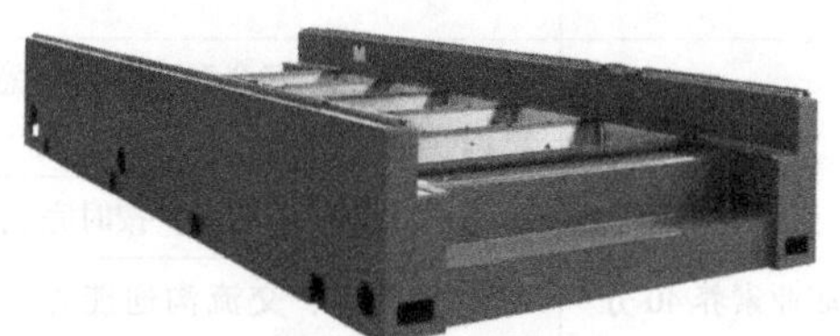
图 6-3-1 机床床身

3. Z 轴升降系统

Z 轴升降系统用于调整切割头与工件表面的距离，以保持最佳的切割焦点位置。Z 轴升降系统通常包括电动机、丝杠和滑块等部件。

4. 激光切割头

切割头是光纤激光切割机的核心部件，包括激光聚焦透镜、喷嘴、气体辅助系统等。切割头将激光束聚焦到一个很小的焦点，并在高压气体的辅助下完成金属材料的切割，如图 6-3-2 所示。

5. 光纤激光器

光纤激光器作为激光光源，将激光能量通过光纤传输到切割头，如图 6-3-3 所示。

图 6-3-2 激光切割头

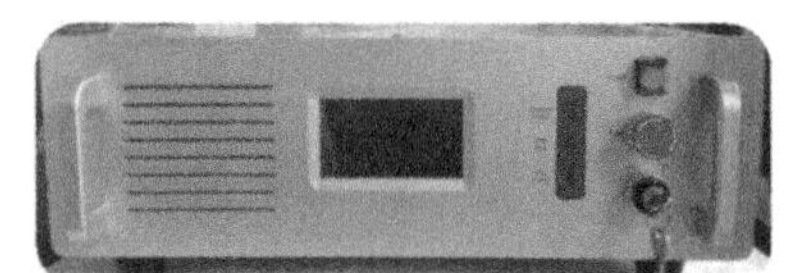
图 6-3-3 光纤激光器

6. 控制系统

激光切割机的控制系统包括控制软件、控制板卡、控制器和驱动器等，用于控制激光器的输出功率、X/Y 轴移动速度及 Z 轴升降，实现精确切割。

7. 冷却系统

由于激光切割过程中会产生大量热量，冷却系统（通常是水冷却系统）用于冷却激光器、切割头和其他关键部件，以保持设备正常运行，如图 6-3-4 所示。

8. 气体辅助系统

在切割过程中，气体辅助系统为切割头提供辅助气体（如氧气、氮气或压缩空气），以改善切割质量、加快切割速度和减少热影响区等，如图 6-3-5 所示。

图 6-3-4 水冷机

图 6-3-5 液氮

9. 风机

如图 6-3-6 所示，风机在光纤激光切割机中具有以下作用。

1）排烟：风机通过抽吸作用将切割过程中产生的烟尘和废料从切割区域吸走，有效降低烟尘对操作者健康和设备运行的影响。

2）通风：风机可以帮助工作区域内的空气流通，降低切割过程中产生的热量对设备和周围环境的影响，提高设备的使用寿命和工作效率。

3）减少火灾风险：在切割易燃材料时，风机可以迅速排走热量和火花，降低火灾风险。

4）改善工作环境：通过有效排烟和通风，风机有助于维护车间内的环境卫生，提高操作者的工作舒适度。

光纤激光切割机主机指的是整个切割设备的核心部分，包括激光发生器、切割头、控制系统、驱动系统等关键组件。这些组件共同作用，实现对各种材料的精确切割，主机的性能直接影响到切割质量和效率。图 6-3-7 所示为敞开式光纤激光切割机。

图 6-3-6 风机

图 6-3-7 敞开式光纤激光切割机

那么，为什么要进行总装联调呢？主要有以下几个原因。

1）验证设备组装质量：通过对各部件及系统的全面检查，确保所有零件均按照规定正确安装，保证设备的整体组装质量。

2）调整性能参数：对设备各关键部分进行精确调试和优化，以实现预期的性能指标，如切割精度、速度等，确保设备在实际操作中能够顺畅运行。

3）保障设备的安全性：对设备的安全防护措施进行严格检查和评估，确保在正常使用及异常情况下均具备充分的安全保障，降低操作过程中的风险。

4）评估设备功能：通过实际切割操作，全面检测设备的各项功能是否正常运行，如切割质量、自动调焦等关键功能。

5）提供交付保证：总装联调作为设备交付前的最终质检环节，可确保设备在出厂前符合预期的性能和质量标准，为客户提供高质量的产品。

学习任务描述

经过前面几个任务学习，大家掌握了激光切割原理、设备结构、光纤激光切割设备电气安装与调试，本任务将学习光纤激光切割设备外围部件的装调及总装联调，包括激光器的调试、水冷机的安装、控制系统的设置、光路的设置等内容。

学习目标

◆ 知识目标：

1. 熟悉激光切割设备故障分析和调试步骤。
2. 掌握激光切割设备检测依据和方法。

◆ 技能目标：

1. 具备激光切割设备整机联调能力。
2. 具备激光切割设备操作维护能力。

◆ 素质目标：

1. 培养学习者严谨的工作态度。
2. 培养学习者独立思考、分析、判断的习惯。
3. 提升学习者团队协作能力。

任务书

某激光设备生产商完成了一批光纤激光切割设备的生产订单，拟向客户交付并提供成套产品使用说明书，公司要求撰写说明书并对客户进行产品使用培训，需要介绍设备基本结构、安全操作规范、常用设备工具、操作系统及参数设置、常用金属材料加工操作等工作，确保设备正常交付使用。

任务分组

将班级学员分组，可4~8人为一组，轮值安排组长，使每个人都有培养组织协调能力和管理能力的机会。各组任务可以相同或不同，明确每组的人员和任务分工，注意培养团队协作能力。任务分工表见表6-3-1。

表 6-3-1　任务分工表

<table>
<tr><td>班级</td><td></td><td>组号</td><td></td><td>任务</td><td></td></tr>
<tr><td>组长</td><td></td><td>时间段</td><td></td><td>指导教师</td><td></td></tr>
<tr><td>姓名</td><td>学号</td><td colspan="3">任务分工</td><td>备注</td></tr>
<tr><td></td><td></td><td colspan="3"></td><td></td></tr>
<tr><td></td><td></td><td colspan="3"></td><td></td></tr>
<tr><td></td><td></td><td colspan="3"></td><td></td></tr>
<tr><td></td><td></td><td colspan="3"></td><td></td></tr>
<tr><td></td><td></td><td colspan="3"></td><td></td></tr>
<tr><td></td><td></td><td colspan="3"></td><td></td></tr>
<tr><td></td><td></td><td colspan="3"></td><td></td></tr>
<tr><td></td><td></td><td colspan="3"></td><td></td></tr>
</table>

获取信息

引导问题1：光纤激光切割机内的聚焦透镜选型主要考虑哪些因素？

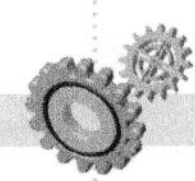

引导问题 2：光纤激光切割机的机械部分由几部分组成？安装顺序是什么？

引导问题 3：画出光纤激光切割机机械部分安装流程框图。

引导问题 4：光纤激光切割机整机调试硬件方面的调试有哪些？

引导问题 5：光纤激光切割机整机调试软件方面的调试有哪些？

引导问题 6：画出光纤激光切割机整机调试的流程框图。

工作计划

按照任务书要求和获取的信息，每位组员根据自己的认知和理解制订光纤激光切割机总装联调工作计划，包含材料、工具、器件准备，安装顺序和步骤、检查调试等工作内容。光纤激光切割机总装联调工作计划见表 6-3-2，材料、工具、器件计划清单见表 6-3-3。

表 6-3-2　光纤激光切割机总装联调工作计划

步骤名称	工作内容	负责人

表 6-3-3　材料、工具、器件计划清单

序号	名称	型号和规格	单位	数量	备注

工作决策

对不同组员（或不同组别）的工作计划进行选材、工艺、施工方案的对比、分析、论证，整合完善，形成小组决策，作为工作实施的依据。计划优缺点对比分析见表 6-3-4，小组决策方案见表 6-3-5，材料、工具、器件最终清单见表 6-3-6。

表 6-3-4　计划优缺点对比分析

小组 / 组员	计划中的优点	计划中的缺陷	优化方案

表 6-3-5　决策方案

步骤名称	工作内容	负责人

表 6-3-6　材料、工具、器件最终清单

序号	名称	型号和规格	单位	数量	备注

工作实施

一、测试前的准备工作

开始装机前须做好相关的准备工作。

1. 供电准备

现场需要配置 380V/50Hz 三相五线制的供电电源。

2. 冷却水准备

冷却水须使用无杂质的蒸馏水。

3. 供气准备

金属切割机根据实际的工艺需要，要求提供压力不小于 2.5MPa（25kg）的氮气和不小于 1MPa

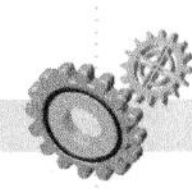

（10kg）的氧气，以供切割使用。设备供应有两个接口分别可以接氮气、氧气两种气体。另外，有些设备还需准备不小于 1MPa（10kg）的压缩空气，以供放料和收料的升降平台使用。

4. 设备放置区域准备

根据设备大小准备需要的场地。

二、安装导轨

在激光切割机床的安装过程中，Y 轴导轨的安装和平行度检测是关键。以下是基本的操作步骤。

1）安装导轨：清理机床床身，将导轨放置在预定位置，用螺钉固定，确保导轨水平。

2）平行度检测：使用百分表进行平行度检测。将百分表固定在机床的滑块上，沿着导轨慢慢移动，观察百分表的读数变化。根据常用的工业标准，导轨的平行度误差应控制在 0.03mm 以内，用于确保机床在切割时具有高精度，如图 6-3-8 所示。

图 6-3-8 导轨平行度检测

3）调整导轨：如检测结果不理想，须调整导轨角度或位置，或调整螺钉紧固度，直至满足平行度要求。

4）润滑与测试：润滑导轨，进行基本操作测试，确认导轨精度和稳定性。

三、设备床身水平调整

水平调整需使用调节精度为 0.02mm/m 的水平仪，调整方法如下。

1）将设备中间的 6 个脚杯悬空，使设备 4 个对角线的可垫角铁受力，如图 6-3-9 所示。

2）在激光切割机床安装横梁之前，将大理石柱放置在横梁的位置上，将水平仪放在大理石柱上，水平仪上气泡偏向的那一边是高点。移动大理石柱，确定设备 4 个角的高低，选出最低点，将其他 3 个可垫角铁按逆时针旋转，使该角下降；重复上述步骤，直至 4 个角的水平误差 <0.1mm，如图 6-3-10 所示。

图 6-3-9 可垫角铁

图 6-3-10 大理石柱上的水平仪

3）将中间 6 个脚杯按顺时针方向旋转，使脚杯与地板接触，稍微受力即可。

四、安装齿条

在激光切割机床的装配过程中，Y 轴齿条的安装和检测是至关重要的步骤。以下是安装步骤。

1）安装齿条：清理床身，将齿条放置在预定位置，使用 F 夹压紧齿条，确保其稳定，如图 6-3-11 所示。

2）检测齿条：使用精密测量工具（如百分表）检查 Y 轴齿条相对于导轨的平行度。齿条的平行度误差应控制在 0.03mm 以内，如图 6-3-12 所示。

导轨、齿条安装调试

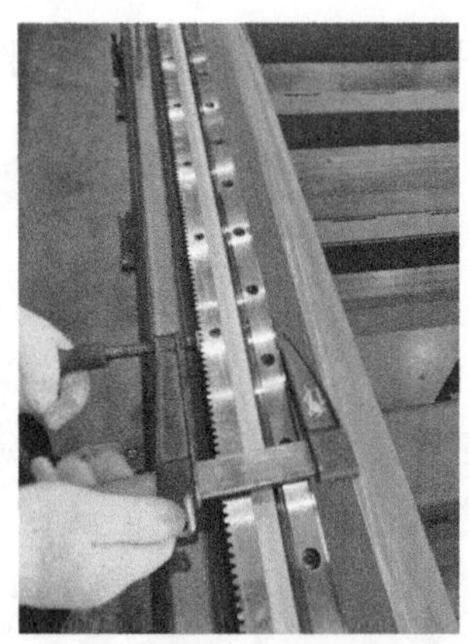

图 6-3-11　F 夹压紧齿条

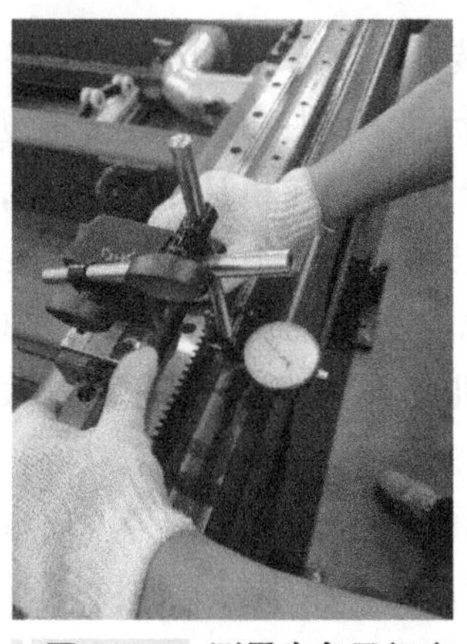

图 6-3-12　测量齿条平行度

3）检查齿条连接处：在两段齿条的连接处，需要特别检查三个齿的跳动。跳动应控制在 0.01mm 以内，以确保齿条的连续性和精度。

4）调整齿条：如检测结果不理想，须调整齿条的位置或紧度，直至满足精度要求。

五、安装 X 轴运动模块

X 轴作为其中的一个运动轴，对设备的运行起着至关重要的作用，其装调步骤如下。

1）安装横梁：横梁是 X 轴运动模块的核心部分，主要固定在滑块上，保证横梁能实现 Y 轴运动。使用工程起重机将横梁吊起并安装在预定的位置。这个过程需要精确和谨慎，以确保横梁的稳定性和精度，如图 6-3-13 所示。

2）安装 X 轴和 Z 轴移动板：安装 X 轴移动板，它的作用是实现切割头在 X 轴上的移动。安装 Z 轴移动板，它的作用是实现切割头在 Z 轴上的移动。这两个部分是控制切割头在 X 轴和 Z 轴上移动的关键部分，如图 6-3-14 所示。

图 6-3-13　安装横梁

图 6-3-14　安装 X 轴和 Z 轴移动板

3）X 轴和 Y 轴垂直度检测：使用百分表和长方体大理石进行 X 轴和 Y 轴的垂直度检测。首先，用水平仪将大理石调水平，将百分表固定在 Z 轴移动板上，顶着大理石的一侧移动，测出 X 轴相对大理石的平行度。用同样的方法测出 Y 轴相对大理石的平行度，要求测量的平行度误差均在 0.02mm 以内，从而确保 X 轴和 Y 轴的垂直度在合理的范围内，如图 6-3-15 所示。

4）安装电动机和毛毡齿轮：先安装伺服电动机，使激光切割头能在 X 轴上实现精确控制。在安装过程中，要确保电动机安装方向的正确性，并与齿条实现啮合。接下来，安装毛毡齿轮，这是一种特殊的齿轮，由毛毡材料制成，用于与 X 轴齿条啮合并为其提供持续的润滑，以延长使用寿命并减少摩擦，如图 6-3-16 和图 6-3-17 所示。

图 6-3-15 检测垂直度

图 6-3-16 安装电动机

六、安装风琴式防尘罩

风琴式防尘罩是一种保护设备，用于防止激光切割机的关键部件受到灰尘和碎屑的污染。将防尘罩固定在适当的位置，以便在设备运行过程中完全覆盖并保护关键部件，如图 6-3-18 所示。

图 6-3-17 安装毛毡齿轮

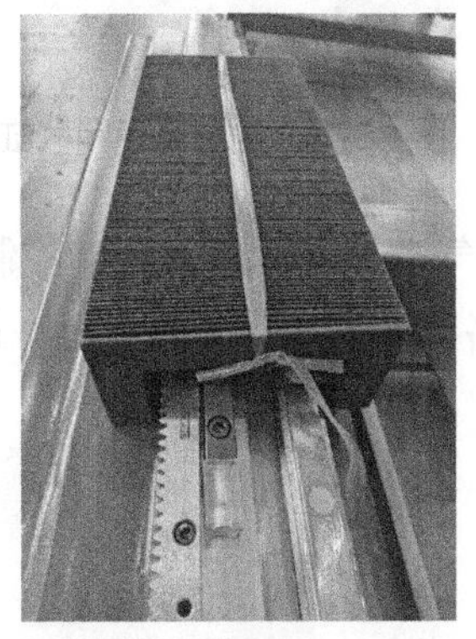

图 6-3-18 安装防尘罩

七、安装气动系统

气动系统的安装和气路连接是保障切割过程中辅助气体供应的重要环节。气动系统主要包括预紧气缸、气动控制元件及风门（排气系统）。

1）安装预紧气缸：气缸用于固定和稳定工作台，以确保切割精度。安装时，须确保气缸的正确定位，并且所有连接件都应紧固，防止振动或负载变化导致的位移，如图 6-3-19 所示。

图 6-3-19　预紧气缸

2）安装风门：风门用于清除切割过程中产生的废气和烟雾，一台激光切割机有多处风门，它的开合由气缸推动，可以根据激光切割的位置自动打开或关闭，以确保废气的有效排放，同时减少能源的浪费。安装过程中，首先完成风门和气缸的安装，再将风门安装到激光切割设备上，如图 6-3-20 和图 6-3-21 所示。

图 6-3-20　组装风门和气缸

图 6-3-21　安装激光切割机上的风门

3）安装气动控制元件：气动控制元件主要包括电磁阀、调压阀及节流阀。确定元件的安装位置，然后将各元件安装到金属板上，最后将金属板安装到设备上，如图 6-3-22 所示。

图 6-3-22　安装气动控制元件

八、安装风机及风管

风机由三相 380V/50Hz 电源供电。风机安装好后，将 PVC 风管一端接于风机的进风口，另一端接于光纤激光切割机的出风口，并用螺钉将风管固定在风机和设备上。风机工作时，会将设备内部的废气和烟雾吸出，如图 6-3-23 所示。

九、安装拖链

首先，根据运动范围和机器的工作空间确定拖链的安装位置。然后，将拖链固定在预定位置，使用螺钉将其固定在设备上。接下来，将电缆、气管和水管放入拖链中，避免过度弯曲或扭曲。在安装过程中，要确保拖链的运动范围不受限制，防止在运行过程中发生卡滞或损坏，如图 6-3-24 所示。

图 6-3-23 安装风机

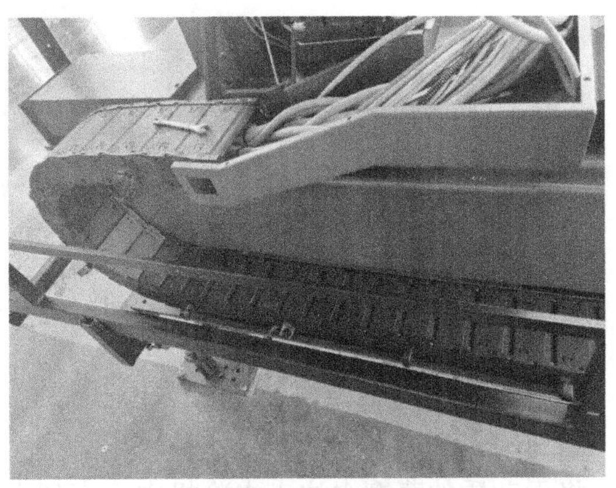

图 6-3-24 安装拖链

十、安装外框架及钣金

激光切割机需要坚固的外框架来提供结构支承、设备保护，提高安全性并方便维护，从而提高设备的稳定性、安全性和可维护性。由于外框架较重，可使用龙门吊进行吊装，以确保操作人员的安全。将外框架稳定地放置在预定位置，然后用螺钉、螺栓将其固定。然后安装钣金，将其与外框架对齐并固定。整个安装过程中要确保外框架和钣金紧密贴合，防止松动，如图 6-3-25 和图 6-3-26 所示。

图 6-3-25 安装外框架

图 6-3-26 安装钣金

十一、安装激光器

打开光纤激光器包装箱，将光纤激光器摆放到激光器固定架上，将光纤的 QBH 头通过设备的上拖链穿到设备的切割头处，然后将 QBH 头安装到切割头上，注意内部的安装方向；将激光器的供电电缆插接于设备电气接口（见图 6-3-27）的“LASER POWER”端口，将设备电气接口的“LASER CABLE”端口电缆连接至激光器的信号输入端口。

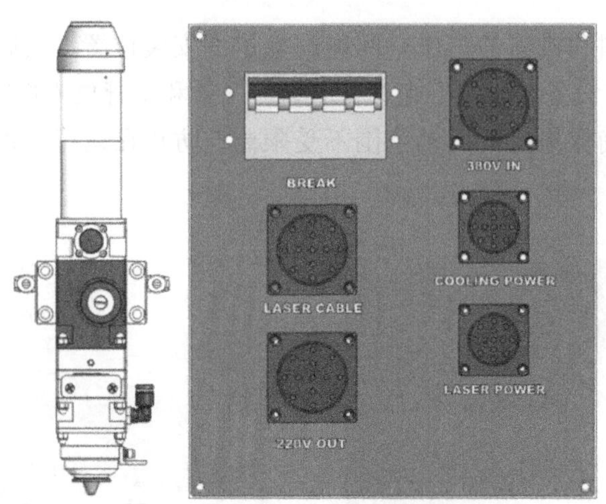

图 6-3-27 切割头与电气接口

十二、安装水冷系统

将无杂质的蒸馏水注入水冷机中，直到水位到黄色区域为止；将切割机标识为“进水口”和“出水口”的水管分别连接于水冷机的“OUTLET（H）”和“INLET（H）”接口；切割头的冷水管安装依照“左进右出”的原则，分别将标识为“进水口”和“出水口”的水管连接于切割头的左右水冷接口；然后将激光器标识为“INLET”和“OUTLET”的接口用水管分别连接于水冷机的“OUTLET（L）”和“INLET（L）”。水冷机各个接口的位置如图 6-3-28 所示。

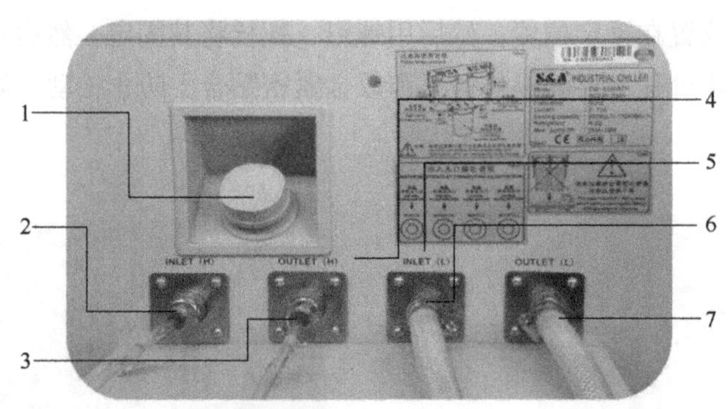

图 6-3-28 水冷机接口

1—水冷机注水口 2—高温出水口：接主机水管进水口 3—高温进水口：接主机水管出水口 4—H 代表高温水 5—L 代表低温水 6—低温进水口：接光纤激光器出水口 7—低温出水口：接光纤激光器进水口

下面以创鑫 500W 光纤激光器为例，介绍水冷系统与光纤激光器的连接如图 6-3-29 所示，其水、电路接口如图 6-3-30 所示，其他激光器大同小异。创鑫 500W 光纤激光器的光纤电缆和激光器为一体，需要分别对激光器和光纤 QBH 头进行冷却，务必使用无杂质蒸馏水，严禁使用自来水。

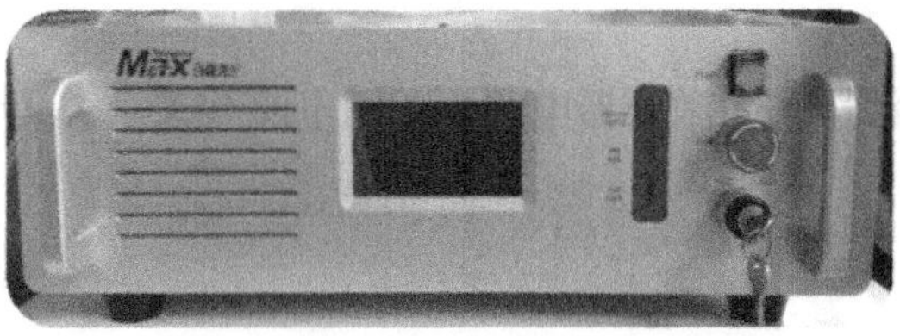

图 6-3-29 创鑫 500W 光纤激光器

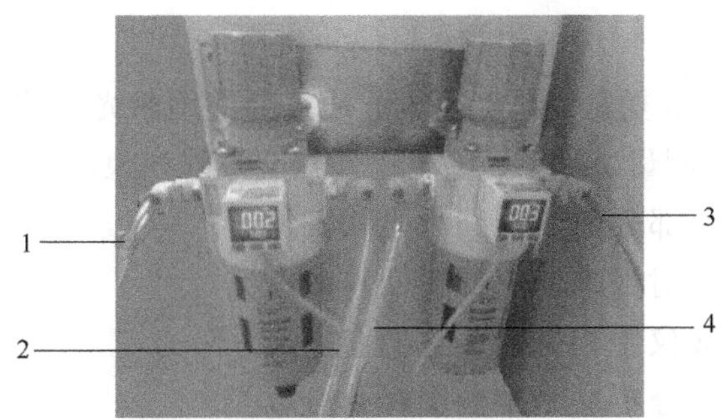

图 6-3-30 创鑫 500W 光纤激光器水、电路接口

1—光纤电缆 2—纯净水入水口 3—纯净水出水口

十三、安装气源

切割头部分的气路控制只需要将氮气、氧气、空气分别接于对应接口。其中，氧气经过调压过滤器调节成高压和低压两种，须根据不同工艺要求调节成不同的压力，如图 6-3-31 所示。

图 6-3-31 气体接口

1—低压氧气进气管 2—低压氧气出气管 3—高压氧气出气管 4—高压氧气进气管

十四、安装软件及设备驱动

主板相应的驱动程序附于随机 U 盘里，出机时相应的驱动程序已安装完善，用计算机 USB 接口加载安装软件。

十五、设备调试

设备安装完成后，需要进行设备调试和加工测试。设备调试主要完成设备各个模块的状态检测，包括运动模块、激光模块及电气输入 / 输出模块等。

1. 开机顺序

打开总电源→打开钥匙开关→打开电源开关→打开激光器电源→打开气源→打开气缸开关，设备面板如图 6-3-32 所示。

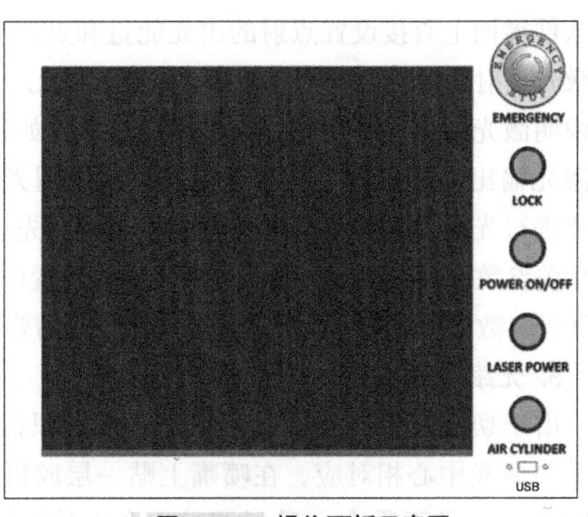

图 6-3-32 操作面板示意图

2. 关机顺序

关闭气缸开关→关闭气源→关闭激光器电源→关闭电源开关→关闭计算机→关闭钥匙开关→关闭总电源。

十六、运动调试

1. 行程、限位与回零

设置设备各轴的行程以实现幅面保护的作用（相当于软件限位）。设备中各轴行程参数若设置错误，将可能导致设备无法满幅面工作或发生切割头越限碰撞的情况。限位开关为安装于设备各轴两端极限位置的硬件传感器，运动轴检测到限位触发信号后将紧急停止，以防止越限碰撞的情况发生。X 轴与 Y 轴分别设置了正限位、负限位和原点限位开关，Z 轴设置了正限位、负限位开关。

设备零点为固定于加工幅面内的某个硬件参考点，通常设备上电后须进行“回零”，以建立机床坐标。设备通常以各运动轴限位开关的位置作为设备零点。

2. 电动机轴运动

设备正常上电后，启动上位机，运行控制软件，待机状态下，软件操作界面上的六个方向键可控制横梁及切割头运动。如果 X 轴和 Y 轴四个方向及 Z 轴上下方向运动正常，则表示 X 轴、Y 轴和 Z 轴电动机运行正常。

3. 重复定位精度测试

为了测量激光切割机的重复定位精度，企业通常会使用激光干涉仪。这种设备的工作原理是基于光的反射和干涉。在测量过程中，激光干涉仪会发射一束激光，这束激光被分为两部分：一部分作为参考光束，另一部分则照射到激光切割机横梁上的反射镜，然后被反射回来。当反射回来的激光束和参考光束在激光干涉仪中相遇时，它们会产生干涉，形成干涉图样。通过分析这个干涉图样，可以精确地测量出反射镜的位移，从而得到激光切割机的重复定位精度，X 轴和 Y 轴都需要测一遍，如图 6-3-33 所示。

图 6-3-33　激光干涉仪检测重复定位精度

4. 出光测试

设备正常上电起动后，按下激光器供电按钮，然后在软件界面上直接设置点射的出光能量和点射时间，测试激光点射功能是否正常。如果点射激光器无激光输出，则说明激光器出光有问题，需要进行检查。如果激光器有激光输出，但切割头无激光输出，则说明光路不正，需要进行光路调整。当点射无激光输出时，先进行激光器相关参数的设置检查，错误的激光参数设置可能导致设备出光不正常或激光功率无法调节。在确定激光参数设置正确的情况下仍不出光，则需要检查硬件方面的问题。

5. 光路调整

由于切割头中心是固定不变的，因此只需要通过切割头上的调整螺钉来改变喷嘴的中心，使其与激光中心相对应，在喷嘴上贴一层胶纸，然后点射激光，查看激光在胶纸上打出的孔与喷嘴的中心是否重合；反复调整 4 个面的螺钉，直到激光中心与喷嘴中心重合，如图 6-3-34 所示。

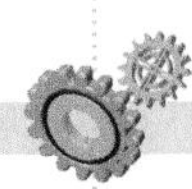

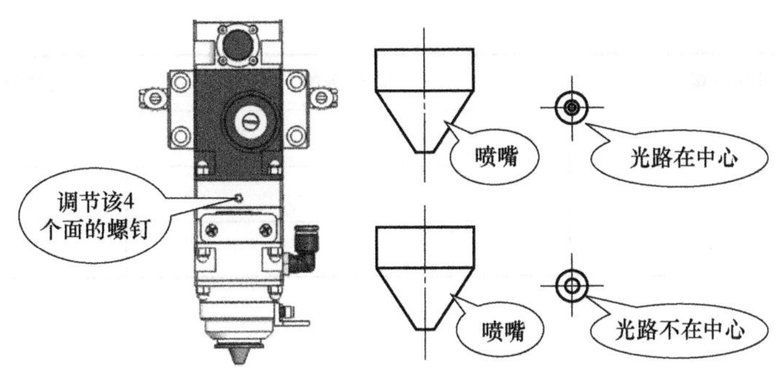

图 6-3-34 光路中心调整示意图

6. 加工试运转

完成了运动、激光的调试，就可以开始作图试加工了。首先，按上电顺序起动设备；然后准备好要加工的材料，将材料水平放置于工作台面；导入或者绘制需要加工的图形；设置加工参数（图层参数），以及相关数据工艺处理（如路径优化）；根据不同材料调整切割头焦距；移动切割头到加工起始点；启动加工。

检查验收

根据光纤激光切割机总装联调的工作情况，每组出一个验收代表，由教师组织按照验收标准对每组的任务完成情况进行检查验收和评价，包括装调质量、任务完成度等，并对验收问题及其整改措施、完成时间进行记录。验收标准及评分表见表 6-3-7，验收过程问题记录见表 6-3-8。

表 6-3-7 验收标准及评分表

序号	验收项目	验收标准	分值	教师评分	备注
1	机械结构完整性	所有部件完整，无缺失，无明显损伤	10		
2	系统稳定性	系统运行稳定，无故障报警	10		
3	切割精度	切割精度达到预设标准，无明显偏差	10		
4	切割速度	切割速度达到预设标准，无明显偏差	10		
5	操作界面	操作界面清晰，操作流程合理，易于操作	10		
6	安全性	安全防护设备完好，无安全隐患	10		
7	噪声控制	噪声控制在合理范围内，符合环保要求	10		
8	散热效果	散热设备运行正常，机器工作时不过热	10		
9	软件系统	软件系统运行稳定，无卡顿，无故障	10		
10	维护便利性	设备易于维护，常用部件易于更换	10		
合计			100		

表 6-3-8 验收过程问题记录

序号	验收问题记录	整改措施	完成时间	备注

（续）

序号	验收问题记录	整改措施	完成时间	备注

评价与反馈

各组介绍任务的完成过程并提交阐述材料，进行学员自评、学员组内互评、教师评价，完成考核评价表（见表 6-3-9）。

引导问题 1：在任务实施过程中，你对光纤激光切割机哪些结构设计印象最深刻？

引导问题 2：光纤激光切割设备总装联调的步骤有哪些？

引导问题 3：装调过程中需要注意哪些问题？

表 6-3-9　考核评价表

评价项目	评价内容	分值	自评 20%	互评 20%	教师评分 60%	合计
职业素养 40 分	爱岗敬业、安全意识、责任意识、服从意识	10				
	积极参加任务活动，按时完成工作页	10				
	团队合作、交流沟通能力、集体主义精神	10				
	劳动纪律，职业道德	5				
	现场 6S 标准，行为规范	5				
专业能力 60 分	专业资料检索能力	10				
	制订计划能力，严谨认真	10				
	操作符合规范，精益求精	15				
	工作效率，分工协作	10				
	任务验收质量，质量意识	15				
合计		100				
创新能力加分	创新性思维和行动	20				
总计		120				

习题测评

一、选择题

关于安装拖链的目的，以下哪些描述是正确的？（多选）（　　）

A. 确保光纤激光切割设备中的电缆、气管和水管可以在运动过程中自由移动

B. 避免电缆、气管和水管过度弯曲或扭曲

C. 限制电缆、气管和水管的移动范围，防止其受限制或卡滞

D. 保护设备的运行和减少损坏的风险

二、简答题

1. 光纤激光切割机的机械部分由哪几部分组成?
2. 试描述光纤激光切割机的安装流程。
3. 试描述光纤激光切割机运动调试的流程。
4. 简要描述安装导轨的操作步骤。

任务四 光纤激光切割工艺分析

知识储备

影响激光切割质量的因素很多，主要可以归纳为两类：一类是加工系统性能和激光束品质的影响，另一类是加工材料因素和工艺参数的影响。还有一些因素需根据具体的加工对象和用户的质量要求做出选择，进行相应的调整。

一、激光切割功率

激光切割时，激光功率的大小对切割品质有一定的影响。切割功率须根据切割板材的材质及厚度来确定，功率过大或过小都无法得到良好的切割断面。

1）激光功率过小，将造成无法切割。

2）激光功率设定过大时，整个切割面熔化，切缝过大，无法得到良好的切割质量。

3）激光功率设定不足时，会产生切割熔渍，切割断面上产生瘤疤。

设定合适的激光功率，配合适当的切割气体和压力，将得到良好的切割质量，无熔渍产生。

二、切割速度

激光切割时，切割速度是根据切割板材的材质、厚度来确定的，不同的切割速度对激光切割的品质会造成不同的影响。选择适当的切割速度，既能提高激光切割的效率，又能得到良好的切割质量。

1. 激光切割进给速度太快对切割质量的影响

1）可能造成无法切割，火花四溅。

2）有些区域可以切断，但有些区域不能切断。

3）造成整个切割断面较粗，但无熔渍产生。

切割速度对切割质量的影响

2. 激光切割进给速度太慢对切割质量的影响

1）造成切割板材过熔的情况，切割断面较粗糙。

2）切缝会相应变宽，在较小圆角或尖角部位造成整个区域熔化，得不到理想的切割效果。

3）切割效率低，影响生产效率。

从切割火花可判断进给速度的快慢：一般切割火花是由上往下扩散的，火花倾斜时，则说明进给速度太快；若火花不扩散且少，凝聚在一起，则说明进给速度太慢。如图 6-4-1 所示，从左到右依次为速度适中、速度过快、速度过慢。选择适当的切割速度，切割面将呈现较平稳的线条，且下半部分无熔渍产生。

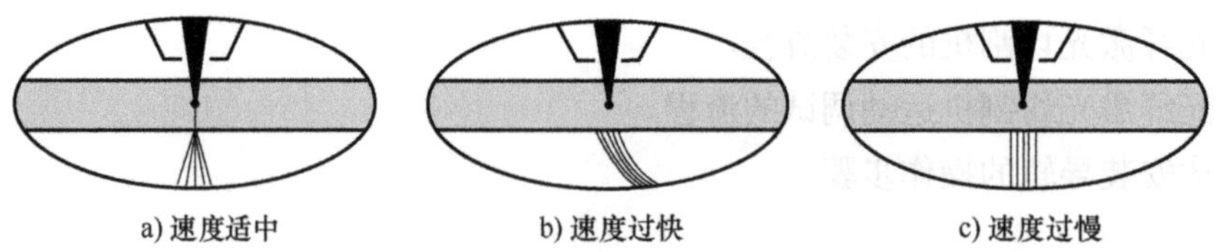

图 6-4-1 从切割火花看切割速度

三、焦点

焦点表示激光光束的最小直径，焦点与工件表面的相对位置对激光切割的质量影响很大，根据具体的切割材料，焦点可位于工件上、工件中、工件下，如图 6-4-2 所示。

焦点位置对切割质量的影响

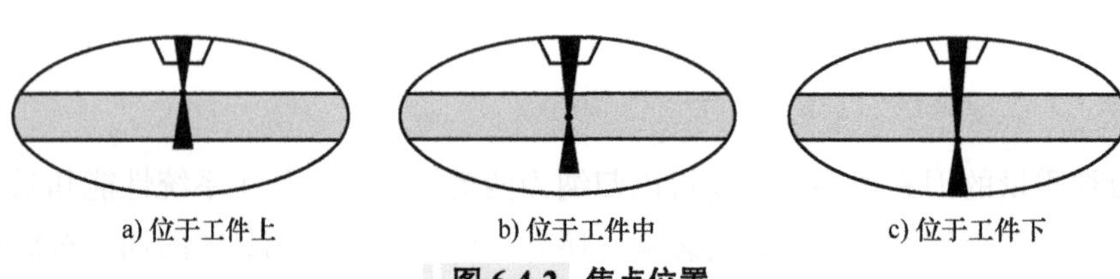

图 6-4-2 焦点位置

焦点的位置取决于切割气体的类型，见表 6-4-1。

表 6-4-1 不同切割气体的焦点位置

切割气体类型	激光切割类型	焦点位置
氧气	氧助熔化切割	工件上
氮气	熔化切割	工件下
压缩空气	氧助熔化和熔化切割	工件中

四、激光切割辅助气体及压力

激光切割时，应根据切割板材的材质选择不同的辅助气体。辅助气体及其压力的不同，对激光切割品质有很大的影响。辅助气体的作用主要有助燃及散热，及时吹掉切割产生的熔渍，防止切割熔渍向上反弹进入喷嘴，保护聚焦透镜等。

（1）辅助气体及其压力对切割质量的影响

1）辅助气体有助于散热、助燃，吹掉熔渣，从而得到质量较好的切割断面。

2）当辅助气体的压力不足时，会对切割质量造成以下影响：切割时产生熔渍，切割速度无法满足，影响生产效率。

3）辅助气体压力过高对切割质量的影响：切割面较粗糙，且切缝较宽；切割断面部分熔化，无法形成良好的切割断面。

（2）辅助气体压力对穿孔的影响

1）当气体压力过低时，激光不易穿透切割板材，打孔时间增长，造成生产率低。

2）当气体压力太高时，造成穿透点熔化，形成较大的熔化点，从而影响切割的质量。

3）激光打孔时，一般对薄板件打孔采用较高的气体压力，而对厚板件的打孔则采用较低的气体压力。

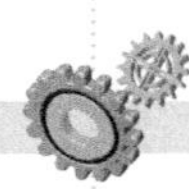

4）激光切割机在切割普通碳钢时，材料越厚，辅助气体的压力相对越低；在切割不锈钢时，切割气体压力相对来说不随着材料的厚度而改变，但是辅助气体压力却始终处于高压力状态。总之，激光切割时，辅助气体及其压力的选择必须根据实际情况去调整，在具体应用中须根据具体情况选用不同的切割参数。

五、喷嘴

辅助气体的气流及大小与喷嘴的结构形式紧密相关，喷嘴喷出的气流必须与去除切缝熔融材料和加强切割的要求相匹配。喷嘴孔尺寸必须允许光束顺利通过，避免孔内光束与喷嘴壁接触。目前激光切割用喷嘴常采用锥形带端部小圆孔的简单结构。在切割加工时，从喷嘴侧面通入一定压力的气体（称为喷嘴压力），气流从喷嘴小孔喷出，在空气中膨胀，速度增大，经一定距离到达工件表面的气流压力（称为切割压力）已经减弱。若切割压力太小，则影响激光切割质量和切割速度，喷嘴的外观如图 6-4-3 所示。

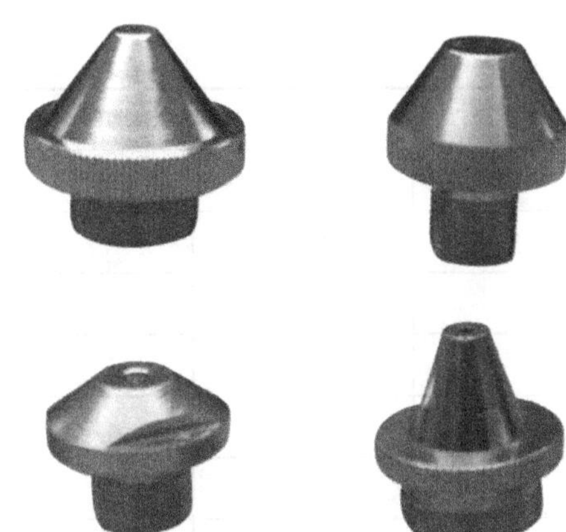

图 6-4-3　喷嘴

学习任务描述

本任务力求通过任务引领的方式，让学习者掌握金属激光切割设备基本加工工艺参数选择及调整的必要知识和主要技能。对切割过程中可能出现的问题进行分析和解决，如切割断面粗糙、切割效率低、切割精度差等。同时，还学习如何优化光纤激光切割工艺，提高切割质量和效率。

学习目标

◆ 知识目标：

1. 掌握激光切割各种材料对辅助气体、焦点位置的要求。
2. 掌握激光切割的各种参数对切割效果的影响。

◆ 技能目标：

1. 能够根据实际需求选择合适的激光切割参数。
2. 能够根据切割效果分析、调整激光切割工艺参数，优化切割效果。
3. 能够识别和解决激光切割过程中可能出现的问题，保证切割质量和效率。

◆ 素质目标：

1. 培养学习者独立思考的能力。
2. 培养学习者精益求精的精神。
3. 培养学习者分析问题、解决问题的习惯。

任务书

某激光设备制造商完成激光金属切割加工设备成套订单，拟向客户编制成套产品说明书及激光金属加工生产工艺流程培训手册，售后工程师应该分任务向客户介绍设备基本结构、安全操作规程、设备基本操作方法、参数调整方法、金属激光切割工艺分析及调试步骤、常见问题及故障排除等，确保设备正常交付使用，以售后工程师身份完成相应任务。

任务分组

将班级学员分组，可4~8人为一组，轮值安排组长，使每个人都有培养组织协调能力和管理能力的机会。各组任务可以相同或不同，明确每组的人员和任务分工，注意培养团队协作能力。任务分工表见表6-4-2。

表6-4-2 任务分工表

班级		组号		任务	
组长		时间段		指导教师	
姓名	学号	任务分工			备注

获取信息

引导问题1：以某光纤激光切割机为例，说明影响激光切割效果的工艺因素。

引导问题2：光纤激光切割机切割过程中常出现的问题有哪些？

工作计划

按照任务书要求和获取的信息，每位组员根据自己的认知和理解制订光纤激光切割机工艺分析的工作计划，包含材料、工具、器件准备，安装顺序和步骤，检查调试等工作内容。光纤激光切割机工艺分析工作计划见表6-4-3，材料、工具、器件计划清单见表6-4-4。

表6-4-3 光纤激光切割机工艺分析工作计划

步骤名称	工作内容	负责人

表 6-4-4 材料、工具、器件计划清单

序号	名称	型号和规格	单位	数量	备注

工作决策

对不同组员（或不同组别）的工作计划进行选材、工艺、加工方案的对比、分析、论证，整合完善，形成小组决策，作为工作实施的依据。计划优缺点对比分析见表 6-4-5，小组决策方案见表 6-4-6，材料、工具、器件最终清单见表 6-4-7。

表 6-4-5 计划优缺点对比分析

小组 / 组员	计划中的优点	计划中的缺陷	优化方案

表 6-4-6 决策方案

步骤名称	工作内容	负责人

表 6-4-7 材料、工具、器件最终清单

序号	名称	型号和规格	单位	数量	备注

（续）

序号	名称	型号和规格	单位	数量	备注

工作实施

一、光纤激光切割操作流程

光纤激光切割操作软件大同小异，以柏楚 CypCut 为例介绍切割工艺操作流程，如图 6-4-4 所示。

图 6-4-4 光纤激光切割设备的操作流程

1. 导入图形

单击软件界面左上角快速启动栏的打开文件按钮，弹出“打开”文件对话框，通过右侧提供的快速预览的窗口选择需要导入的图形文件，如图 6-4-5 所示。选中导入后的文件对象，通过几何尺寸命令调整文件尺寸。

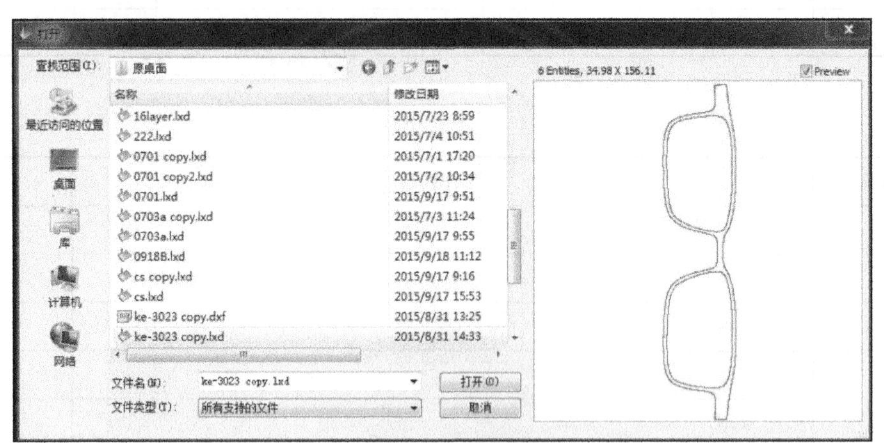

图 6-4-5 导入图形

2. 预处理

1）框选调整对象，通过“去重”命令对导入图形重复画线进行删除，通过“合并相连线”命令对图形缺口进行闭合，避免切割时图形未切断，无法从母材脱落，如图 6-4-6 所示。

2）框选加工对象，通过“引入引出线”命令对导入图形进行引入引出线设置，如图 6-4-7 所示引入引出线设置是为了避免切割开始时的穿孔破口存在于工件路径上，影响工艺质量。

不加引线切割碳钢零件

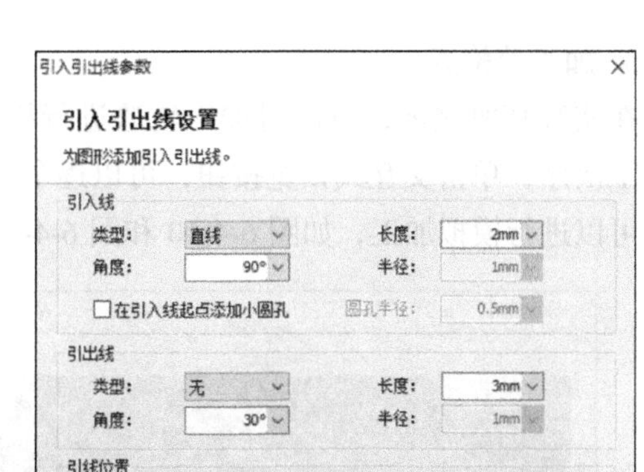

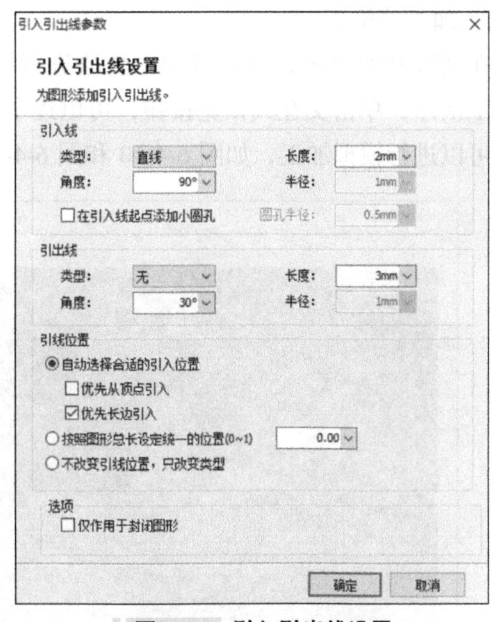

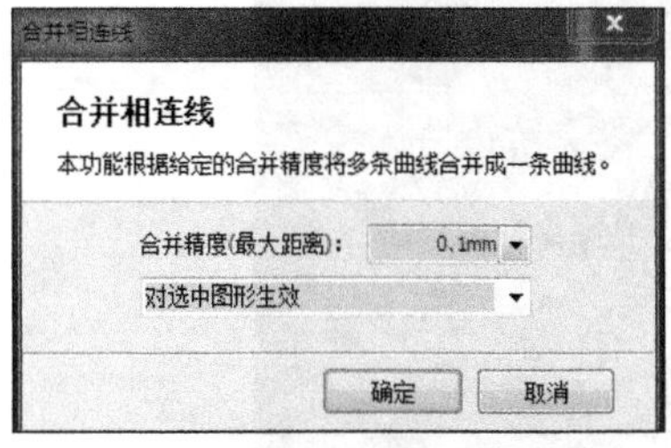

图 6-4-6 合并相连线

图 6-4-7 引入引出线设置

3）引入引出线设置分为引入引出线类型、切入角度和引线位置。同时在进行引线设置时应注意阴切、阳切工艺，避免引线设置在工件成品上，影响工艺质量。

加引线切割碳钢零件

3. 工艺设置

选中待加工对象后，选择“工艺”命令进行图层参数设置。其调整对象包括切割速度、激光器功率、吹气类型和吹气压力等。图层参数将直接影响切割工艺质量，在进行相关调整时可进行试切割，待切割效果满意后可对图层参数进行保存，如图 6-4-8 所示。

4. 刀路规划

框选加工对象，通过“排序”命令进入加工顺序设置，如图 6-4-9 所示。排序可通过系统自动进行，也可以手动进行，这里可选择由内到外进行排序，系统排序完成后可人工检查微调。

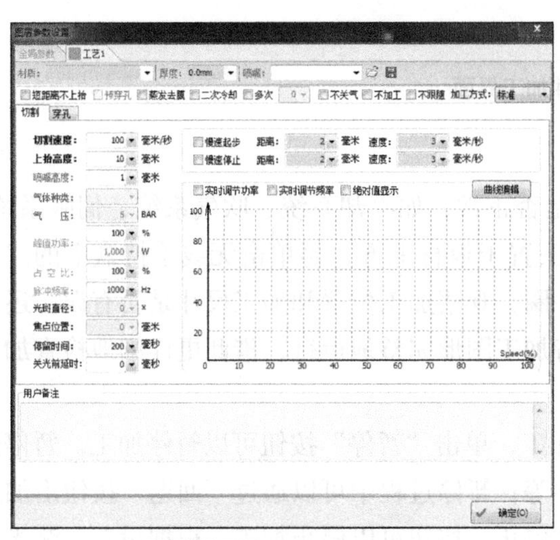

图 6-4-8 工艺参数设置

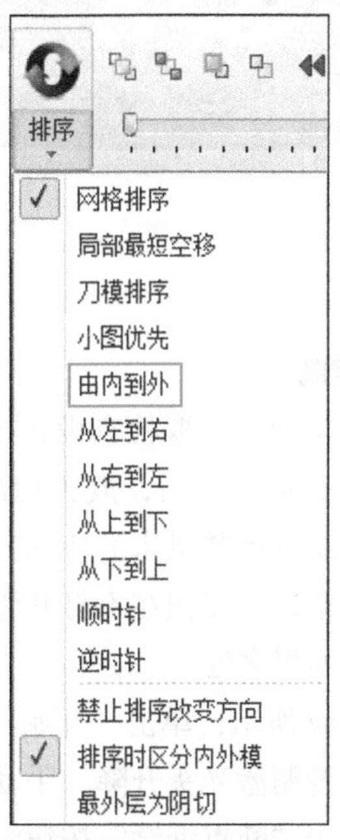

图 6-4-9 刀路规划

5. 加工前检查

在实际切割之前，可以对加工轨迹进行检查。拖动排序交互式预览进度条，可以快速查看图形加工次序，单击交互式预览按钮，可以逐个查看图形加工次序。单击“控制台”上的模拟加工按钮，可以进行模拟加工，如图 6-4-10 和图 6-4-11 所示。

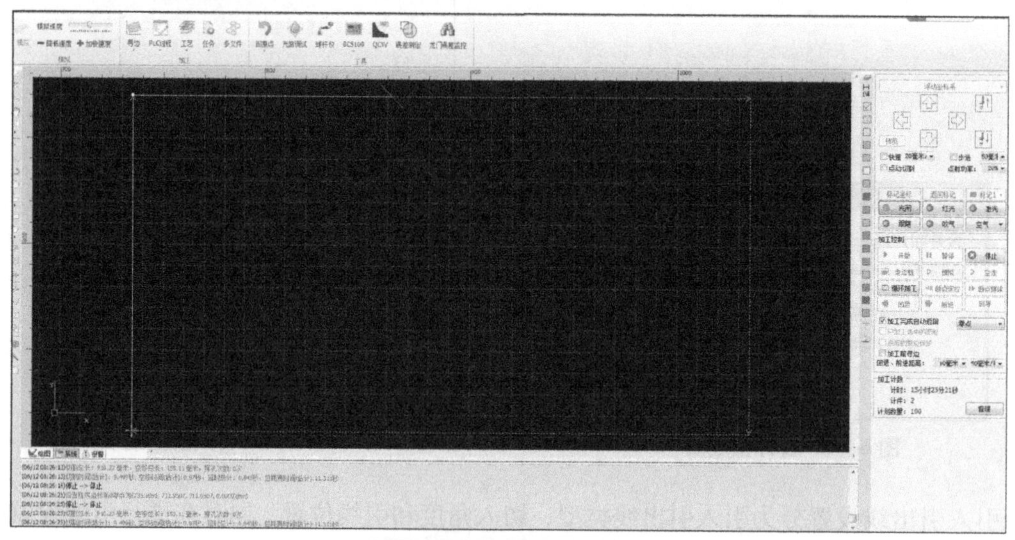

图 6-4-10　模拟加工界面

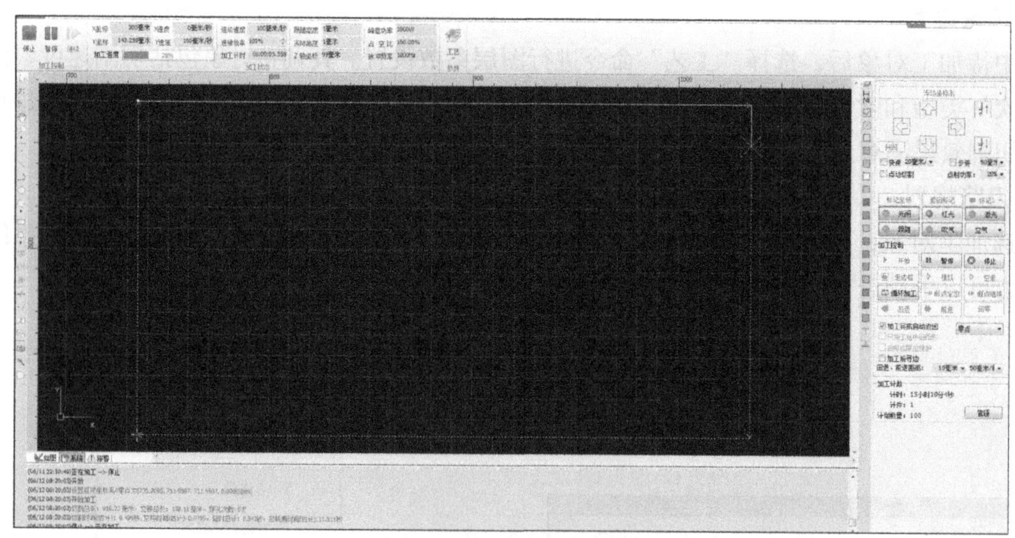

图 6-4-11　软件加工界面

6. 加工控制

在正式加工前，需要检查设备各辅助系统工作是否正常，如冷却系统、吹气系统、伺服系统、高度跟随等。完成检查后，放置切割板材，将切割头置于板材上方，再单击无线手持盒上的“边框”按钮，系统将控制机床沿待加工图形最外框走一圈，观察加工位置和加工尺寸是否有误。还可以通过单击“空走”按钮在不打开激光的情况下沿待加工图形完整地运行，借此更详细地检查加工是否可能存在不当之处。

如图 6-4-12 所示，单击“开始”按钮开始正式加工，单击“暂停”按钮可以暂停加工。暂停过程中可以手动控制激光头升降，手动开关激光、气体等；暂停过程中可以通过“回退”按钮沿加工轨迹追溯；单击“断点继续”按钮继续加工。单击“停止”按钮可以停止加工，根据设置，激光头可能会返回零点。

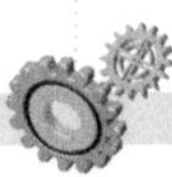

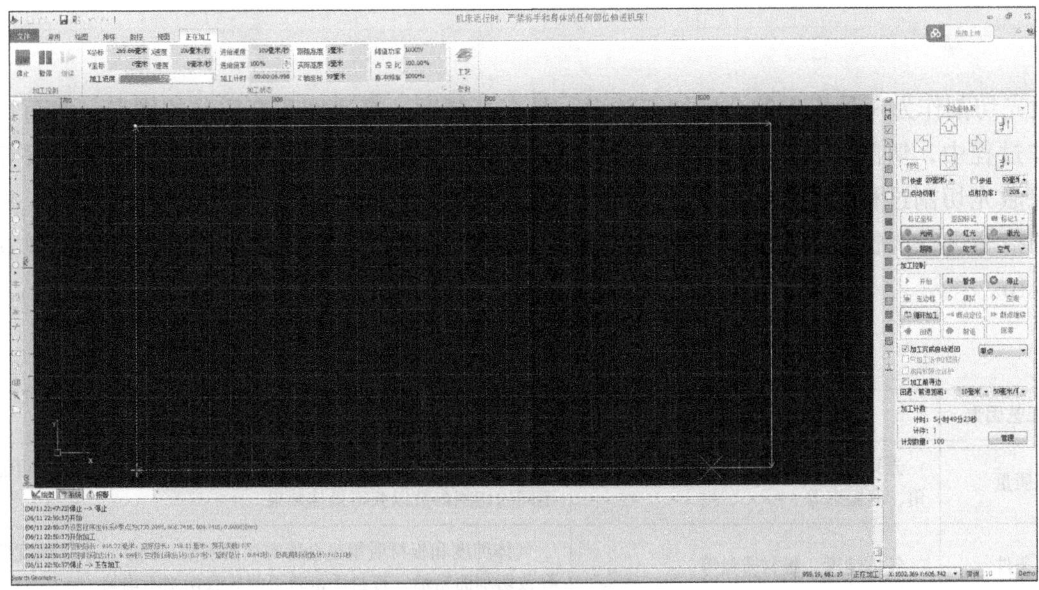

图 6-4-12　加工界面

二、光纤激光切割工艺参数设置

激光切割不同厚度碳钢

光纤激光切割使用高功率密度激光束对工件进行切割，其工艺参数设置主要包括激光功率、切割速度、气体类型和压力等。这些参数的设置将直接影响切割质量、切割速度和气体消耗。不同材料和厚度推荐的切割参数见表 6-4-8。

表 6-4-8　不同材料和厚度推荐的切割参数

材料类型	材料厚度 /mm	辅助气体	气压 /MPa	切割速度 /（m/min）	切割功率 /W
不锈钢	1	氮气	1.5	2.5	1000
	2		1.8	2.0	1500
	5		2.0	1.5	2000
	10		2.5	1.0	3000
碳钢	1	氧气	1.0	3.0	1000
	2		1.2	2.5	1500
	5		1.5	2.0	2000
	10		2.0	1.5	3000
铝	1	氮气	1.0	2.0	1000
	2		1.2	1.5	1500
	5		1.5	1.0	2000
	10		2.0	0.8	3000
铜	1		1.5	1.0	2000
	2		1.8	0.8	2500
	5		2.0	0.6	3000
	10		2.5	0.4	4000

三、激光切割缺陷分析

激光切割作为一种先进的金属加工技术，具有高精度、高速度和高质量的优点。然而，在实际操作过程中，切割质量可能受到多种因素的影响，如光束质量、外部条件和功率因素等。为了确保激光切割过程的顺利进行并获得理想的切割效果，需要深入分析这些影响因素，并采取相应的措施进行调整。激光切割工艺参数及其影响见表 6-4-9，激光切割缺陷分析及处理方法见表 6-4-10。

表 6-4-9　激光切割工艺参数及其影响

切割工艺因素	影响切割质量的具体因素	描述及影响
光束质量	光束波长、模式、功率密度、发散角、偏振态等	光束质量直接影响切割的精度和效率。不同的光束参数可能需要不同的切割参数以获得最佳效果
外部条件	气体纯度、板材质量等	气体纯度和板材质量也会影响切割质量。例如，气体纯度低可能导致切割面粗糙，板材质量差可能导致切割不均匀
功率因素	功率设定过小、过大或不足	功率设定不当可能导致无法切割、切面熔化、切缝过大、切割熔渍和断面瘤疤等问题
速度因素	速度过快	过快的切割速度可能导致无法切割、火花四溅、部分区域能切断，部分区域切不断；切割断面可能较粗糙，但无熔渍产生；火花倾斜
	速度过慢	过慢的切割速度可能导致板材过熔，切割断面较粗糙；切缝变宽；切割效率低，影响生产能力；火花不扩散且少，凝聚在一起
	速度适当	采用适当的切割速度，切割面呈现较平稳线条，且下半部分无熔渍产生；切割火花由上往下扩散
喷嘴因素	喷嘴中心与激光中心不同轴，喷嘴变形或有熔渍	喷嘴问题可能导致出气量不均匀，切割断面一边有熔渍、一边没有，局部过熔，无法切割，造成穿孔不稳定，时间不易控制，对厚板的穿透会发生过熔的情况

表 6-4-10　激光切割缺陷分析及处理方法

材料类型	切割现象	可能原因	处理方法
碳钢	对侧切割质量差	透镜中心不正、喷嘴孔堵或不圆、光路不正	检查透镜中心、喷嘴状态、光路，重新打靶
	开始时切缝宽	引入线长或引入方式不对、线型不对、穿孔时间太长、切割时热量太多	检查引入方式和引入长度、线型、穿孔时间，减少占空比
	整个轮廓切缝宽	压力过大、焦点太高、功率太高、材料不好	减小压力，减小功率，检查透镜的焦点
	下表面有焊斑	功率低、速度高、压力低、焦点偏离太大	增加功率，降低速度，增加压力，检查离焦量
	小毛刺和下切纹有角度	速度太高、功率低、压力太低	减少速度，增加占空比，增加功率，增加气压
	打孔开始时和过程中爆孔	占空比太高、打孔功率太大、气压太大、焦点不对、打孔方式不对	降低功率，降低占空比，降低气压，改变焦点，检查打孔方式
	打孔结束切割前爆孔	打孔不足	增加打孔时间，增加打孔功率，增加占空比，增加气压

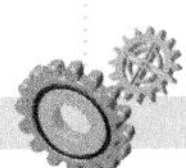

（续）

材料类型	切割现象	可能原因	处理方法
不锈钢	切不断	速度太高、焦点不对、功率太小	降低速度，提高功率，检查焦点
	对边有毛刺	同轴不好、喷嘴不圆、光路不好、激光器模式太差	检查同轴，检查喷嘴，检查光路，检查激光器模式
	有黑边毛刺	焦点太低	提高焦点
	有光亮的长渣	氮气的气压太低	增加氮气气压
	四周挂黑渣	焦点太高	降低焦点
	有抢切	切割速度太高	降低切割速度
	有毛边	焦点太低	提高焦点
	切割边泛黄	氮气不纯、气管里有氧气或空气	检查氮气纯度，增加切割开始延时，检查气路

典型切割缺陷样品介绍如下。

1）没有切割透：大多数情况是氧气压力不足或者是切割速度快造成的，如图 6-4-13 所示。

图 6-4-13　激光切割未切透样品

2）不锈钢挂渣：原因比较多，如焦点不对、气压太低、喷嘴太小，导致出现图 6-4-14 所示样品的原因是焦点不对（焦点过高），一般切割不锈钢都用负焦点。

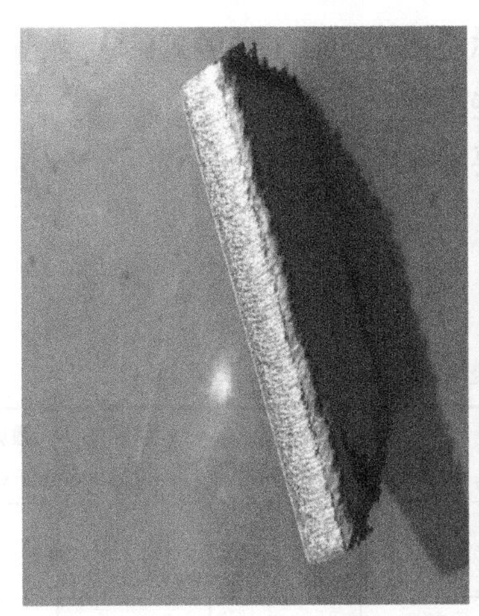

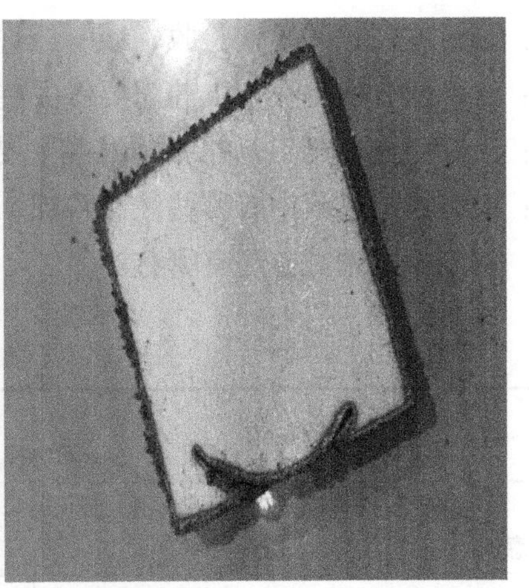

图 6-4-14　激光切割毛刺样品

不锈钢挂渣分析

3）碳钢断面粗糙：切碳钢时，气压太大会导致切缝变宽，切割面不平；切碳钢时如果速度太快，会导致切不透或切割面的纹路出现弧形，如图 6-4-15 所示。

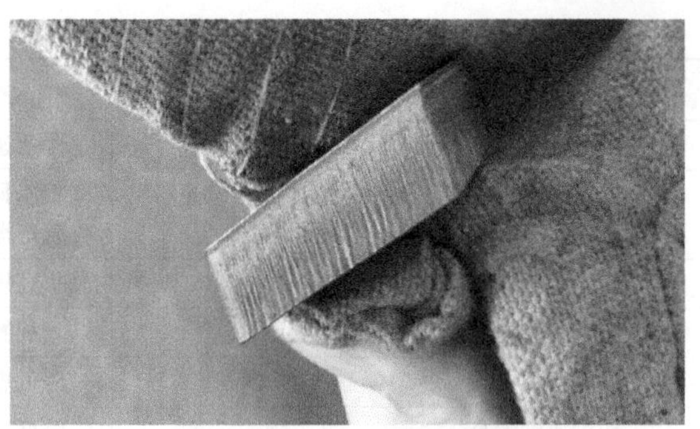

图 6-4-15 激光切割粗糙样品

检查验收

根据光纤激光切割机工艺分析的工作情况，每组出一个验收代表，由教师组织按照验收标准对每组的任务完成情况进行检查验收和评价，包括加工质量、任务完成度等，并对验收问题及其整改措施、完成时间进行记录。验收过程问题记录见表 6-4-11。

表 6-4-11 验收过程问题记录

序号	验收问题记录	整改措施	完成时间	备注

评价与反馈

各组介绍任务的完成过程并提交阐述材料，进行学员自评、学员组内互评、教师评价，完成考核评价表（见表 6-4-12）。

引导问题 1：通过本任务的检查验收，谈一谈你对激光切割工艺的理解。

引导问题 2：光纤激光切割在加工前需要做哪些检查？

引导问题 3：光纤激光切割工艺的影响因素主要有哪些？

引导问题 4：激光切割过程中有哪些注意事项？

引导问题 5：切割工艺调试方法有哪些？

表 6-4-12 考核评价表

评价项目	评价内容	分值	自评 20%	互评 20%	教师评分 60%	合计
职业素养 40 分	爱岗敬业、安全意识、责任意识、服从意识	10				
	积极参加任务活动，按时完成工作页	10				
	团队合作、交流沟通能力、集体主义精神	10				
	劳动纪律，职业道德	5				
	现场 6S 标准，行为规范	5				

（续）

评价项目	评价内容	分值	自评 20%	互评 20%	教师评分 60%	合计
专业能力 60 分	专业资料检索能力	10				
	制订计划能力，严谨认真	10				
	操作符合规范，精益求精	15				
	工作效率，分工协作	10				
	任务验收质量，质量意识	15				
合计		100				
创新能力加分	创新性思维和行动	20				
总计		120				

习题测评

一、选择题

以下哪些工艺因素会对光纤激光切割表面质量有影响？（多选）（　　）

A. 光束质量，如光束波长、模式、功率密度、发散角、偏振态等

B. 外部条件，如气体纯度、板材质量等

C. 功率因素，如功率设定过小、过大或不足

D. 速度因素，如速度设定过快或过慢

E. 喷嘴因素，如喷嘴中心与激光中心不同轴、喷嘴变形或有熔渍

二、简答题

1. 切割气体的压力大小对穿孔有哪些影响？
2. 简述光纤激光切割的操作流程。
3. 切割速度对表面质量有哪些影响？
4. 没有切割透的原因有哪些？

任务五　光纤激光切割设备维护

知识储备

一、光纤激光切割设备维护保养的意义

光纤激光切割设备是一种精密的加工工具，广泛应用于金属材料的切割加工。定期进行设备维护和保养具有以下目的和意义。

1）保证设备性能：定期维护和保养可以确保光纤激光切割设备的各部件正常运行，提高切割质量和精度，避免因设备故障导致的产品废品率增加。

2）延长设备寿命：通过对设备的维护和保养可以减少部件的磨损、损坏和老化，延长设备的使用寿命，降低设备折旧速度。

3）提高生产效率：设备维护可以降低故障率，减少故障停机时间，提高生产率，为企业节省成本。

4）确保安全生产：定期检查和维护设备可以及时发现和排除安全隐患，确保操作人员和设备的安全。

二、光纤激光切割设备维护的主要内容

光纤激光切割设备的维护，应重点完成以下工作。

1）设备清洁：定期清洁设备表面及内部部件，包括切割头、保护罩、气路、排烟系统和电气柜等，以免灰尘和碎屑影响设备性能。

2）光学元件维护：定期检查和清洁切割头、透镜和反射镜等光学元件，保持良好的光学性能。使用专用清洁工具和酒精擦拭，避免刮伤光学元件。

3）机械部件维护：定期对设备的滑动部件和导轨系统进行润滑保养，减少磨损。使用高品质的润滑油或润滑脂。同时，检查设备的紧固螺钉，发现松动及时紧固。

4）电气系统检查：检查电气连接、线路和电气柜内部，确保电气系统稳定可靠。如有问题，及时更换破损或老化的线路，重新紧固松动的电气连接。

5）软件更新与维护：及时更新升级设备控制软件，并定期检查和调整切割参数，以获得更好的性能和功能。

6）安全注意事项：在进行设备维护时，务必遵守安全操作规程，关闭设备电源，佩戴护目镜等。

通过定期维护光纤激光切割设备，可以确保其高效、稳定地运行，提高生产质量和效率，同时降低设备故障率和安全隐患。

学习任务描述

光纤激光切割机的工作环境中常常存在振动与粉尘，振动可能导致切割机内部的电路连接或机械连接发生松动，甚至导致零件磨损，粉尘等污染物则可能污染光路，或对零件造成腐蚀。因此，应对光纤激光切割机进行日常和定期维护保养，这不仅可以保证光纤激光切割机处于正常的工作状态，还有助于延长设备的使用寿命。本任务内容是根据激光切割机的结构制订详细的日常维护与定期维护工作计划。此外，根据光纤激光切割机各模块的功能与各工艺参数的实现原理，制定光纤激光切割机可能遇到的工作问题清单。最后对光纤激光切割机进行维护与检查，确保光纤激光切割机处于健康的工作状态。

学习目标

◆ 知识目标：

1. 学习和理解设备维护的基本知识。
2. 了解设备维护的重要性。
3. 掌握设备维护的基本步骤和方法。

◆ 技能目标：

1. 具备激光切割设备维护的能力。
2. 具备激光切割设备故障排查能力。
3. 具备解决设备故障的能力。

◆ 素质目标：

1. 培养学习者提高安全责任意识。
2. 培养学习者加强团队协作意识。
3. 培养学习者增强抗压能力。
4. 锻炼学习者的沟通交流技巧。

任务书

某厂家有几台光纤激光切割机放置了一段时间，设备的详细工作状态未知。通过查询光纤激光切割机的维护方法，制订详细的维护工作计划，并对设备进行维护保养，包括设备的电气部分与机械部分。完成对设备的基本维护保养工作后，要求开机检查激光切割机的工作状态，该步骤可以通过试切割检查目标设备是否存在异常导致切割任务无法执行，或导致切割效果不符合预期。如果目标设备存在异常，则分析排查异常原因并使其恢复正常，确保光纤激光切割机处于健康的工作状态。

任务分组

将班级学员分组，可 4~8 人为一组，轮值安排组长，使每个人都有培养组织协调能力和管理能力的机会。各组任务可以相同或不同，明确每组的人员和任务分工，注意培养团队协作能力。任务分工表见表 6-5-1。

表 6-5-1　任务分工表

班级		组号		任务	
组长		时间段		指导教师	
姓名	学号	任务分工			备注

获取信息

引导问题 1：以某光纤激光切割机为例，说明影响光纤激光切割机维护的注意事项。

引导问题 2：光纤激光切割机哪些零部件需要保养？应如何进行保养？

工作计划

按照任务书要求和获取的信息，每位组员根据自己的认知和理解制订光纤激光切割机保养工作计划，包含材料、工具、器件准备，安装顺序和步骤、检查调试等工作内容。光纤激光切割机保养工作计划见表 6-5-2，材料、工具、器件计划清单见表 6-5-3。

表 6-5-2　光纤激光切割机保养工作计划

步骤名称	工作内容	负责人

表 6-5-3　材料、工具、器件计划清单

序号	名称	型号和规格	单位	数量	备注

工作决策

对不同组员（或不同组别）的工作计划进行保养维护方案对比、分析、论证，整合完善，形成小组决策，作为工作实施的依据。计划优缺点对比分析见表 6-5-4，小组决策方案见表 6-5-5，材料、工具、器件最终清单见表 6-5-6。

表 6-5-4　计划优缺点对比分析

小组 / 组员	计划中的优点	计划中的缺陷	优化方案

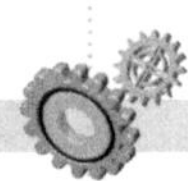

表 6-5-5 决策方案

步骤名称	工作内容	负责人

表 6-5-6 材料、工具、器件最终清单

序号	名称	型号和规格	单位	数量	备注

工作实施

一、机械维护

机械维护主要包括对直线导轨、齿轮与齿条、联轴器等的维护。机械维护必须做好如下几点。

1）每天设备使用完毕，必须对各部进行清洁。

2）定期对直线导轨、齿轮与齿条等运动机构供润滑油脂。

3）不定期对设备进行检查，主要检查连接部位是否有松动现象，如有异常应及时处理，避免问题的扩大。

二、直线导轨、齿轮与齿条的保养

为了让设备正常稳定工作，确保产品的加工质量，须认真做好直线导轨、齿轮与齿条的日常维护。

1. 清洁保养

关闭设备，把横梁及激光头移动到一端，用无纺布顺着直线导轨反复擦拭，直到直线导轨、齿轮与齿条光亮无尘；再把横梁及激光头移动到另外一端，用同样的方法反复擦拭；最后在其表面涂抹少许润滑油脂。

操作步骤如下。

1）停止设备，断开电源。

2）拆开对应护罩，使直线导轨滑块、齿轮与齿条的供油嘴外露。

3）使用注油枪对准滑块注油嘴注油。

4）装回拆开的防护罩。

5）接通电源，起动设备。

6）供润滑脂。

检查频率：建议每 15 天至 2 个月检查一次直线导轨、齿轮与齿条的润滑剂是否不足。润滑频率：设备每运行 70km 或不超过 3 个月须对直线导轨滑块、齿轮与齿条进行润滑脂供给。

2. 螺钉、联轴器的紧固

运动系统在工作一段时间后，运动连接处的螺钉、联轴器会发生松动，影响机械运动的平稳性，所以在设备运行中要观察传动部件有无异响或异常现象，发现问题要及时紧固和维护。同时，设备应该隔一段时间用工具逐个紧固螺钉。第一次紧固应在设备使用后一个月左右。

三、电气维护

主要检查日常供电电压的稳定性，保持机床电气柜的整洁、干净、通风良好。检查各部分线路的完整性及安全性，测试急停按钮的功能是否正常，对各轴的限位开关和原点开关要进行功能性的测试，看传感器、驱动器能否正常工作。检查按钮开关、指示灯的状态是否正常及对随动系统的故障进行诊断和排查。

四、限位开关

至少每月检查一次 X、Y、Z 轴限位开关是否有效，限位开关起限制运动极限位置的作用，防止设备产生硬碰撞（俗称“撞墙”）而损伤设备。必须按要求定期检查其工作状态，具体步骤如下。

1）起动设备，使设备回零位。

2）操作设备，使运动轴做极限位置运动，如运动轴到达极限位置时停止运动，则证明限位开关工作正常；如到达极限位置时还继续运动，则说明限位开关可能已经损坏，此时需要检查限位开关是否正常工作，若限位开关损坏，须及时更换。

五、急停按钮

急停按钮是激光切割机的安全应急元器件，关系到人身及设备的安全，必须在规定的维护间隔时间内按下列操作步骤对其功能进行检测。

1）开启激光切割机并执行切割作业。

2）按下急停按钮。如果设备的所有电气负载电源供给都被切断，则急停安全电路工作正常。设备上有两个急停开关，必须逐个按此方法检查。

3）复位急停按钮，重新起动设备。

六、光路及光学元件维护

1）检查光学元件：在设备起动前，简单检查激光头、透镜和反射镜的外观，确保没有明显的破损或污渍。每月进行一次详细检查。

2）关闭设备电源：在清洁光学元件前，务必关闭设备电源，避免触电或激光伤害。

3）取下光学元件：仔细拆卸需要清洁的光学元件。例如，取下激光头上的保护镜或反射镜。通常，这些部件可以通过旋转或松开固定螺钉轻松取下。

4）清洁光学元件：使用专用清洁工具（如棉签、镊子等）蘸取适量酒精（如无水异丙醇）轻轻擦拭光学元件表面，用干净的布清洗镜片，去掉镜面上的残痕，避免用力过大而划伤元件，如图 6-5-1 所示。不要用手直接触摸光学元件表面。

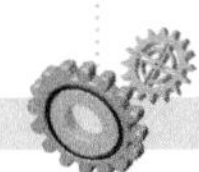

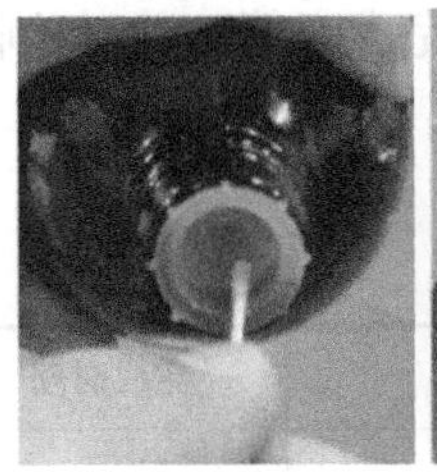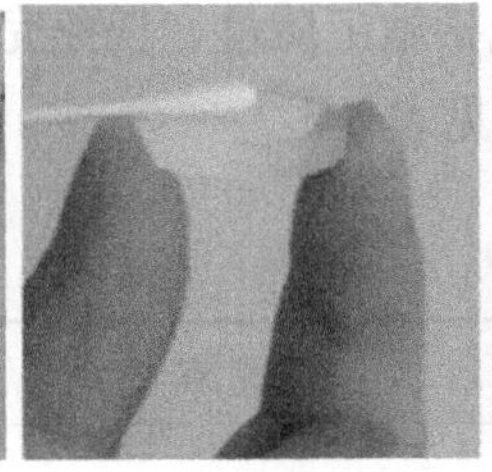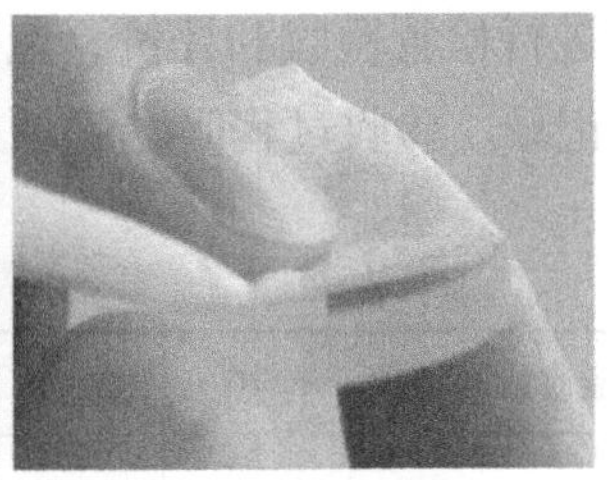

图 6-5-1 镜片清洁

5）等待元件干燥：将擦拭过的光学元件放置在清洁的环境中，等待酒精蒸发干燥。

6）重新安装光学元件：在光学元件干燥后，将其重新安装到设备上。确保元件位置正确且固定牢固。通常这意味着将元件放回原位，然后旋紧或锁紧固定螺钉。

7）调整光路：检查激光头、透镜和反射镜的位置和角度，确保光路对准。如有偏差，可以通过调整激光头、透镜和反射镜的安装位置或角度进行校正。

8）检查设备环境：确保设备周围的环境温度稳定，没有阳光直射或低温影响。定期清理吸烟设备，保持良好的工作环境。

遵循以上步骤，可以有效地维护光纤激光切割机的光路及光学元件，确保设备的切割质量和精度，同时延长光学元件的使用寿命。

七、辅助设备维护

1. 风机的清洁

每隔 15 天应对风管、风机进行清洁，防止杂物堆积，从而影响抽风效果。检查是否存在泄漏、异物，如存在，应进行修复或清理。风机长时间使用会使其内部积累很多固体灰尘，使风机产生很大噪声，同时不利于排气。当风机出现吸力不足排烟不畅时，首先应关闭电源，将风机上的入风管与出风管卸下，除去里面的灰尘，然后将风机倒立，并拨动里面的风叶，直至清洁干净，最后将风机安装好。

2. 水冷机的维护

冷却水的水质及水温直接影响激光器的使用寿命。冷却水必须采用蒸馏水，并将水温根据室温（±5℃）控制在 10~35℃。冷却水要保持清洁并定期更换（至少 1 个月换一次），应检查冷却水是否浑浊，有无沉淀物，水温是否过高，及时更换水源。加工时，应随时检查水位是否足够，水温是否过高（高于 35℃）。

更换冷却水应按以下步骤执行。

1）关闭激光器供电电源，停止设备工作。

2）拧开水冷机排水口的阀门，将水冷机里的冷却水排放干净。

3）如有沉淀物，使用干净的毛巾擦拭沉淀物。

4）揭开水冷机的防护盖，将新的蒸馏水注入水冷机。

5）开机起动，等到冷却水注满激光管形成循环后，设备才可正常工作。

3. 工作台的维护

在设备长期使用过程中，设备工作台表面易堆积切割废料，锯齿刀条可能被损坏，需要及时清理工作台垃圾，如果刀条损坏严重，须及时更换，使用对应材料自行切割即可，否则会造成相应地方切割质量不达标。

检查验收

根据光纤激光切割机设备维护的工作情况，每组选出一个验收代表，由教师按照验收标准对每

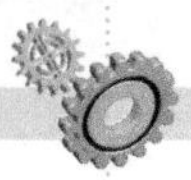

组的任务完成情况进行检查验收和评价，包括施工质量、任务完成度等，并对验收问题及其整改措施、完成时间进行记录。验收过程问题记录见表 6-5-7。

表 6-5-7 验收过程问题记录

序号	验收问题记录	整改措施	完成时间	备注

评价与反馈

各组介绍任务的完成过程并提交阐述材料，进行学员自评、学员组内互评、教师评价，完成考核评价表（见表 6-5-8）。

引导问题 1：光纤激光切割机维护保养具有哪些意义？

引导问题 2：光纤激光切割机哪些部分需要定期保养维护？

引导问题 3：光纤激光切割机维护过程应注意哪些问题？

引导问题 4：如何对工作台进行日常维护？

表 6-5-8 考核评价表

评价项目	评价内容	分值	自评 20%	互评 20%	教师评分 60%	合计
职业素养 40 分	爱岗敬业、安全意识、责任意识、服从意识	10				
	积极参加任务活动，按时完成工作页	10				
	团队合作、交流沟通能力、集体主义精神	10				
	劳动纪律，职业道德	5				
	现场 6S 标准，行为规范	5				
专业能力 60 分	专业资料检索能力	10				
	制订计划能力，严谨认真	10				
	操作符合规范，精益求精	15				
	工作效率，分工协作	10				
	任务验收质量，质量意识	15				
合计		100				
创新能力加分	创新性思维和行动	20				
总计		120				

习题测评

一、选择题

关于水冷机的维护，以下哪些措施是正确的？（多选）（　　）

A. 冷却水必须采用蒸馏水，并将水温根据室温（±5℃）控制在 10~35℃

B. 冷却水要保持清洁并定期更换（至少 1 个月换一次）

C. 加工时，应随时检查水位是否足够，水温是否过高（高于 35℃）

D. 更换冷却水时，不需要关闭激光器供电电源

E. 更换冷却水时，需要将水冷机里的冷却水排放干净，并使用干净的毛巾擦拭沉淀物

二、简答题

1. 设备维护和保养具有哪些目的和意义？
2. 光路及光学元件维护的具体步骤是什么？
3. 光纤激光切割设备的维护需要完成哪些工作？
4. 导轨和齿轮如何进行保养？

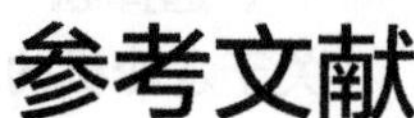

参考文献

[1] 钟正根，肖海兵，陈一峰. 先进激光加工技术 [M]. 武汉：华中科技大学出版社，2019.
[2] 肖海兵，钟正根，宋长辉. 先进激光制造设备 [M]. 武汉：华中科技大学出版社，2019.
[3] 孙智娟. 激光设备光路系统装调知识与技能训练 [M]. 武汉：华中科技大学出版社，2023.
[4] 李婷，陈毕双. 工业激光安全指南 [M]. 武汉：华中科技大学出版社，2023.